复旦新闻与传播学译库·新媒体系列

注意力分散时代

高速网络经济中的阅读、书写与政治

The Age of Distraction

Reading, Writing, and Politics in a High-speed Networked Economy

[澳]罗伯特·哈桑(Robert Hassan) 著
张 宁 译

复旦大學出版社

献给凯特、提奥、卡米尔，

以及我那堆满了书的屋子

推荐序言

时间的传播政治经济学

第一次接触到《注意力分散时代：高速网络经济中的阅读、书写与政治》（简称《注意力分散时代》）的中译版时，正值新冠肺炎疫情在全球肆虐。国际间就病毒起源的话语对抗，国内围绕疫情期间各种话题的骂战，声势浩大。作为一个旁观的传播学者，我更愿意将这件事理解为一个社交媒体的速度问题。速度建构了新的时间与空间，从而将话语场中原有立场对立的各方，卷入一场不能自拔的话语战争之中。

在媒介技术哲学渐渐进入中国传播学者的视野的这些年来，我们强调媒介技术哲学可以从时间、空间、速度、权力、关系、节点等方面展开。可是学界对媒介技术哲学到底如何指引自己的研究仍然一筹莫展，因为多数人理解的时间仍然是钟表时间，理解的空间仍然是一个实体空间。这些时间和空间不以媒介的意志为转移地存在着，凡是要从这些角度展开研究，只能是将一些具体的时空比作媒介，比如某一个城市地标性建筑的意义表征，又比如如何理解一种文化仪式。可问题是，这种视角并不能带来任何理论上的创新，只能勉强算换一个视角描述研究对象，连研究都谈不上。

如果我们所说的媒介时间只是钟表时间，空间只是物理空间的话，那么我们的理解也从来就没有摆脱过牛顿力学。在牛顿力学看来，速度是物理空间与物理时间的比值，是空间与时间函数关系的结果。这种观点已经成为我们的常识。然而在爱因斯坦的物理观念中，是速度建构了空间与时间的关系。这种观念仍然是一种“科学理论”而并未进入我们的常识。很显然，牛顿所看到的仅仅是经验世界的表象，时间和空间是既定的，所谓运动、速度和变化只是这两者间关系的变化。用这种视角来理解这个世界，世界是给定的和唯一的，一切运动变化尽在掌握之中。当传播的范围等同于交通工具所能抵达的范围，传播的速度等同于交通工具的速度时，这种视角确实可以解释人们的物理世界和精神世界中的一切；但当传播以光的速度突破了交通工具的限制时，一切都变了。

速度在创造着属于它的时空和景观，因而也就在塑造着新的社会关系和心灵。不同的速度能够让人看到不同的时空和景观。因此，关于速度和时间的媒介技术透视可以帮助我们理解很多问题。新冠肺炎事件中通过人工平台的高速运转，信息扩散不但营造了一个又一个话语场，而且也不断呈现出新的话语行动方式。当然，这种情形并不止一次地出现在当下，任何一个可能引发公众关注的事件都存在类似的情形，“反转新闻”就是我们对这一类事件的统称。当速度快到一定程度时，同处一个物理时空中的不同机构，就像处于两个完全不同的时空中一样，就像反转新闻中的大众传媒和社交媒体一样：“面对受众的质疑，大众传媒处于一种两难的境地：如果跟社交媒体抢速度，它就不能确保自己的准确性，其专业性与权威性就会受到质疑；如果不抢速度，等到真相核实完毕，受众的兴趣可能早就转移，大众传媒就可能连介入新闻事件的时间节点都被消灭了。工业化的生产流程和专业化的意识形态，这些确保大众传媒成功的支点，现在都成为令大众传媒在突发性事件面前左右为难的包袱。”①这种情形对于生活在钟表时间中的人来说根本是不能理解的，所以在牛顿物理观的照耀下，他们仍然在强调传统媒体要同时追求时效性和准确性。他们并不理解，只有在低速的状态下，时效性和准确性才有可能统一，而在高速的状态下，时效性和准确性这两种不同的时间流会被彻底撕裂，形成一种断裂的景观。有的时候看到这些论调，我就更能理解为什么生活在同一个物理时空中的人，也常常处于完全不同的时间景观中。

由此可见，关注媒介平台上的速度和时间问题，不仅极度重要，同时也极度困难，这涉及我们自身的时间观。但媒介理论或者说媒介技术哲学的思考显然应当把时间和速度的问题放在一个中心的地位。速度带来的时间景观是如此的多元，因而它直接带来了文化、社会与话语的断裂。当我一直在思考围绕新冠肺炎的话语斗争与新媒体平台传播速度的关系问题时，罗伯特·哈桑的《注意力分散时代》出现了。

这本书从一开始就试图用各种思想家的观点批判牛顿的世界观和时间观，这一点从其书名来判断是无论如何都不可能想象的。作者想说明时间并不是绝对的和均质的，它是相对的和可以被建构的：“时间是多面的、主观的，它难以从表面上进行解释，具有可塑性。”（参见本书第 7 页）所以，如果要理解时间的这种属性，我们就必须要与自己头脑里已经习惯成自然的经典物理的时间观做一个清算。这种抽象的、机械的和线性的钟表时间的观念始于牛顿的物理学及其背后的意识形态。“牛顿所宣扬的思想认为，宇宙、世界及其固有的运作方式与

① 胡翼青：《再论后真相：基于时间和速度的视角》，《新闻记者》2018 年第 8 期。

一台机器相类似,这是一个钟表般的宇宙,它在一个巨大的空间-时间结构中运行,具有神圣的和谐性,人与自然居于这种结构之内,那么也势必只有透过这种结构关系,才能被最好地理解。"(参见本书第 13—14 页)牛顿的观点当然很牛,他不仅奠定了现代物理学的基础和时空观,也奠定了自然科学和现代性社会的理性基础。然而,这是一种典型的启蒙主义时代的机械唯物主义观念,充满工具理性的色彩,并不符合我们在具象日常生活中的时空感受。这种将人类世界的运作规律比作一台巨大机器的观念,想要将整个社会纳入一种不言自明的秩序中。所以,牛顿是在以自己的方式重新阐释上帝安排的秩序,这是一种经典物理学意义上的宿命论。牛顿是《启蒙辩证法》笔下最经典的启蒙走向启蒙对面、科学走向科学对面的典范。在揭示了这种时间观背后的意识形态之后,哈桑试图从埃利亚斯、列斐伏尔和芭芭拉·亚当那里,发展出一条具有主观色彩的时间脉络。哈桑想说明,在主体和社会的层面,时间和空间从来都不是二元对立的,而是不可分割的;时间不仅是个体的感受,还是一种多元的社会景观;时间嵌入在多重社会过程之中,人们从中获得不同的时空经验。

然而,哈桑的目的显然不是要讨论社会时间。他指出,"技术(以及技术的实践)实际上完全就是特定的(或是普遍的)社会关系的能指或表现"。通过技术社会的同形同构,他迅速地过渡到技术与时间的关系之上。在这里,他提出一个大胆的命题,那就是技术具有内在的时间逻辑:"与'时间是社会性的'、'时间被嵌于社会过程之中'这类观点一样,'技术包含着特定的时间逻辑'的思想,是牛顿式的机械现代性所不允许的。"(参见本书第 19—20 页)当然,哈桑所说的技术侧重于书写技术和媒介技术。

技术存在于特定的时间和空间之中(如制造业的流水线),以及技术本身就是一种时间和空间(尤其是媒介技术或者语言符号),这些观点都渐渐被人所接受,但哈桑所说的技术内在的时间逻辑,不能不说是一个有创见的观点。他坚称,技术对时间的组织和管理,就形成了技术内在的时间逻辑:"技术的创造和应用同时也使得技术自身被时间化。"(参见本书第 27 页)例如技术以钟表时间的方式组织和管理着工业生产,于是便形成了工业化时代技术内在的时间逻辑。

进而,哈桑借助书写技术谈到媒介技术内在的时间逻辑,因为书写会带来言语思维的时空化和空间化。一旦当文字开始记录时间时,它便成为人类时间的一部分。这个观点的雏形可以回溯到伊尼斯提出的"媒介的偏向"。伊尼斯指出:"根据传播媒介的特征,某种媒介可能更加适合知识在时间上的纵向传播,而不是适合知识在空间中的横向传播,尤其是该媒介笨重而耐久,不适合运输的时候;它也可能更加适合知识在空间中的横向传播,而不是适合知识在时间上的纵向传播，尤其是该媒介轻巧而便于运输的时候。所谓媒介或倚重时间或倚重空间，其涵义是：对于它所在的文化，它的重要性有这样或那样的偏向。”①在这段论述中，伊尼斯其实已经涉及技术内在的时间性。空间偏向的媒介通过交通运输的方式克服了时间偏向媒介内在的时间逻辑，从而推进了整个人类文明的发展。

技术内在的时间逻辑和它内在的空间逻辑一样，属于技术可供性的组成部分。这个率先由美国心理学家吉布森提出的概念，本用于强调人与自然环境之间的相互作用：“一方面，可供性指那些与人类有关的以及人类赖以生存的自然资源的性质；另一方面，这种性质只有通过与特定的生命体相互关联才能体现。”②后来，可供性的概念被延展到人与人工创造物之间动态的相互作用并当然被运用到媒介技术的研究中。在延森看来：“电影和其他传播媒介是一种独特的包容性工具，它能够呈现骨头、汽车、航天飞机等不计其数的自然客体与文化客体……媒介的可供性不仅具有普遍性，而且具有可控制性。”③也就是说，媒介具有时间和空间建构上的潜能，它们提供了多种可能性的时间逻辑和空间逻辑。不过不同于拉图尔，在传播技术的可供性问题上，延森还是强调人而不是非人主体的主动性：“媒介技术仅仅是在最初的阶段决定着传播——从消极意义上而言，即它决定了哪种传播实践不可能实现或难以实现；从积极的意义上而言，即媒介提供了可供性，而可供性则孕育了新的机会。可供性只有通过逐步的社会创新和合作才能得以实现。”④在此基础上，潘忠党从类型化的角度进一步讨论了社交媒体的可供性问题。潘忠党将新媒体的可供性分为三个维度，即信息生产可供性（production affordance）、社交可供性（social affordance）和移动可供性（mobile affordance）⑤。

与潘忠党的类型化不同的是，对于媒介的可供性，哈桑更愿意从时间和空间的角度去理解：“任何网络，无论它是基于铁路、电视台、高速公路还是基于电子计算机，其最根本的特性就是它们都是传播的载体，也就是说，它们允许人们创造并跨越时空分享信息。实际上，其实是网络创造和分享着社会时间和空间，任

① ［加］哈罗德·伊尼斯：《帝国与传播》，何道宽译，中国人民大学出版社2003年版，第27页。

② ［丹麦］克劳斯·布鲁恩·延森：《媒介融合：网络传播、大众传播和人际传播的三重维度》，复旦大学出版社2012年版，第79页。

③ 同上书，第79—80页。

④ 同上书，第167页。

⑤ 潘忠党、刘于思：《以何为“新”？“新媒体”话语中的权力陷阱与研究者的理论自省——潘忠党教授访谈录》，《新闻与传播评论》春夏卷，第2—19页。

何网络的特殊性都是由创造了它们的技术所赋予并界定的。"(参见本书第61页)

谈到技术的内在时间逻辑和空间逻辑及其决定性,大概没有学者比拉图尔走得更远。拉图尔在《道德与技术》一文中写道:"在技术性行为中包含着什么?时间、空间和行动者的类型。"(转引自本书第28页)这些行动者既可以是人,也可以是非人,拉图尔认为他们是同等重要的:"对吸引人类资源和非人类资源的努力加以对称的考虑。"①在拉图尔看来,一个既定的社会场域的建构实际上是众多异质行动者被同一网络调集、信任、联结和凝聚的结果,这一网络身处特定的空间与时间之中并受到后者逻辑的支配。网络中的所有行动者(人类和非人类,特别是非人行动者)能够在"转译"过程中获得本体地位,非人行动者不再单纯地作为意义传输的"中介者"或"传义者",他们被"赋予了转译其所传输之物的能力,赋予了重新界定之、展现之或背叛之的能力"②。拉图尔的行动者网络理论(ANT)重点在于考察行动者及其实践网络间的动态联结过程,在非人行动者(尤其是技术)的内在时间逻辑和空间逻辑的支配下,人的主体性可能没有想象的那么巨大。

如拉图尔所说,技术一旦具有自身内在的时间逻辑,它就不可避免地具有建构和组织社会的能力。关于这一点,我们可以从技术时间的重要维度——速度上去理解。哈桑认为,媒介史是一部媒介内在时间逻辑不断加速的历史,媒介技术内在速度的加快导致社会产生巨大变革。书写文化固化了思想,因而加快了思想传播的速度。不过,与书写文化相伴随的是一种自然而然的生命时间,它还并没有被异化。而印刷术则大大提升了这种速度并将人们带入钟表时间的时代:"作为思想、观念的'代具'的书写,在生物节律上与这个世界的时间性相和谐的书写,被印刷术所改变。"(参见本书第37页)机械时代的钟表时间意味着一种全新的速度,它塑造了自古登堡革命以来的人类的现代性生活,一种工业化和现代性生活所带来的时间接管了人类的生命时间,人们被迫去适应这种时间秩序带来的生活方式。然而,这一切并没有结束,互联网所带来的时间逻辑改变了这一切。哈桑指出:"钟表时间在过去的200多年中塑造了我们机械化的生活节奏,我们(或多或少)在认知上与它的要求保持同步,但如今它正在被我所说的基于计算机的'网络时间'所取代,后者与生俱来具有加速性,而它的速度限

① [法]布鲁诺·拉图尔:《科学在行动:怎样在社会中跟随科学家和工程师》,刘文旋、郑开译,东方出版社2005年版,第418页。

② [法]布鲁诺·拉图尔:《我们从未现代过:对称性人类学论集》,刘鹏、安涅思译,苏州大学出版社2010年版,第93页。

制何在，我们无从知晓。尽管如此，网络时间已经将我们带至一个去同步化的临界点，一个在时间上出现断裂的临界点，我们发现越来越无法跟上它的认知要求。”（参见本书第42页）

哈桑的观点似乎与德布雷不谋而合。后者曾经提出过媒介域的概念，并且指出：“每个媒介域都会产生一个特有的空间-时间组合，也就是一个不同的现实主义。”①在德布雷看来，人类文明史可以被看作是三个不同媒介域的接续，每个媒介域都会以某种传播技术为其主导，分别是以文字媒介为主导的逻各斯域、以印刷媒介为主导的书写域和以视听媒介为主导的图像域。德布雷也发现：“信息运载的解放释放出了一个逐渐加速序列，今天好像到达了它的临界点。”②而哈桑关于书写的观点似乎又与基特勒遥相呼应。基特勒指出，话语网络1800（18世纪晚期到19世纪中期欧洲人的话语体系）完全不同于此前的话语网络，而它与话语网络1900之间也存在着重大的差异。“这些断裂是如此深刻，以至于阻碍了正常的文化延续性。”③在解释这种差异时，基特勒认为，话语断裂与媒介技术变革直接有关。基特勒认为，在19世纪初，在电力媒介登上历史舞台以前，人们的听、说、读、写因为印刷媒体的使用可以没有障碍地相互转换，人因而对自己是语言使用的主体这一观念深信不疑。“1880年前后，光学、声学和书写的技术分流打破了古登堡的书写垄断。”④精神和信息由此分离，写作的动作与思考的界面分离，人们开始适应标准化文本的阅读和机械化的写作。按尼采的说法，人类就此变成了思考、写作和语言的机器。不过，从基特勒的论述中，我们可以看到，其视角既不是一种政治经济学的批判，也不是一种内在时间视角的批判，不同于哈桑的时间的传播政治经济学批判视角。

在哈桑看来，当我们无法跟上互联网的速度，而且有可能越来越跟不上其速度时，原有的相对稳定的由机械时间所奠定的社会与心理秩序开始动摇了。在社会的层面，数字媒介带来的持续的加速导致社会结构和社会分工出现了巨大的不确定性：“这种机器以持续增加的速度处理信息，将个体、社区、商业、政府和社会不由分说地裹挟进其迅疾而难以预测的轨道，没人知道它将会驶向何处。”（参见本书序言第Ⅲ页）在书写层面，“信息传播技术加速了时间，加速了社

① ［法］雷吉斯·德布雷：《普通媒介学教程》，陈卫星、王杨译，清华大学出版社2014年版，第262页。

② 同上书，第276页。

③ ［加］杰弗里·温斯洛普-扬：《基特勒论媒介》，张昱辰译，中国传媒大学出版社2019年版，第41页。

④ ［德］弗里德里希·基特勒：《留声机 电影 打字机》，邢春丽译，复旦大学出版社2017年版，第17页。

会运行。更关键的是，信息传播技术动摇了语词及其意义自古以来的稳定性，而现今，不稳定的语词创造了本体论意义上不再稳定的世界。写作变成了一种流动的状态，意义的电子化再现开始以一种持续加速的节奏跳跃与流动。它拒绝停顿，拒绝迟滞，拒绝专注，拒绝反思意义建构的需要”（参见本书序言第Ⅵ页）。在这样的一种媒介节奏中，人们处于一种前所未有的焦虑中：“印刷人在尚未做好准备之时，便开始向着由自治的计算机所驱动的、一种新层次和新形式的网络转变，这就是数字网络。在其中，速度挣脱了钟表的限制，我们与技术化的文字、书写和阅读的关系进入一个全新的、紧张的、充满焦虑的阶段。”（参见本书第98页）

只要媒介技术能够具有内在的时间逻辑，那么媒介必然是有政治性和权力性的。内在的时间逻辑造就了行动边界，因而也就诞生了不同的权力结构。比如说早期书写的技术，它的内在的时间逻辑就决定了只有“有时间”的有闲阶层才有能力去“思想”，才能摆脱体力劳动。有时间思考成为一种社会特权。印刷术的时代，机械复制技术登上了历史的舞台，媒介克服空间的能力加强，媒介内在的时间逻辑发生了很大的变化。面对这一局面，本雅明和哈贝马斯看到了完全不同的侧面。本雅明强调的是，在复制技术面前，艺术不再建立在传统社会的仪式之上，而是建立在现代社会的政治实践之上，复制技术强化了权力对于艺术的渗透，出现了艺术的政治化。而哈贝马斯则看到了公共领域在时间上的可能性：“过去印刷时代的常识：公共领域需要有它自己的时间。除非‘会话’（阅读、书写、讨论）有着自己‘自然的’时间节奏，允许它逐步完成创造并维持其自身的进程，否则公共领域无法运作。”（参见本书第177页）数字媒介的出现显然强化了本雅明所说的大众文化的“政治化”现象，大众文化成为话语斗争的核心场域。然而，数字媒介的出现对于哈贝马斯的“公共领域”并不是一个好消息：“我们所面对的交流的现实是，网络化的公共领域急剧变动，它并不是多元化的‘反公众’的‘话语空间’，而是充满了喧嚣嘈杂。在其中，对政治行动进行恰当讨论、反思、规划与安排的时间在飞速减少。”（参见本书第175页）这种分析视角可能是对新冠肺炎疫情期间整个世界范围的谣言传播和话语斗争最有力的解释工具之一。

更重要的是，只要媒介技术能够具有内在的时间逻辑，那么媒介必然有复制资本的能力。在马克思的经典论述中，资本的复制是与劳动时间联系在一起的。延长劳动时间，提高单位时间内的生产效率，是剩余价值不断增长的前提。因此，科技的应用、管理方式和生产方式的不断变革、对劳动力劳动时间的变相占有，都是资本家获得更多剩余价值的重要手段。钟表时间的出现满足了资本复制的要求，而且它很快内化为工业时代人类的宰制性的时间观。而当下人工智能平台媒体，正是用不断提升内容生产速度吸引流量的方式，来扩大注意力经济的规模，获得更多利润。这种技术能够同时创造出多个平行时空，远超工业时代媒介技术的可供性。而这种媒介技术及其资本复制的结果必然是以牺牲人原有的时间节奏为代价。人们即使按照钟表时间来生活，也同样不能适应新的时间节奏。这显然距离马克思提出的人的全面解放的目标渐行渐远。

到这里，一种新的研究视角已经基本成形。这是一种关于时间的传播政治经济学批判，这是一种与传统传播政治经济学批判和以大卫·哈维为代表的空间传播政治经济学批判既有区别又有联系的理论视角。哈桑所做的努力是把先前学者众多的与这一视角有关的论述汇集到一起，因此，本书具有开创性。作者显然想说明，当不断变化的社会时间通过媒介的变革取代个体生命时间时，人的工具化程度就显得越来越深。

然而，正当我们无比期待地想要看到哈桑在时间异化这个问题上进一步开展他的理论批判时，如同许多美国学者一样，哈桑突然转向实用主义心理学的应用，回到注意力分散、时代的集体症候和碎片化阅读的问题上。他想说明，这种时间异化的结果就是注意力分散："先前世界的各种可确定之物（例如它们是什么）正在快速消失，取而代之的是我所说的慢性的和弥散性的认知层面的注意力分散。"（参见本书第 5 页）速度几乎消灭了一切，速度消灭了内容，速度消灭了专注，就像前面我们讲的，速度消灭了核实真相的时间。在引用了一堆著名思想家的断言后，哈桑只是想说明："持续而慢性的注意力分散状态，既是速度的政治经济学原因，也是其后果。作为一种个人和集体的病征，它让我们无法辨清我们是如何被书写在特定技术中的特定逻辑所超越的。"（参见本书第 126—127 页）这不禁让人扼腕：注意力分散和时代的集体病征当然也是个重要问题，但在真正重要的理论问题还没有说清楚之前，哈桑就迫不及待地转向社会心理现象和日常生活中的常识。这就好比，牛刀已经举起，解剖的却只是一只鸡，多少有点可惜。不过这样也好，毕竟这个研究领域刚刚开放，还需要更多后继者不断开疆拓土，也让人对此充满期待。

胡翼青

2020 年 5 月 16 日于南京大学仙林校区紫金楼

序　言

因而在此你将会发现的……只是身体的种种史前样态，这具身体正在走向写作的工作和写作的快乐。

——罗兰·巴特

卡尔·马克思的女婿保尔·拉法格（Paul Lafargue）于1883年撰写了一本著名且尖锐的小册子，名为《偷懒的权利》（*The Right to be Lazy*）。在拉法格看来，时间权利是最为重要的一种权利，人们应当为之奋斗。不过正如他所见，工业资本主义（industrial capitalism）迫使人们出卖大量的（即使不是全部的）时间给资本家，在此重压之下，人们丧失了这项基本权利。拉法格这一革命性的观点所遭遇的另一个更为严重的挑战是，工人们自己也成了这一暴行的共谋。工人们并没有像拉法格的岳父所预期的那样起来反抗，取而代之的，是他们沉溺于一种自我贬低的状态，他们所要求的不是"自由"的时间，而是"工作的权利"，这种权利将他们变成固定薪资和机器生产的奴隶。

到了维多利亚时代晚期，似乎我们已经完全忽略了时间的价值，至少是时间对于我们的价值。时间，正如一个世纪前本杰明·富兰克林所准确预言的那样，变成了金钱的同义词，而金钱现已成为资本主义的DNA。飞速发展的、力量强大的、无所不在的机器文化已然吞噬了时间。在古希腊的辉煌时期，希腊人认为时间就是用来挥霍的。但在工业文化和资本主义文化中，无产阶级自甘堕落，任由其对于时间真正价值的意识和理解"被工作信条（the dogma of work）所绑架"。拉法格认为，解决这一问题的方法，是必须将机器置于人的控制之下，使人不再成为一个"非人系统"（inhuman system）的工具。他想象，只有社会主义才能做到这点，在这样一种开明的、民主的社会制度之下，所有人"与机器相伴"的辛勤劳动时间，一天最多不超过3小时。

《偷懒的权利》可能是在一个错误时间所发表的错误观点，在拉法格写作此书的监狱牢房之外，它收获的只是一片反对性的沉默。"懒惰"一词，当时是、现在也仍然是一个彻头彻尾的贬义词，它与"新教工作伦理"（protestant work ethic）截然相对，而后者被认为是资本主义的突出特质。此外，拉法格似乎也预料到他的观点不大可能被大众接受，于是在此书的最后，他一改全书洪亮高亢、鼓吹变革的风格，发出了柔弱哀婉的呼喊："哦，懒惰，艺术与高贵精神之母，是你，舒缓着人类的痛苦！"

现今我们几乎不会再提及拉法格和他的思想了。或许，工业化的生活方式对于拉法格而言太过糟糕恐怖，无法接受，而无产者们似乎也没有听取他关于"时间掠夺"、"机器独裁"的警告。总之，1911 年，他和妻子一起以自杀的方式结束了自己的生命。巧合的是，正是在这一年，弗雷德里克·泰勒（Frederic Taylor）的《科学管理原理》（*The Principles of Scientific Management*）一书面市。这本书彻底革新了人与机器的互动关系的本质，或者说，它从根本上以前所未有的力度，将人紧紧地限定在机器生产的逻辑之内。

今天，如果你说要把人们从机器的镣铐中解放出来，很多人会觉得这是一个怪异陈腐的观点。至少在西方社会，我们经常被告知，我们已经远离了马克思的同胞弗雷德里希·恩格斯在 19 世纪中期所描绘的"黑暗的撒旦磨坊"（dark satanic mills）①。据说，我们今天所处的社会远比过去要更加进步、更加文明。当然，在拉丁美洲、亚洲的大部分地区以及世界的其他角落，人们依旧在工厂里被残酷剥削，为我们生产衣服、鞋子和电子零配件。但流行的观念是，这只需要向 Nike、Gap 或者其他类似的企业指出就可以了，这些令人不快的现象只出现在它们的代工厂的流水线上，而且问题将会得到解决，当地的剥削者们将会被要求提高工人薪资和缩短工作时长。慢慢地，慢慢地，一切会变得越来越好，这需要时间。到那时，中国的生产线上的工人也将能用她自己的薪水聘请私人教练，购买苹果手机（iPhone）。她将成为全球性的有闲阶层的一员。这个阶层的成员们从事不同的工作，有着更为丰厚的收入回报。相对于让拉法格绝望自杀的时代，她更加自由。

问题在于，这一切都不是真的。代工厂中的工人们会一直长时间地辛苦劳作，直到他们的人工成本变得过于昂贵。到那时，他们会失去工作，而被那些愿意更快更辛苦地工作，同时薪资要求也更低的工人所取代。西方世界毫无疑问从这样的剥削中获益，当然，只是物质层面上的——便宜的衣服和便宜的电子产品。被过度剥削的拉丁美洲和亚洲的人们，几乎没有时间去思考生命的意义，而在全球经济中处于富裕地区的那些服务业从业者或者"信息劳工们"（information workers），同样也没有这样的特权。我们**所有人**，都身处一个网络

① 实际上，"黑暗的撒旦磨坊"一语最早出自英国浪漫主义诗人威廉·布莱克（William Blake）的诗作《耶路撒冷》（*Jerusalem*），后被包括恩格斯、乔治·艾略特在内的不同人在他们的著作或论述中所引用，作为对英国工业革命之后资本主义社会劳动剥削的一种比喻。2012 年伦敦奥运会开幕式第二幕的主题即为"黑暗的撒旦磨坊"。——译者注

化的社会中,也就是学者哈特穆特·罗萨(Hartmut Rosa,2003)所说的"加速的社会"(accelerated society)中。这样的社会之所以会出现,是因为现在的机器比以往任何时代的机器都奔跑得更快。

当然,这里所谓的"现在的机器",指的就是计算机。这种机器以持续增加的速度处理信息,将个体、社区、商业、政府和社会不由分说地裹挟进其迅疾而难以预测的轨道,没人知道它将会驶向何处。摩尔定律(Moore's Law)与"忆阻器"(memristors)、量子计算(quantum computing)、化学计算(chemical computing)的最新发展结合在一起,使得无人能够知道计算机在处理越来越多的海量信息方面,其速度的上限到底会在哪里。此外,也几乎没有人知道这到底是好事还是坏事。遍布于社会每一个角落与罅隙的计算机,同样也在加速着我们的无法理解。实际上,在这样的数字时代,具有讽刺意味的是我们完全没有时间去思考速度所带来的后果,因为我们的社会发展变化得太过快速。没有多少人能够选择偷懒,因此也极少有人能够挤出宝贵的时间,去思考拉法格所赞颂的"懒惰"是否真的会对我们有所裨益。

我们认为可以使我们更加自由的机器,却在时间上奴役着我们。本书试图在帮助我们更好地理解这一点上做出一些努力。我们所面临的一个很大的问题是,我们在信息方面的能力非常弱小。请允许我对此稍作解释。毫无疑问,当苹果公司(Apple Inc.)又一款超级产品上架时,我们中的许多人会关注到这一潮流的变化,并且购买它,而不管自己是否能够负担得起,或者是否会用得到。但这还不是我真正想表达的。我们在信息方面的能力的弱小,可以追溯到我们这个物种更深层、更久远的历史之中。不同于其他动物,我们没有那样的自然本能,可以天然地过滤掉那些对于我们的生存毫无必要的东西。正如哲学人类学家阿诺德·格伦(Arnold Gehlen)所说,我们很容易受到周遭环境的过度刺激,我们缺乏大多数动物所具备的强大直觉,可以使我们忽略那些不需要我们去处理的东西。不过,人类的独特性在于,我们能够**发展技术**。制造工具的天赋可以使我们在处理信息过载上做些什么,它允许我们创造物质文化,建构起习惯和惯例,这就可以使我们将注意力聚焦于它们①所包含(或者是我们**认为**它们所包含)的特定事物和信息上。在人类历史肇始之初,文化、制度、宗教、文明就通过技术发展紧密聚合在一起,这使得我们能够集中注意力,并将之放在那些**建构**和**发展**人类生活所需要的最好的信息(知识)形式及其应用之上,使我们不再仅仅是简单地生存着。若非如此,我们对于信息(知识)的判断就会变得无从把握,甚至会

---

① 这里的"它们"指物质文化、习惯和惯例。——译者注

变得非常可怕。简言之，技术使我们获得这样一种能力，即可以集中思想去关注我们认为重要的东西，防止我们迷失在信息的海洋中。

不过，有这样一项技术，它与我们的关系最为密切也最为久远，它现今也变成了一种机器，而我们对它仍所知甚少。这项技术就是——书写（writing）。之所以我们很难对书写有明晰的认识，是因为它如此深地进入我们的意识之中，并且形塑了我们自身以及我们所建构的世界。托尼·朱特（Tony Judt，2010：155）告诉我们："语词就是我们所有的一切。"但是，我们所有人都太容易忽视和滥用这一珍宝，因为我们将之视为理所当然，因为它充斥于我们的生活之中。今天，我们淹没在快速流动的信息洪流中，正是这种信息过载，使得我们在如何适应信息方面，退化回婴儿时期的柔弱状态。我们在书写文化中生活了数千年，当大众读写与工业主义的兴起共同创造了大众社会后，书写成为我们的生活方式。但是，我们却忽视了它的力量。而当它慢慢将其自身楔入我们的意识之中时，它就已不再是我们的工具，而是像沃尔特·翁（Walter Ong）所指出的，它完全成为我们的一部分，成为人的一部分（1992：293）。现在，工具已经发生了变化，但我们没有意识到这意味着什么，我们也不知道这种变化对于一切会带来怎样的影响。

科技理论家布鲁诺·拉图尔（Bruno Latour，2002：249）告诉我们，技术被反映其创造时所处语境的异质而复杂的时间性所包围。因此，我们与书写的"一体性"（oneness）意味着，它的最初形式是对人和环境的时间性的编码。书写和阅读的实践在根本上是生物性的和有机体性的，它的规律构筑了从早期文明直到现今时代的基本规律。读写实践的过程与人类的速度能力、身体能力以及所过的生活方式相"匹配"。朱特对于语词的价值的概括毫无疑问是正确的。阅读和书写使得我们今天所拥有的一切成为可能，工业化、启蒙思想、民主、作为计划的现代性（modernity-as-project）等，所有这一切都是书写和阅读所产生的"影响"，因而，所有这些宏观的社会过程和文化过程都与人类及其所处环境的时间节奏紧密勾连在一起，都与一个即使不能说是**革命性**的，但至少也是极其重要的时间的附属物——钟表——勾连在一起。钟表，是另一种我们太过认为理所当然、进而熟视无睹的科技形式，因为它已将其自身的逻辑如此深入地渗透进人类存在（being）的内核之中，无论是个体化的存在，还是作为集体形式的存在。出生于现代性情境之中的人，也就生而处于钟表的节奏之中。一个人必须学会如何分辨时间，而一旦适应了它的绝对线性（infallible linearity），个体就准备好了与更大的社会时钟保持同步。作为一种习惯和一种机制，钟表时间的出现意味着世界在人类历史上第一次变成了可计划的、可安排的、可组织的。

当钟表成为一种不可撼动的、约定俗成的社会调节机制时，以工厂流水线形式来发展工业也就因此变得可以想象和可以操作,同样的,资本主义得以繁荣昌盛。这二者的结合,使得亚当·斯密在18世纪后期开始思考国家财富的起源问题。亚当·斯密是世界上最早的信息网络中极具影响力的一员,这一网络以"文字共和国"(Republic of Letters)①的名称而为人所熟知,但它本质上是一个思想流通的网络,是一个最高层次的信息网络,在其中交流传播的有关民主、科学和哲学的思想,被认为是启蒙运动的基础。因而,沿着这一因果链(这正是形成本书主要观点的因果链),我们可以说,正是"书写"这种在生物层面和情境层面都与时间紧密相关的技术,使得一个组织化的、以理性为基础的社会的兴起成为可能。而理性化过程之所以可能,源于钟表技术的采纳运用,它扬弃了(即使不是完全否定的话)有机的、古典的社会节奏,将之变为机器和工业的节奏。在这种本质上以印刷媒介为基础的人类关系秩序中,个体、社会和文明得以蓬勃发展。现代社会制度亦由此得以产生,它形塑了文化与政治形态,决定了现代化的历史发展轨迹。生活节奏在慢慢(但有时又是非常迅猛地)加速,对人类的身体能力与认知能力不断提出挑战,而人们对此无从回避。站在历史的角度看,我们是刚刚才学会如何去处理这种压力。

然而,时间已经(确然无疑地)发生了变化。这个世界拥有了一个全新的信息网络,并通过这一网络安排其事务。这里的事务不仅仅是指"经济事务",而几乎是我们所做的一切。实际上,情形越来越是如此:我们所做的所有事情都是某种形式的"经济事务"②。电子传播网络正在很大程度上取代以往面对面的

---

① Republic of Letters,常见的译法是"文人共和国",指出现于17世纪、活跃于18世纪的一个跨越国界(甚至大西洋)的知识分子共同体。这一共同体最初出现于法国,当时一些知识分子(如孟德斯鸠、伏尔泰等)相会于巴黎的沙龙,就与启蒙相关的哲学思想进行探讨。之后,共同体不断扩大,欧洲其他国家与美洲的知识分子,如亚当·斯密、大卫·休谟、杰斐逊等,也参与其中。他们互赠书籍、往来书信,交流彼此的学说思想,形成了一个形而上的"共和国"。一般认为,这个知识分子共同体对启蒙思想的发展及传播起到了重要作用。"文人共和国"的惯常译法主要突出了共同体成员知识分子的身份特征,但就本书而言,Republic of Letters这一名称包含对共同体成员的交往媒介(技术)的强调,即它是一个通过基于文字书写与阅读的书信往还所形成的"共和国"。这里主要包含两种媒介:文字与书信。本书的分析重点是书写、阅读的技术变化及其对时间性、人类社会经济与政治的影响,因此为凸显本书主旨,将之译作"文字共和国"。——译者注

② 原文为:The world has a new information network through which to conduct its business. And not just the business of business — but the business of almost everything we do. Indeed it is increasingly the case that everything we do is a form of business.在英文中,"business"有"生意"、"事务"、"事情"等意思。此处,作者运用双关的手法,强调由于有了高速信息网络,我们的一切都变成了某种"商业事务"。在本书后面有很大篇幅讨论信息传播技术是如何受到经济逻辑的驱动,并反过来将这种逻辑推及社会几乎所有方面。一种语言中类似这样的双关手法,其中所包含的微妙意味,很难用另一种语言完全地表达出来。因此,除在符合汉语表达习惯的基础上尽可能准确地翻译这几句话的同时,在此给出原文,以帮助读者获得更为精确的理解。——译者注

人类互动形式。不仅如此，人类关系与经验的（以往无法想象的）全新领域正在打开，例如，我们正在见证一个巨大的社会关系网络的快速兴起。在一种全新的、（对我们大多数人而言）隐形的书写形式——代码——的基础上，在文化、政治、娱乐等方面，虚拟世界中的一些特性决定了现实的公共逻辑。

关系的变化并不仅仅局限于我们与他者他物的关系。这些变化背后的基础，是对我们与时间性和书写之间关系的全新体验。拉法格所希望解放的、可以使我们真正成为一个人而不是机器人的那种时间，现在已经商品化，并被压缩进罗恩·珀泽（Ron Purser，2002：13）所说的"永恒的当下"（constant present）中。在我们所处的这个不断加速的社会中，数字网络的种种需求挤入我们的时间经验中，它填充着我们的时间，使得时间的现象学结构萎缩成了一种扁平的时间维度——"**现在**"。过去和将来变得更加难以寻回和规划，因为我们所拥有的属于自己的时间越来越少，无法再放任挥霍。

在并不那么久远的过去，信息网络最主要的媒介依然是印刷媒介。在报纸上、杂志中、书籍里、图书馆内，语词在时间和空间上保持稳定。作为语词的用户，我们主要是在纸张上进行书写。不管是日常手写，或是用打字机打字，又或者是工业化媒介所进行的大众生产，都使得语词得以物质化与固化，直至它被归档——此时语词的意义归于沉寂，直至它被再次阅读，又或者它从此被抛弃消失。广播电视这类大众媒介，尽管是覆盖全球且是电子形式的媒介，但在根本上受到书面语词的"影响"，同时，也受到最为基础的媒介形式——印刷媒介——所确定的相对稳定的空间-时间关系的"决定"。

信息传播技术（information and communication technologies，ICTs）加速了时间，加速了社会运行。更关键的是，信息传播技术动摇了语词及其意义自古以来的稳定性，而现今，不稳定的语词创造了本体论意义上不再稳定的世界。写作变成了一种流动的状态，意义的电子化再现（digital representations）开始以一种持续加速的节奏跳跃与流动。它拒绝停顿，拒绝迟滞，拒绝专注，拒绝反思意义建构的需要。我们在信息面前的软弱正日益变成一种病态，我将之称为"慢性注意力分散"（chronic distraction）。我想说的是，我们（无论是个体还是整体）正处于风险之中，正在与创造了这个我们仍视为理所当然的世界的时间节律和时间技术相分离。当生活在永恒的当下时，当"浅尝辄止"成为一种普遍状态时，创造了现代社会的种种机制也开始与它们的本体论基础相脱离。我们的慢性注意力分散在许多方面由**不确定性**所导致，我们无法确定源于速度迷恋（speed fetish）而产生的晚期现代性（late-modernity）社会的发展轨迹。正如齐格蒙特·鲍曼（Zygmunt Bauman）在《流动的现代性》（*Liquid Modernity*）一书中引用格哈特·舒尔茨(Gerhardt Schultz)的话所说:"这是一种全新类型的不确定性:'不知道结果,取代了不知道方法的传统的不确定性。'"(2004:61)

对"结果"和"方法"都缺乏理解,是今天身处网络社会中的我们的宿命。在无所不在的信息处理技术和新自由主义意识形态之中,贯穿着根深蒂固的加速逻辑,由其所导致的注意力分散是我们应对这种缺乏的方式。许多重要事物从我们的集体注意(collective attention)的罅隙中溜走。本书后面会讨论我们的整体不确定性所带来的重要影响。

不过,还是有一些东西是可以确定的:时间和书写技术已经在本质上发生了改变。就像广义的网络社会一样,它们已经数字化并且高度不稳定。在本体论的核心层面,我们正在失去对世界的理解,而网络系统新近的发展阻止我们恢复对它的任何形式的民主控制,无论是在地区范围内还是在全球范围内。该怎么办?的确不容易找到答案,但我们需要开始做出努力。此外,如果语词是我们所有的一切,那么我们就需要借用它们来更好地理解我们与它们之间的关系。

约翰·肯尼迪总统曾说,美国人"必须将时间用作工具,而不是当成沙发"。这句话可以看作是对拉法格及其自由赞歌(从懒惰中所获得的自由)的抨击。当然,这句话更有可能是在直接呼吁人们不要"浪费"时间。不过,要将时间当作工具,前提是我们能够控制时间,无论是在个体还是在整体层面。但我们无法做到!受到市场和"计算机化教义"(dogma of computing)的驱动,全新的"**网络时间**"成为工具,并且它完全脱离了我们的掌控。这使得我们只剩下了沙发——拉法格的沙发。好吧,为什么不坐下呢?

目录

1

这另一种时间性

我拥有你全部注意力吗?

这是一本有关被称作“注意力分散”的当下文化认知状况的书。有心的读者可能已经注意到,在这句话中有连续的5个以“C”开头的单词,一个接着一个,读起来节奏柔缓,在理想状态上,它起到了某种“减速”的效果,可以使读者降低一点点阅读速度,但实则相当俗气和夸张①。较长的句子,就像你刚刚看到的这一句,也会有类似的效果②。在以上这番考察中有几点值得一说。其中一点是,广告专业人士(以及图书编辑和出版人)告诉我们,要想卖东西给某人,不管是牙膏、汽车、书籍还是思想,必须要运用策略,“钩”住对象的注意力,拉着他或她向你想要的方向走。另一点是,在这一过程中(例如你现在仍然在阅读本书),会发生一定的认知吸引,比如说“兴趣”使你在本书上停留的时间更长一些。在互联网上,网页设计师通常也会追求类似的目标,他们将之称作“黏性内容”,它可以是你能够想象得到的任何一种东西,用以吸引用户的眼球,不让用户从一个网站快速地跳到另一个网站。搜索引擎巨头谷歌公司(Google)就在做这样一种追踪“黏性”的生意,并在它背后出卖广告。以后,互联网上(以及谷歌公司的)这种生意会越来越多。在此处的第一章中,我所要做的就是从一个全新的角度,去思考在这种集中-分散的辩证对立(traction-distraction dialectic)中发生了什么。对于广告主和图书出版商而言,保持黏性(或者说“反对分散”)的价值是显而易见的。但是,当我们的注意力正在分散之时,或是当有些人正在做出努力以期获得并保持我们的注意力之时,又或者是我们自己有意识地想努力抵抗让我们的思想和注意分散的外来冲击,让自己的阅读和写作过程持续更长一些时间之时,(在商业公司一方)究竟发生了什么呢?为何我们的注意力确

① 原文为:This is a book about a contemporary cultural cognitive condition called distraction. 其中有连续5个单词都是以“C”开头。在此,作者玩了个小小的文字游戏,并带出此处的反讽,以及后面的分析。——译者注

② 这里“你刚刚看到的”“较长的句子”是指本段的第二句。这句话作者刻意使用了较为复杂的句式和较多的限定成分,使得句子变得很长。这里作者依然在玩文字游戏。——译者注

然无疑地在持续衰退呢？是不是我们天生就是一种浅薄的、注意力很容易被分散并不断转移的物种？又或者，我们是否可以从另外一个角度去看待这种不安定，就像有些人正在做的，不给它贴上“分散”的标签，而是从正面的角度将之称作“多任务处理”，认为它是应对当今世界的一种实用、高效与勤勉的方式？这，真的非常重要吗？

写下这本书就表明，我深切地认为它是一个重要的话题。当我们还在上学时，就知道注意力分散是个坏习惯。当我们的目光从教室窗户逃离出去，望着蓝天白云或是学校操场，又或者我们的思绪漫无目的地游荡于难以描述的奇妙悠然之境，这些都被视为对学校教育目标的妨碍与伤害。上学的目的就是学习，是吸收信息与知识，是或多或少地让自己成为一个完满而有用的个体和公民。毫无疑问，我们中的一些人会更多地耽于视觉和精神上的游荡闲逛。但是，我们可以被训练，学会对此进行控制，学会遵守纪律，集中注意力。另一些人则可以学会在注意力分散的状态下形成创造力。此外，实际上还有一些人，他们学会了变得更加灵活，有能力在这三种状态中自由切换①。然而，在“网络社会”中，这个古老的问题（无论是对孩子还是对成年人而言）遭遇到前所未有的挑战。在这种社会形态中，以光速运行的信息处理过程及其应用改变了我们与信息、知识之间的关系语境。教室变化了，工作环境和家庭空间也变化了。其后果是，保持注意力**不要**分散从来没有变得如此困难过，而我们对此的抵抗也从来没有变得如此虚弱无力过。

除非对我们当下的，同时也是慢性的注意力分散做出恰当的分析，否则我们无法弄清它为何会是这样，也无从得出解决之道。因此，我想将分析的基点置于**时间**维度之内，从这一角度出发对慢性注意力分散做一番分析。从某个角度看，这么做的原因是很明显的。试想一下：我们正将注意力集中在某个事物上，例如在公园长椅上阅读着维特根斯坦（Wittgenstein）的著作，而恰在此时，你的手机响了；又例如，当我们正在家里忙着写一篇论文，或是在办公室写一篇报告的时候，一个表示收到了一封电子邮件的弹窗在电脑屏幕上跳了出来。在这些情境中，我们就是在处理与时间的特定关系，因为有一些意外的事物在争夺你的时间（你的注意力）。如果仅停留在分析的最浅层面，我们可能会对这样的问题不屑一顾，认为它只不过是我们网络化生存所必须面对的一个单纯的事实而已，只是戴尔·萨瑟顿（Dale Southerton，2003）所说的“时间挤压”的一些例证，我们所

---

① 这三种状态是指：更沉迷于注意力的分散，学会控制自己集中注意力，以及在注意力分散状态下形成创造力。——译者注

需要做的就是尽我们所能去处理好它们就可以了。然而,除非我们能够对社会时间的本质以及我们与时间性之间的关系有真正的理解,否则不仅是这些问题会变得更加糟糕,成为一个政治性的问题,而且**我们对它们的理解也会相应变得愈加匮乏**,因为正如我将在第三章中所要阐述的那样,网络社会踏上的是一条无止境的**加速**之路,如果你觉得今天的生活正变得越来越快速,那么你倒也并非一无所见。今天,我们亟须建立起对于时间的理解,即将之视作一种变化着的社会现象,这一点非常重要,因为我们与时间的全新关系就像网络社会这种社会形态一样,已经深深地渗透进我们的生活之中。

我们所要做的第一步工作,是要在一些**表面看来**(prima facie)完全不同的经验现象之间,建立起清晰而明确的联系。它们是:**时间**,**科技**,以及**阅读和书写**过程。我想要呈现的是,这些经验现象是如何共同作用,以一种特定的方式构建起我们所熟知的近300年来的这个世界。这就是现代性的世界。然而,在我们所处的当下,这些互动过程已经在根本上发生了改变,并建构起一个完全不同的世界,一个后现代社会。在这种社会形态中,先前世界的各种可确定之物(例如它们是什么)正在快速消失,取而代之的是我所说的慢性的和弥散性的**认知层面的注意力分散**,也就是说,这个世界在不断远离启蒙运动的影响,而启蒙运动的初衷就是赋予世界以意义和目的。

以上文字读起来就像是一个严肃故事(虽然不那么流行)的开头。但是,它并非是对纷乱的后现代性的又一种喋喋不休的批评抱怨,也不是对僵化的现代性的另一种祈求召唤。它实则是通过一个完全不同的透镜,以另一种视角对存在的诸种方式进行观察。这种视角以**时间理论**统摄一切,它将使我们对科技的进步、书写的发明及阅读技巧的发展获得不同于以往的认识。将这四者整合在一起,将会提供一种独特的观察角度,去理解由现代性而至后现代性的演化轨迹,并解释"进步"的弧线是如何走到它自己的对立面的,也就是说,"进步"变成了一种当下性(presentism)的循环或者负循环,即过去与将来都被持续压缩进永恒的现在之中。在此时,新的时间模式、新的科技模式和新的读写方式协力创造了一个更快的、更为肤浅的世界,一个更加工具性的世界。我们对这个世界知之甚少,而且会更快地遗忘我们的所知。

阿多诺(Adorno)和霍克海默(Horkheimer)在他们的《启蒙辩证法》(*Dialectic of Enlightenment*)中提出,理性与合理性已经走向"负面",演变成为"工具的纯粹建构",无法再回到解放理性的逻辑之上(1986: 42)。毫无疑问,正如本书所要表明的那样,他们是正确的,而且这个世界对于"工具"的痴迷,已经达到阿多诺或霍克海默做梦也料想不到的程度。但是,这还不是故事的结局。

我所正在讲述的，是有关这个由启蒙运动所创造的世界的另一个完全不同的演化故事。这个故事表明，如果真的要找到归路，就必须寻找新的智识、文化和**时间**的路径，并沿此前行。要做到这点，读者们需要克服困难，坚持阅读本文开篇这些具有挑战性的文字（至少对我而言，思考并写下这些文字是一种挑战），之后或许就可以得到回报，获得我所说的对于我们当下现实的全新观察视角。这种全新的现实、"时间化"的现实，不同于阿多诺、霍克海默和他们那一代的追随者们所认为的，实际上充满了希望、潜能以及诸多理解方式，但它们无法通过当下的许多分析模式（而且它们在很大程度上还是有害的）获得。

那么，就让我们从一些框架性的问题开始，去考察时间性、科技、阅读和写作的本质，以及它们彼此间的相互关系：何为思想的"时间"？是否可能对思维进行测量？我们是否能认为知识或信息（后面会探究它们之间的重要区别）、阅读与写作有着它们自己的时间"节奏"？对我们来说时间能否运行得更快？要回答此类问题，看上去就像是要用手去握住空气。我们是如此不习惯思考这些概念，因此这些思想听起来（或者在感觉上）根本就是不可能的。与之相反，我们又是如此习惯于从"个体"的角度思考与经验这个世界，因此我们认为（至少是在直观层面），我头脑中的所思所想、我所拥有的"思想"和"知识"，实际上与其他人有着广泛普遍的联系——毕竟我们共享着一个共同的世界，不是吗？然而，借用存在主义精神病学家莱因（R. D. Laing）的话："我无法经验你的经验，你无法经验我的经验。"（1967：16）在很大程度上，时间、思维和许多形式的知识是主体经验的结果，这些不同的理解方式、过程以及存在的模式，我们无法**真正**、**完全**地共享。我们只能在最表层联结彼此的经验，此时你所经验的和我所经验的可能在客观上是相同的，但是我们对所遭遇的"现实"的理解，永远是歧异的。就像两个朋友正在"经验"着足球比赛，他们很可能是在以完全不同的方式观看同一场比赛，会有无数的因素影响他们各自的理解，例如一个觉得很无聊而另一个觉得很刺激，一个具有足球比赛的一般性知识而另一个相对缺乏这些知识。我们永远无法直接"匹配"对于这个世界的主观经验。

从我们的意识层面上看，这种对于经验的显而易见的本质的观察是平庸陈腐的，它只是在表达着我们所有人都已经"熟知"的这个世界的本来面貌而已。再进一步说，经验本就是独特的，它是我们内在个体性的表现形式（或者可能是成因?）。可以说，认为思想和知识可以有它们的韵律、节奏和特定的**速度**，隐约显得有那么一点荒唐可笑。因此，在西方世界，现代文化、经验的主体性本质和时间的难以捉摸的本性，很难契合在一起。实际上，如果想要在时间维度上去"测量"它们之间的互动，会更加困难。时间的无形性，和它在过去、现在、未来之间的巨大弹性,深深地沉淀于我们的读写文化中,在此我们能够惊鸿一瞥式地领略到试图正确把握时间本质的巨大难度。法国小说家马塞尔·普鲁斯特(Marcel Proust)就做着追索时间的工作。多少有些讽刺的是,他探究的是存在的"无时间性",结果他的作品却被归入西方现代主义的经典范畴。在《追忆似水年华》中,普鲁斯特不断将时间描述为既是社会情境,又是个体情境的构成要素,但是他对此的刻画带有转瞬即逝、梦境一般的特殊色彩,同时他又仔细地将之与实际的"睡眠实践"区分开来。他描绘了梦醒时分的主体无意识性本质:"……在那些清晨(正是它们使我认为睡眠或许意识不到时间的法则),我努力使自己从刚刚还居住于其间的、晦暗不明无法定义的大块睡眠中,回到时间的尺度之内,这构成了我为醒来所做的努力的主要部分。"(2006:326)

茱莉娅·克里斯蒂娃(Julia Kristeva)曾分析普鲁斯特时间思想的理路,认为他的"风格勾勒出**这另一种时间性**①,它超越了度量性、空间和时长……"(1996:233)伊丽莎白·格罗斯(Elizabeth Grosz)追随现象学家胡塞尔(Husserl)和伯格森(Bergson),以一位哲学家的视角对时间的主观本质进行了思考。她写道:"时间既非完全在场,它不是自在之物,亦非一种纯然抽象,它不是一个能够在日常实践中被忽视的形而上学的假设。我们只能在消逝的时刻中,通过断裂、刻痕、切口以及位移的情形,来思考时间,虽然它本身并不包含时刻或者断裂,也没有存在和在场,它仅仅作为一种持续不断的生成而运转。"(2004:5)

时间是多面的、主观的,它难以从表面上进行解释,具有**可塑性**,在以上文本中,时间的这些特性表露无遗。但是,这些本质也形成了我们的集体社会生活和公共生活的无意识背景,我们在很大程度上难以对其进行反思。我们必须思考,在许多社会文化和政治文化的具体情形中,时间"是"什么这个问题,何以总是众说纷纭,因而无法轻易地用真实世界的时间节奏来予以衡量。例如,一种普遍的历史观认为(或者暗含有这样的意思),历史是"时间历程"(passage of time)的逐渐展开,它通过一个巨大的事件链条沿展开来,这些事件涉及特定的人物、地点、军队、发明、革命等。在这一观点中,仪式和实践在时间上凝固下来,"传统"由此得以形成,同时,书面记录中的事实和事件具有相对固定性,这看起来使得我们可以接触到我们的集体过往。于是,历史似乎具有它自身的时间节奏,它突出表现为各种模式和次序,这些模式和次序构成了可以按年代顺序测量的、历史时间的基础。不过,正如埃里克·霍布斯鲍姆(Eric Hobsbawm)在他的论

① 粗体为本书作者所加。

文集《传统的发明》(*The Invention of Tradition*)的开篇中所说，许多慰藉身心的社会和文化仪式，“表面看来或许声称是古老的，但其起源往往是相当晚近的，有时甚至是被发明出来的”(1983：1)。与之相类似，本尼迪克特·安德森(Benedict Anderson)在他的《想象的共同体》(*Imagined Communities*)一书中雄辩地指出，国家的观念(它是“传统”和历史时间的特定缩影)是我们的集体想象的虚构，我们之所以会认为它是真实的，那只不过是因为国家的范围和“实质”对于个体而言是不可能理解的，因为他或她只能经验一个大的总体中的极小一部分：因此我们“想象”它，以期对“单个共同体的稳定性予以确认……(确认它)在时间长河中不断延续”(1991：27)。

发明与想象作为一种社会动力，作用于我们的时间感觉之上，这是当代社会一个不变的特征。例如在苏联，社会在“历法时间”(calendrical time)中不断前进，是共产党及其特定意识形态所确定的“**终极目标**”(telos)。通过对教育、工业和媒介等社会系统的牢牢掌控，“过去”由此可以被发明和想象，以及为了将来而计划，以使共产主义、苏维埃历史和党本身获得最美好的形象。然而，在1989年之后，历史和传统的这种精神结构开始崩塌，它们所形成的各种机制瓦解成为某种时间上的虚空。新的发明、新的传统和新的视角大量涌现，例如通过新的历史编纂而表达出来(如Brent，2009)，赋予过去、现在和未来以新的面貌、肌理和潜在的经验方式。因此，俄罗斯的过去在当下被重新组织和重新记录，以满足新的权力结构变化了的急迫需要。今天，在俄罗斯，正在进行着一场很大程度上处于地下的(极少被媒介关注)但意义极其重大的斗争，借用普鲁斯特的小说标题，这一斗争可以被称作“追寻过去的时光”①。这场斗争的一方是进步的市民社会团体，如“记忆社团”②；而另一方是掌权的准极权主义政府。“记忆社团”试图通过对国家档案和其他资源的自由和公开的研究，重新认识，或仅是单纯地去挖掘非主流叙事中的历史，这段历史被斯大林主义的专制统治从大众的

---

① 普鲁斯特的小说《追忆似水年华》原著法文名为“À la recherche du temps perdu”，直译为“寻找过去的时间”，《追忆似水年华》是其最为流行的中文译名。翻译家周克希指出，这一译名带有唯美的意味，不够准确与有力，与普鲁斯特的原意不符(参见《周克希：普鲁斯特不会喜欢“追忆似水年华”这个译名》，澎湃新闻，2015年5月16日)。2015年由广西师范大学出版社出版的中文重译本中，周克希将书名改为《追寻逝去的时光》，更为贴合普鲁斯特的原意。在本书的翻译中，上一处提及该书时，为照顾读者的熟悉与了解程度，采用流行的译法。但在此处，中文“似水年华”中所包含的唯美与怀念的意味，明显与上下文相矛盾，因为“记忆社团”等团体进行“时间战争”的目的，不在于追思美好的过去，而恰恰是揭露曾经的专制统治的残酷与暴虐。故在此处采用依法语直译的方法，译为“追寻过去的时光”。——译者注

② 记忆社团，即Memorial Society，是一个俄罗斯非政府组织，它的主要目标是揭露斯大林政权的罪行。——译者注

记忆中抹去了(Figes,2007)。然而,俄罗斯的新政权则担心这会对他们自己的21世纪“温和斯大林主义”(soft-Stalinism)的标签形成挑战,因此继续发明和强化符合其当下和未来目标的历史叙事。

这些正在进行的时间战争中的一个案例,在纪念第二次世界大战(始于1939年9月)爆发70周年之际浮出水面。在其官方主页刊载的一篇文章中,俄罗斯总理弗拉基米尔·普京称,签署于1939年8月的《德苏互不侵犯条约》——这一条约为德国发动第二次世界大战扫清了道路——是“不道德的”。这样的声明表面上看来意义非常重大,因为它似乎表明俄罗斯对其在第二次世界大战中的责任有了全新的坦诚表达,可能表示俄罗斯会对历史进行更为完全的清算。但是,批评也就到此为止了。接着,普京的文章又扔出了一条厚厚的毛毯覆盖在那段历史之上,使之含混不清。文章认为,从当时的语境看,这种“不道德性”又是合理的。此前一年,在慕尼黑,英国政府**同样**与希特勒签订了条约,这一事实被普京作为证据列举出来,以此表明在20世纪30年代晚期的国际外交中,没有人是无辜的。总之,这一问题的根源是1919年协约国在《凡尔赛和约》中对德国所施加的**勒令**(diktat),战争赔偿的要求给德国带来了难以承受的负担,而这些与俄罗斯完全无关。更为细致地阅读普京的文章可以发现,普京认为《德苏互不侵犯条约》大体上是由西方国家所创造的这种国际环境**强加**于俄国的(Putin,2009)。所有这些在一定程度上是可以讨论的。但是,普京的这篇文章完全没有提及(这样做意味深长)《德苏互不侵犯条约》中附属的“秘密协定”,它导致波兰在即将到来的战争中被野蛮地肢解瓜分。同样,文章也没有提及纳粹和苏维埃政权对波兰的系统性掠夺,没有提及苏联秘密警察1940年在卡廷森林对15 000名波兰军官实施的谋杀行径(Snyder,2010)。

正如这些案例所显示的,时间性根植于社会之中,是主观和集体的经验,它的形成与重构极易受到语境、客观环境和意识形态主张的影响。同时,作为上述特性的结果,它在整体上、本质上是**不断变化**的。

此时此处,时间所具有的宽广视域对我而言难以抗拒。时间,是社会性的,因此它也像社会一样五光十色。时间可以是神秘的,但也可以像人脸部的五官一样清晰可辨。我们能够以个体经验和记忆的形式“拥有”它,但是不同权力形态也可以替我们改造时间,这种改造对于我们作为可以思考的动物而期望去理解现实世界并不必然有所帮助。由于深植于社会性之中,这一视角下的时间由社会理论所称的“嵌入式的”时间所构成。这种时间是“自然和社会组织的复合时间”,是生命的真正核心(Adam,1998: 49)。正如我们将要看到的,这些嵌入式的时间实际上拥有丰富多样的节奏,我们的生命节拍所具有的全部多样性都由其塑造与调节。这些嵌入式的时间性同时在作为内在力量和环境力量发挥着作用，构成了存在的基础，并在日升与日落的往复循环、春秋与冬夏的四季更替、新生与死亡的自然过程、醒来与入睡的次第变化，以及心脏搏动的方式和呼吸的节奏中表现出来。

嵌入身体与自然之中的时间，不可分割化约，它塑造了我们的意识，也由此毫无疑问地成为人之为人的基本构成要素。然而，我们吝于对它进行思考，哪怕只有一秒钟。我们不假思索地穿过这些时间，因为它们（以及它们与我们之间可能存在的更为紧密而深刻的关系）——借用我刚刚引用的克里斯蒂娃的术语来说——已经被“另一种时间性”所层层遮掩，而后者实际上**并没有**“超越度量”（transcend measurement）。确实，这“另一种时间性”有其**可被度量的基础**，因为它由**技术以及技术发展的特定历程所制造**。本书的核心命题，即在于揭示这种嵌入身体与自然的时间，这种普鲁斯特式的和在现象学上源于经验的主观时间，自**书写这一关键技术**发展起来以后，就开始以加速度的形式，被由技术所生产出来的时间性所取代和控制。毫无疑问，书写的发展，以及由这种辩证关系所决定的变化的人类意识，塑造了今天的、很大程度上进步乐观的我们。技术与意识之间的这种关系，使得我们能够通过科学和哲学的发展去想象（和创造）这个世界，使得我们可以走出人类这个物种早期的蒙昧无知，克服对于自然的原始恐惧。但是，技术的发展变化、我们与时间的关系的变化，如今却使我们陷入危机，而这一危机的源头即藏于读写实践之中。

从大约 4 000 年前最早的楔形文字在美索不达米亚平原被刻在石板上，到如今每天无数单词以电子形式被生产出来，从地质学和地球演化的角度看，只能算是眨眼般的极短瞬间。然而，在这个短短的时间跨度内，如此迅猛地发生了太多的变化，因为通过技术的发展，速度和加速过程与资本主义工业化的兴起牢牢绑定在一起。我们比以往读得更多、写得更多，但是我们（无论是个体层面还是集体层面）对读写过程的控制却越来越无力、越来越少，对由读写而产生的知识的运用也同样如此。此外，我们手部和眼部运动的物理时间——它们的运动使我们的读写行为成为可能，从人类第一次产生读写行为至今，在速度上并没有明显地提高，但如今随着网络社会的崛起，经济、技术发展已经使得信息、知识的生产和消费提速到一个前所未有的程度。今天，技术的发展速度和加速幅度在肆无忌惮地作用于社会世界（social world），在我们企图跟上新的生活节奏和社会变化节奏的可悲努力中，我们发现自己只能被动反应，只能陷于混乱纷扰，最终只能放弃努力。

因此，由书写的发展入手（它可能是迄今为止我们这个物种的大脑所创造出的最为重要的技术)，对人类经验方式与时间生产形式之间的关系(它在很大程度上被我们忽视了)进行探究，是必不可少的，也是极其重要的。我之所以想做这番努力，是因为在时间性与我们通过书写所进行的知识生产(或者在今天更准确地说是**信息宰制**)之间，已经出现了严重的失衡。毫无疑问，这一探究的重要性在于，我们一般不将这种非同步化(desynchronization)视作一个问题，因而我们的社会和经济结构受制于技术的发展，被它决定，被它左右。今天，“效率”是技术发展的唯一目标，而“效率”又反过来在很大程度上以一个极为狭隘的标准得以表达和测量，那就是“**做事更快**”，并依靠计算自动化技术实现不断提速(Hassan，2009)。

这将我们带回时间问题上。如果被正式问及，我们大部分人都会承认，速度太快或太过匆忙，比如在驾驶车辆时，在进行空中交通协调管理时，或是在填写求职表格时，有可能会导致负面结果的出现。换言之，追求速度并不总是最好的做法。在大量的日常生活场景中，我们很容易获得这一直接认识。我们知道，很多时候做事的最好方式是小心谨慎。但是，一旦涉及**信息处理**，我们就只能目瞪口呆地看着IBM、英特尔、苹果公司或是麻省理工媒介实验室(MIT Media Lab)里的聪明家伙们一周又一周地推出一个又一个新鲜技术或产品，充满敬畏与钦佩。当想起(或是意识到)信息处理的逻辑在我们的社会中具有何等强大的力量时，上面提到的日常生活中的**冷静从容**，就被更大的焦虑所取代。例如，在遥远的1984年，托IBM、比尔·盖茨和苹果公司的福，(以今天的眼光来看)笨重、缓慢的“个人电脑”被送到我们的办公桌上，大卫·博尔特(J. David Bolter)在他的《图灵人：计算机时代的西方文化》(*Turing's Man: Western Culture in the Computer Age*)一书中，预见并强调了正在发生的这种变化的重要性。他坚持认为，计算机正在快速成为一种新的“定义性技术”，它是理解我们这个时代正在发生的巨大变化的关键。这是因为就其技术影响而言，计算机有其特殊之处。博尔特认为，计算机并没有完全取代其他的“定义性技术”，如内燃机，但是，它们的确创造出了一种**全新的技术语境**，其他技术必须主动或被动地适应这一语境，否则势必将被边缘化。正如博尔特所说：

> 计算机自身并不做功(perform no work)：它们指导做功……计算机完整地保留了许多较老的技术，尤其是动力技术，并将它们置于新的远景之中。随着计算机这样的真正精细灵妙的机器的出现，旧的动力机器(蒸汽机、燃气机或火箭引擎)的显赫威望受到一定的损失。动力机器不再是它们自己的发展动力……如今，它们必须屈从于计算机的支配，与之配合发挥作用。(Bolter，1984：8)

12 年后，曼纽尔·卡斯特（Manuel Castells）使我们开始关注计算机所带来的变化的范围及其重要性。在其"信息时代三部曲"的第一卷《网络社会的崛起》一书中，卡斯特提出，源于"桌面革命"的网络社会"构建了我们这个社会的全新的社会形态，同时，网络化逻辑的传播扩散，在根本上改变了生产、经验、权力和文化的运作方式及其产出"（1996：469）。总之，信息处理技术"定义"了我们的世界，并在它获得统治地位之前，就已经"在根本上改变了"我们所知的现实。此外，信息处理技术以前所未有的方式，使得这种新的逻辑，或者说形态，以几何指数的形式在进行加速，我们只能在它留下的尾迹里气喘吁吁，因为我们注定无法跟上它冷酷无情、毫无节制的前进步伐。但即使已经上气不接下气，我们仍将之视为"进步"，将之视为"效率"的标志。

在继续写下去之前，在你提前放下本书并且不打算继续阅读之前，我必须强调，本书并不是又一本反对计算机技术的宣传册——这类书籍或隐晦或直白地认为，在苹果公司的斯蒂夫·乔布斯（Steve Jobs）或他的精神继承人谷歌公司的谢尔盖·布林（Sergey Brin）与拉里·佩奇（Larry Page）①出现之前，那时的世界更加美好。计算机革命为人类带来了许多确实的益处，例如，人类基因测序破解了基因结构的神秘性，各种各样的奇妙发现由此值得期待；我们还可以在不同研究领域中，如医学、考古学、药理学、天文学、气象学等，看到完全积极正面的变化。如果没有强大、快速的信息处理技术，我们对越来越多的新领域的理解与探索将无法成为可能。

不过，我想要关注的是卡斯特所说的"新形态"在**社会和时间上**的影响。我尤其想要凸显的是其在时间方面的影响，而不是像以往对于信息处理技术与社会之间关系的研究那样，更多做的是社会理论上的批判。本书将时间视作我们理解 21 世纪中的阅读、书写与思考的一个直接因素，以此批判性地烛照在新自由主义经济的语境中，失去控制的信息处理速度所带来的影响。这种速度作用于社会世界（作用于个体与社会群体），但我们几乎从未思考过它的作用方式。为了使批判恰如其分，在对我所要讨论的诸要素进行综合性的理论分析之前，有必要逐一对它们做一番清晰的分析。因此，本章将聚焦于三个子要素，在将它们整合进一个更大的框架之前，先分别对它们进行分析，以期阐明本书其他部分的分析语境。这三个子要素是：社会时间，技术与时间，时间中的书写、思考与知识。我们将依次检视三者，但在此之前，有必要先来分析一下钟表时间（clock time）及其与社会时间的关系。

---

① 谢尔盖·布林与拉里·佩奇是谷歌公司的联合创始人。——译者注

以数字表达的时间

每当我们从日常生活的表层去思考时间性(实际上是时间自身的实践)之时,我们的思想往往会流于抽象,即认为时间与“经济”相类似,是深深地影响着我们的“事物”或“过程”,而不是由活生生的人和自然世界以前文所介绍的方式建构起来的。在西方,至少从18世纪起,强大的历史力量将时间从它所嵌入的经验领域中抽离出来,剥除了它自源起时就自然带有的所有情境属性和异质性,而将其置于物理和数学的更大的、更为单一的维度之中。这就意味着,时间被看作是一种理性的、秩序性的力量,它将其逻辑(及其魔力)施加于社会中人的非理性与无序性之上。

抽象的、机械的、恒定的、线性的时间,一种在理性层面安排了社会世界,并与普遍秩序和宇宙秩序保持同步的规制化的时间,处在了**现代性**的核心位置。它被采用是革命性的。这种时间教义成为一种“自然法则”,强有力地重新组织了人类的时间意识,而其建立过程中的一个关键人物便是艾萨克·牛顿(Isaac Newton),他的时间理论的影响不容低估。牛顿处于17世纪理性思维转向和科学发展(它为从新的角度解释宇宙的本质提供了可能性)的前沿,在他身上集中体现了文艺复兴时期知识关切的焦点及其视野,而这一时期则使得18世纪欧洲启蒙运动的繁盛成为可能。在此我们最为关注的,正是牛顿在物理学,尤其是人们所熟知的经典力学方面的贡献。经典力学,或者说牛顿力学,运用数学方法来解释空间中物体的运动,而时间无疑也牵涉其中。不过,正如芭芭拉·亚当(Barbara Adam,2004: 29)所说:

> (牛顿)……并不关注时间本身,他关注的是在测量物体运动时对时间的值的运算。他将时间视作数之一种:恒定的,与空间单位紧密相关的,在长度上可以测量的,以及**用数字来表达的**①。牛顿的时间是可以测量的时间,是事件之间的间隔,不受它所描述的变化的影响。

作为才智卓绝的现代力学之父、物体空间运动理论的奠基人,牛顿所创建的毋宁说是一种“时间的力学”,它明确主张探求宇宙的力学基础。正如哲学家阿伦·加尔(Arran Gare)所说,这构成了他所称的“生活的力学方式”发展的关键点,这种生活方式自柏拉图时代起,在欧洲慢慢地建立起来(1996)。实际上,牛顿所宣扬的

① 粗体为本书作者所加。

思想认为，宇宙、世界及其固有的运作方式与一台机器相类似，这是一个**钟表般**的宇宙，它在一个巨大的空间-时间结构中运行，具有神圣的和谐性，人与自然居于这种结构**之内**，那么也势必只有**透过**这种结构关系，才能被最好地理解。受到牛顿和其他一些人物的思想影响，如霍布斯（Hobbes）①和笛卡尔（Descartes）②，机器隐喻开始渗入当时正处于现代性发端阶段的人们的意识之中。在论述其更为长期的历史语境时，加尔写道："人们关于机器构成的思考，17 世纪、18 世纪由钟表发端，经过 19 世纪的蒸汽机，到 20 世纪落在信息处理机制之上，由此，机器成为理解自然的**主导性隐喻**……"（Gare，1996：134）如今，时间被认为独立于社会世界，因而是一种机械性力量，社会世界必须与其保持一致，以寻求和谐，避免陷入混沌。在 1687 年出版的《自然哲学的数学原理》一书的开篇，即著名的"定义"一章中，牛顿声称"绝对的、真实的和数学的时间，它自身以及它的本性，在均质地流动，与任何外在之物无关"。他认为，绝对时间中的不同时刻遵循着连续的线性顺序，此外，这些时刻相继交替的速率不受宇宙及其过程的支配（Whitrow，1988：128-129）。

"钟表时间"的思想如此强大地影响着我们，当然也深深地渗透进我们的日常生活，因此它持续构建着心灵上的藩篱，阻止我们以其他方式，例如前文中概略论及的现象学的方式，去经验时间和思考时间。现在，我想通过我自己的研究以及社会理论中的相关思考，沿着现象学的经验视角去探索时间。我期望能够揭示我们时间意识中的哪些东西，被"钟表时间"的机械化思维给"**置换**"了，并进而理论化这一置换对于今天这个充斥着"速度"的世界的影响。"置换"是一个关键词。我们仍然依靠钟表生活，但我们"知道"和"感觉"得到其他时间。然而，受制于以机械化为基础的现代性和资本主义逻辑，我们与这些时间的联系（以及与它们的关系）已经大大减弱，因此，要更加清晰地理解时间。我们需要将钟表时间看作一种社会性建构，并将之放回其所属的合适语境中。

时间的人性

没有人，就没有时间。

——马丁·海德格尔（Martin Heidegger，1972：16）

① 托马斯·霍布斯（Thomas Hobbes，1588—1679），英国政治家、哲学家。他创立了机械唯物主义的完整体系，指出宇宙是所有机械地运动着的广延物体的总和。——译者注

② 勒内·笛卡尔（Rene Descartes，1596—1650），法国哲学家、数学家、物理学家。西方近代哲学的奠基人之一，著名的二元论者及理性主义者，认为人可以使用数学的方法来进行哲学思考。——译者注

就我们目前所知,计算时间,或者说,思量时间、思考时间经验、思索时间的意义,这种认知层面的能力是人类独有的特性(Zimmer,2007)。一些动物或许能够辨别时间的模式、程序和节奏,并产生相应的行为。某些被驯化的动物,如猫或狗,可以学会掌握一定的日常作息:到喂食的时间了,是时候出去散步了,某人该到家了,等等。但与它们完全不同的是,通过自我意识(下文会对此予以更多讨论)的发展,人类学会了去探究时长、节奏和速率是如何构成的。我们已经认识到,时间是多元的,是嵌入社会之中的,同时,在其堆叠、分化和转变的过程中,时间成为不断展开的社会互动的本质的组成部分。不过,能够对时间经验进行思考,并不意味着我们就自动打开了感知与理解之门。正如莱因所说,我的经验永远不会成为你的经验,反之亦然。那么,如何才有可能以一种有意义的方式彼此共享对时间的经验?这是一个古老的问题。实际上,至少从圣·奥古斯丁(Saint Augustine)时代起,我们人类已经开始试图寻找对于时间的共同理解了。圣·奥古斯丁生活、著述于公元1世纪①,在其《忏悔录》(*Confessions*)中,他提出了这样一个谜题:"那么,何为时间?如无人问我,我倒清楚;如有人问我,我想对他说明,反倒茫然不解了。"②

社会学和社会理论提示了我们明确解答这个问题的路径。不过,它仍然是尝试性的,而且它处于由机械(或者是当下的电子)所支配的工具文化的令人警醒的语境之中,这一语境仍会阻碍我们更为深入地理解社会生活中的时间。下面就让我们来看看这方面已有的一些论述。

受到爱米尔·涂尔干(Emile Durkheim,1964)和罗伯特·默顿(Robert Merton,1937)的启发,诺伯特·埃利亚斯(Norbert Elias)为"时间的社会学"奉献了一本重要的著作。这本书强调时间的社会本质(与它的机械本质相对),在时间研究领域,这一视角具有强烈的吸引力。在埃利亚斯看来,时间是一种变化过程,也是我们运用自己的能力,认知性地和自反性地去经验它的过程,这是理解"社会时间"的起点。这一洞见使得埃利亚斯提出了关于时间的基础性的定义。在《论时间》(*Time: An Essay*)一书中,他写道,时间经验"……基于人们将连续不断的变化过程中的两个或更多事件过程彼此连接起来的能力,在此,一个事件充当了另一个(或另一些)事件的计时标准"(1992:72)。在该书的其他部分,埃利亚斯以一种相对稍宽的视野如此阐释这一概念:"……在生理上具有记忆能力和综合能力的人类群体,在两个或更多的连续变化之间建立起一种关系,

① 原文如此,疑作者有误。圣·奥古斯丁生于公元354年,卒于公元430年。——译者注

② 此处译文参考[古罗马]圣·奥古斯丁:《忏悔录》,周士良译,商务印书馆1963年版,第118页。——译者注

在此中，一种变化被用来作为另一个（或另一些）变化的参照框架、标准或是度量。‘时间’一词，即是这种关系的象征。”（1992：46）

在我办公室的墙上有一张 A4 纸，上面用 44 磅的醒目字体，加粗标注了一段语句，它完美地概括了埃利亚斯对于社会时间本质的思考。这段话摘自西蒙内塔·塔勃尼（Simonetta Tabboni）的一篇雄辩性的论文：“诺伯特·埃利亚斯‘社会时间的思想’认为：时间的社会建构……基于**人类所独有的能力：人类能够经验变化，能够做出反应，能够组织和交换经验的意义。**”（2001：7）据此，要从本质上正确地理解时间，只能将其视为“社会时间”，即人类在社会世界中创造了时间，并在社会世界中认知时间，因为，我们是人类。作为一种独一无二的物种，我们为事物赋予意义，同时，通过从变化中提取意义，我们获得了认知时间过程（即变化）的基础。应当承认，要理解这些仍然有一定的难度。这一认知问题带有反讽的意味，因为这种社会时间构成了我们社会生活的背景，在日常变化中充斥着时间的暗礁浅滩，我们穿行其中却对此毫无意识。正如前文所述，理解上的困难源于这样一种事实：通过其历史在场的重要影响和持续的经济上的强制要求，机械时间取代、扰乱、遮蔽了我们对于社会时间的意识（Nowotny，1994）。然而，我们有必要打碎包裹在社会时间上的坚硬外壳，探究它的内核，以期在实践层面更好地理解社会时间。

在关于埃利亚斯的论述中，塔勃尼提出，对于时间意识的源起，一般认为“有两种类型的意识居于核心位置：连续/断裂观和循环观”（2001：7）。在论述连续/断裂观时，塔勃尼写道，这二者是一对“对立的范畴”，但也正是通过这种对立，它们才得以被界定，同时“……只有在二者的交互中，它们才能够被思考”。她接着阐释道：“……当我们意识到我们所处的现实的某个部分——我们的身体、我们的思想、围绕着我们的物理世界和社会世界——发生了变化时”，我们便经验着时间（2001：7）。变化是一种运动，正如塔勃尼所说，它被表述为“一连串的事件……人们能够辨明其孰先孰后，通常表达为‘从那时起’或‘从那天起’”（2001：7）。循环的观念同样具有旺盛的生命力。它是“特定同一现象规律性的循环往复：脉搏的跳动，睡去与醒来，白昼与夜晚，圣诞节与复活节。它们彼此相继，引发看上去没有变化的特定行为。周期性因素，而不再是前后相替的事件，与社会因素一起发挥作用，使得循环成为可能”（8）。由此，产生新事物的“变化”，与周期性往复的“循环”一起，组成了我们的时间坐标网格，构建了我们的时间性的存在。塑造了“时间化的人”的最根本要素，正是这些深深嵌于我们的身体和环绕着我们的自然世界中的时间性。

上述观点仍是高度个体主义的，未能充分考量社会时间实际的**社会**维度，未能充分考量在社会世界中活动着的人与他者在共享的环境中持续发生的互动。不过，思想家亨利·列斐伏尔（Henri Lefebvre）——他以其有关“空间形式的社会生产”的著作而广为人知——在这方面做出了大胆而深刻的理论探索。列斐伏尔认为，在社会生产过程中，时间与空间密不可分。在《空间的社会生产》（*The Social Production of Space*）一书中，他对“分布”（deploy）于他所称的“‘真实的’抽象空间”（或者说“社会性建构的空间”）中的主体的时间“节奏”做了明晰的分析。他认为：

> 在它们所有多样性之中所包含着的节奏，彼此相互渗透。在主体之内以及围绕着主体……节奏永远在彼此交织和再交织，永远在相互叠加，并且总是与空间密切关联……如果尝试着对它们进行分析，我们会发现有些节奏易于辨别，呼吸、心跳、干渴、饥饿和睡眠的需要等，皆属此类。然而，另外有一些节奏则相对模糊，如性欲、生育、社会生活，或思想。也就是说，有些节奏运行于表层，而有些则源于隐蔽的深处……（1992：205）

列斐伏尔这本书最初的法语版本出版于 1974 年，它推动了自涂尔干和默顿之后出现的有关时间的著述，这些思想虽尚未形成一个完全的学术流派或学术运动，但开始走向一个宽广的社会学的、批判的理论路径（比如 Cottle, 1976；Hendricks & Hendricks, 1976；Koselleck, 1979；Sherover, 1975）。更为晚近些，布鲁诺·拉图尔（Bruno Latour）将社会时间作为其“行动者网络理论”（Actor Network Theory, ANT）的一个方面，这一理论的基础是社会网络与技术网络之间的互动行为。拉图尔将时间性（或是社会时间的创造）视为行动者网络理论动力运行的一部分。在回应上文所引用的海德格尔的话时，拉图尔断言，“分离的个体之间的联系创造了时间”，只有“人类才能够生产时间和空间”。事实上，拉图尔进一步认为（这点在后文的讨论中将会更加明晰），“正是**一个连贯的整体内不同实体间的系统性的联结**①，构成了现代时间的流动”（1993：77）。

所有这些都推动着我们不断加深对于“时间的社会本质”的理解，同时上面这些章节也构成了我们理解“时间的社会学”的特定基础。不过，它们仍未能形成一个完善的功能性框架，以将时间的主体性经验及其（嵌于身体和自然之中的）多样性，与时间在日常生活情境中持续不断的创造和浮现勾连起来。此外，

① 粗体为本书作者所加。

它们也未能充分展现时间维度的重要性，以使其能够为社会分析的其他维度提供新的启发。要实现这一层面上的综合，我们需要注意到芭芭拉·亚当(Barbara Adam)的思想。通过引入一个全新的概念——她将之命名为“时间景观”(timescapes)，亚当实现了这一融合。从社会学的视角出发强调时间性的功能，是亚当毕生的研究旨趣。在她1998年出版的专著《现代性的时间景观》(*The Timescapes of Modernity*)中，她最早提出了这一概念并对其进行系统化的理论阐述。

在亚当“时间景观”的思想中，“景观”二字非常重要。“景观”被定义为一种“景象”或一种“视野”，它带有强烈的“空间”的意味，在我们日常所使用的复合单词中，如“海洋景观”(seascape)和“陆地景观”(landscape)，这种意味十分明显。亚当标志性的贡献之一就在于，她“再平衡”了这一空间偏向。这么做是必须的，因为正如物理学家爱因斯坦所说，也正如哲学家列斐伏尔所再次强调的，空间和时间不能再被视作两个相互分离的过程。亚当写道：

> 其他的景观，如陆地景观、城市景观、海洋景观等，强调有机体、事物在过去和当下的活动以及互动的空间特征，而时间景观，则强调它们的节律，它们的时机和步调，它们的变化与偶然。时间景观的视角，强调的是生活的时间特征。(1998：11)

时间景观所首要强调的，是空间-时间的整体性，以取代有关时间和空间的现代性思维中的历史二元论，同时，它高度关注时间在持续变化着的人类境况中所发挥的作用。例如城市景观，它的存在、发展和变化的模式，绝不仅仅涉及空间形构——它的建筑，它的纵横交错的道路布局，它的小巷与大道，或是它锯齿状的天际线。在城市景观中，还嗡嗡回响着这样一些声音：在交通干道上川流不息的车辆；资本主义机器生产的节奏以工商业场所开门和关门的时刻，在时间上界定了城市生活；城市中的汹涌人潮在经验着(同时也创造着)“纷乱嘈杂”的各类行为，以及难以计量的时间上的多样性——从夜店里快节奏的激情澎湃，到公共图书馆里阅读学习时的安静沉思。亚当强调，是“节奏和时间性的交响”产生了社会时间(1998：13)。“交响乐”的比喻无疑是恰当的，它描述出了时间景观的多样性，它们汇聚在一起，创造了整体的时间。在社会语境中，时间景观的万花筒“为我们的生活赋予动力结构，并弥散于我们的存在的每一个层级和每一个方面”(1998：13)。在这样的时间框架中，“所有的方面彼此渗透，相互影响”。“一切都是共生并存的”，这“支撑了我们的发展——作为人，作为活着的有机体。它标志着我们是这个星球的创造物,是由双重时间性构成的存在:它①既构成人们内部的律动节奏,同时又嵌于宇宙的律动系统之中”(1998:13)。

承蒙埃利亚斯、塔勃尼和亚当等人对“社会时间”所作的深邃精辟的思考,现在,生活的深刻的时间本质变得愈发清晰鲜明。我们可以发现,我们促成了时间景观的多样性,并从中获得时间经验。时间景观构成了我们认为理所当然的时间背景,我们对此习以为常,而这些社会理论家们努力通过理论层面的抽象,使它们得以显明。不过在此其中,还存在一个如何在我们所处的现代语境中充分理解社会时间的问题,我们需要做出有意识的理论努力,以获得对它的深刻洞察。这是因为,“社会时间”中的“社会”并不是一个抽象、纯粹的实体。“社会”,映射着我们复杂混乱的人性,在此其中包含着一些有害的倾向,如等级制度、剥削榨取、权力的集中化、生活复杂性的持续累积等。

在此,我们与科技及其发展之间的关系,成为一个重要的分析要素。我们所使用的技术和我们期望技术所要完成的工作,同样反映了我们复杂的社会结构。阿德里安·麦肯齐(Adrian Mackenzie)极富启发性地指出,抛开那些空洞的、中立的和自洽的(autonomous)抽象,技术(以及技术的实践)实际上完全就是特定的(或是普遍的)社会关系的**能指**或表现(2002:205-206)。例如在现代国际竞争的语境中,航空母舰战斗群可以被视作一种男性力量的投射和象征(Mackenzie,2002:205)。航母战斗群的例子也可以被置于当下的国家**实力不平等**的语境中进行解读,也就是说,只有那些最为强大的国家才拥有技术和经济资源去建造和使用它们。与之相对,我们还可以再举一个医生听诊器的例子,在其中,我们可以看到有两种完全不同的意义解读。一方面,这一发明于 19 世纪早期的、相对不那么复杂的技术,可以被视为一种积极的、毫无疑问充满着人文关怀的技术。这种解读将听诊器看作是启蒙运动所结出的累累硕果的一个能指,象征着从迷信和宗教中挣脱出来的思维逻辑能够发展出各种科技和技术,以提升我们这个物种的健康与福祉。然而另一方面,听诊器可以被解读为身体“**医学化**”的象征。例如,在米歇尔·福柯(Michel Foucault)的著作中,“医学化”是一个带有负面意义的词汇,它表示一种由专业技术知识所赋予的社会权力(Foucault,1980)。因此,福柯对于听诊器的社会语境的解构,可以为我们提供对这一技术的更为复杂的解读。例如,在一对一的医疗互动中,听诊器可以被视为一种工具,它帮助医生完成对处于被动地位的患者身体的控制;或者从更广泛一点的视角看,它可以被视为许多医学实践和会话中的一种技术,它削

① 指时间性。——译者注

弱了处于患者地位的个体或阶层对于自己身体及其相关事务的权威性或控制力(Illich,1975)。

与社会结构一样,技术有异化或赋权的作用。实际上,同一种技术能够同时产生这两方面的作用,这在马克思对造成工人阶级异化的工厂体制所作的**资本**批判中就可以看到。马克思对资本的内在运作所作的批判,在今天依然有效,因为今天的工厂体制和20世纪60年代的在根本逻辑上并无二致。但是,其他的解读也是可能的。例如,我们很容易理解,在被使人异化的、枯燥机械的工作压榨的同时,工人们也获得了薪水,这使得他或她有可能接受更好的教育,或许某一天,他们可以由此拿到逃离工厂的通行证。重点在于,人与技术之间的关系紧密而复杂,而且常常是确定的。但是,技术所扮演的角色、人与技术之间的互动具有可塑性,它依据情境而定,并在历史过程中渐次展开——无论是在个人情境和更大的社会情境中,还是在个体所使用的技术和整个科技系统的发展情境中。

此处的分析将我们引向这样的观点,即技术本身包含着它们自己的时间性。与“时间是社会性的”、“时间被嵌于社会过程之中”这类观点一样,“技术包含着特定的时间逻辑”的思想,是牛顿式的机械现代性所不允许的。但是,当我们说技术(无论是笔和纸这样的简单技术,还是复杂的机器)与它们自己的时间形式密切勾连,拥有它们自己的时间逻辑时,这意味着什么呢?再进一步说,这种勾连和逻辑对于我们理解阅读——尤其是理解书写——的实践及其影响,会有怎样的启示呢?

2

机器中的幽灵

在讨论技术的本质和影响,尤其是书写这种技术的时间性之前,我想先进一步深化对技术的时间化的讨论与分析。

让我们从一个基本的问题开始:技术做了什么?在某种意义上,这个问题很容易回答:技术允许个体**作用于**世界。也就是说,他或她能够干涉这个世界以及技术使用者自己的经验,使它们发生变化。例如,在远古的狩猎—采集社会,长矛的发展意味着这种技术的所有者能够更有效率地狩猎,同时在战争中也更有优势。他们所处的环境因之迅速发生了改变,这带来了机遇和可能性的巨大拓展,但同时风险也在增加,其他持有长矛的人构成了潜在的威胁,食物可能会匮乏,或是猎场可能会日渐枯竭。我们可以发现,由技术所带来的个体(或群体)与世界的相互关系的变化,是迅速而强有力的。在当下我们所处的这个过度科技化的社会,这种相互关系并不总是那么清晰有力,但是它每天都在发生,多样性也在不断增加。这些变化作为一个整体,构建了一个高度动态化的社会,社会变化(社会时间)处于持续地涌现与流动之中。譬如,坐在方向盘后面,使得一个男人或女人变成了一个**司机**,根据其作用于这个世界的能力,这一身份承载着许多机遇与可能。从不同的角度看,这个司机同时也变成了**汽车消费者**,一旦他扭动钥匙发动车辆、开始消耗汽油时,他就进入了一个巨大的、高度复杂的全球经济体系之中。此外,这位司机也成为技术世界反作用的对象,因为说明书和操作指南需要被不断阅读和始终遵循,各种困难需要去克服,相应地,行为就被修正。

所有这些都相当平凡普通。但是,这是一个十分关键的起点,以使我们能够理解技术的核心问题,即**行动和控制**。技术何时与如何赋能?它们又何时产生束缚作用?时间与技术之间又是何种关系?

因为有关媒介的研究以及在这一领域中所取得的批判性的思想突破,马歇尔·麦克卢汉(Marshall McLuhan)在20世纪60年代闻名于世。麦克卢汉主要关注的是电子形式的媒介,如电视和电话。此外,他还因为善于使用带有启发性的格言警句而为人乐道。学生们往往是通过一些简明俏皮的比喻,如“媒介即讯息”和“地球村”,而接触到他的思想。在此,我所想要发展的麦克卢汉的一个重要思想倒并不仅仅涉及媒介技术（尽管在后文中媒介技术将变得十分重要），而是与技术的本质相关。在他的《理解媒介》（*Understanding Media*）一书中，麦克卢汉告诉我们，媒介实际上是我们身体的自然能力的“延伸”。这一思想并不复杂，但是，如果从时间的视角出发对其进行深入剖析，这种“延伸性”的影响和后果则成为我们理解“技术化世界”对人和社会之意义的核心。在这本书的一开头，麦克卢汉写道：“在机械时代，我们在空间中延伸自己的身体。今天，在电子技术被发明出来一个多世纪之后，我们在全球范围内延伸自己的中枢神经系统，对于我们这颗星球而言，空间和时间正在消逝。”（1967：3）共时性技术，如电话、广播和电视，构建了使得麦克卢汉所说的“地球村”得以出现的技术过程，媒介所组成的相互关联的“神经系统”，既让社会世界变小，同时也使其加速。正如我们将在后文所见，大卫·哈维（David Harvey）后来使用“时空压缩”这一更具批判性和启发性的术语，来概括这同一个过程（1989：240）。

此外，技术使用是辩证的，用麦克卢汉的另一句名言来说，“我们变成我们所见之物。我们发明工具，然后工具塑造我们”（Mcluhan，1967：3）。在此，麦克卢汉认为，延伸先于机器或电子媒介的发明而发生，实际上，它甚至是工具出现的重要基础：刀具可以被视为手的延伸，望远镜是眼的延伸，自行车是腿脚的延伸，以及对于我们后面将要进行的讨论而言更为重要的，书写成为语言和记忆的延伸。

由于技术的发展和应用，我们所处的世界无论是在物理语境中还是在社会语境中，都已经发生了变化，并将不断变化下去。这些变化如此深刻地影响我们这个物种，因此如果抛开工具及其使用技术的延伸性，我们将无法思考人类的存在。在人类能力的发展过程中，行动和控制相互作用，在人类历史上投下长长的阴影，芬伯格（Feenberg）将之称作“行动问题”，亦即法兰克福学派所批判的“全面管理”和“技术理性”创造了一种“技术统治”（technocracy），人类行动和自由都被统摄于技术逻辑（其表现形式是技术的自治性与自动化程度的不断提高）的“否定辩证法”之下（Feenberg，2004：101）。

如果我们剥去“延伸性”思想的外壳而直抵其核心，就会触及本书所要讨论的根本问题。通过技术的延伸，空间和时间可以说是在收缩或是被压缩。然而，这对我们（在空间和时间的语境中）与技术之间的关系而言，意味着什么？或者换一种稍有不同的问法：**当我们通过使用技术而延伸自身时，我们所构建的时间和空间维度发生了什么变化？**延伸自身的行为改变了空间-时间的结构，它创建了一种全新的语境。步行1小时走的路，开车只要5分钟，这只是转变的表象，是一种习以为常的时空经验。但是，在这背后**真正**发生着什么？在《物理学》(*Physics*)第四章中,亚里士多德强调了空间和时间的不可分离性。他认为,我们对于时间的理解和计算要依靠度量。正如他所说:“作为变化的数,时间界定变化,同时变化也界定时间。”(这句话可以更为简单地理解为时间是运动的数或者计量)(Aristotle,1993:220b)在此,他预言了牛顿式的钟表时间。不过,亚里士多德思想的深邃程度还不仅于此。如果我们承认时间和空间是社会性的创造,那么,我们就是在社会情境中(在空间和时间的“景观”中)拓展,以及同步地创造时间和空间。作为社会性创造物的时间不仅**从我们这里**拓展开来,构建了新的“景观”所处的情境,同时,作为人的创造物,时间也成为技术自身的**属性**。也就是说,当我们创造了技术以拓展自身时,我们也不可避免地“赋予”它们时间。

在此有必要做一番更为细致的探讨,因此,在思考技术的时间性之前,先让我对“技术在空间和时间中延伸了我们的身体”的思想进行更为深入的剖析。本书后面将会集中关注信息技术如何成为慢性注意力分散的动力机制,因而请允许我以移动电话为例,解析“延伸”的思想意味着什么。当我们拿起手机拨出号码之时,在接通的那一刻,我们就立刻**体认到**空间在时间中的延伸——我们的动作使得通话者之间的物理距离溶解在双方连接所构成的虚拟空间中。假设通话双方分别是在加拿大和澳大利亚,那么跨越半个地球的物理空间就变成了(同时也服从于)可以体认的虚拟空间情境,即通话双方所创造的时间景观。如果如亚里士多德所说,时间是运动的数,那么通过手机,我们**度量着距离**,并将它缩小到就人类的自然能力而言不可思议的地步。通过如此的时空体验,我们延伸着自己,极大地超越了嵌于我们身体和自然之中的时间性。在这样的信息传播技术所创建的时间景观中,身体的日常作息和自然的正常韵律被不断强化着的网络科技的巨大力量所取代。就手机使用者而言,这或许意味着一种积极的、无所不能的行动或力量,意味着当我们毫不费力地按下电话按键时,就克服了这颗星球的时空障碍以及我们身体的自然能力,使世界呈现为当下的最终样态。在某种意义上,这毫无疑问是真实的。“地球村”缩小至我们只手可握,瞬息可达。但是,这种力量代价巨大,由于行动-控制这对辩证关系的不平衡,出现与制造了大量的负面问题,这构成了我们今天注意力高度分散的网络化生活的基本特征。这些我们将在后文中讨论。在此之前,我们需要更为清晰地理解技术是如何为它们自身赋予时间的。

在思考这个问题之前,通过一个研究实例来探究一下技术是如何嵌入特定社会关系之中的,或许会更有帮助。因为这项研究将显示技术如何能够清晰地体现人的主观性,这也就意味着它能够被“时间化”。

在论文《人造物有政治吗?》(Do Artifacts Have Politics?)中，兰登·温纳(Langdon Winner)认为，“技术这种东西”的确“拥有政治属性”(1980：121)。温纳大体上阐明了在一个技术不断发展的社会中，技术形式的采用并非随机的，或者说随着科技体系的深化和拓展，它与社会力量之间的中立或单向的关系在消失。在温纳看来，“特定技术**在其自身内部**①具有政治性”(123)。温纳沿袭了埃德蒙德·胡塞尔(Edmund Husserl)的现象学路径，认为一个事物的实在或本质存在于其自身之内。因此，作为政治的基本要素，权力成为界定特定技术和技术体系(它在社会中表现为“规则形式”)的主要属性(123)。温纳对建筑家罗伯特·摩西(Robert Moses)的案例进行了讨论，后者是20世纪20年代至70年代纽约市公园、道路和桥梁的重要的设计建造者。温纳犀利地指出，在摩西的设计建造中，政治和权力隐含其中、无所不在。例如，在分析摩西所建造的纽约市的桥梁时，温纳发现，“许多过街天桥非常低矮，距离地面的净高只有9英尺”(123)。温纳认为，除非对我们而言有着强烈的美学意义，否则我们很少会关注到技术(或是它们的外形尺寸)。摩西在其职业生涯中，建造了大约200座这样的低矮桥梁，它们都隐藏着这样一种特定取向：它们被精确地“设计，以取得一种特定的社会效果”。这种“社会效果”就是让那些过高的公共汽车不敢(或是无法)进入城市的一些特定区域——属于“上层社会”的和“舒适”的区域。对于摩西这一极具争议性的人物，温纳通过援引其传记指出，将公共汽车排除在外的这种特殊的工程设计，实际上是摩西的种族主义思想在技术上的体现。众所周知，纽约市的贫困阶层主要是黑人劳工，他们依靠公共汽车出行，因为他们负担不起私人化的交通出行方式。这些桥梁由此体现出政治属性，它们的主要目的是通过交通的设计，阻止黑人劳工使用某些道路，从而有效地将他们隔离在较为富裕的白人社区之外。

在1990年出版的《石英之城》(*Cities of Quartz*)一书中，迈克·戴维斯(Mike Davis)对洛杉矶的建筑环境进行了批判性的研究，并对这座城市的技术安排提出了与温纳相似的观点。例如，洛杉矶城中心区被设定为“中产阶级化”的区域，而要吸引更为富裕的中产阶级以及由他们所带来的商业投资，流浪行乞者就构成了阻碍。驱赶无家可归者被证明只能是一种短期举措，因为他们最终还是会回来，在公园长椅或公共汽车站睡觉过夜。城市管理者所采取的“最终方案”(用戴维斯的话来说)，是投入使用一种“新型的桶形汽车座椅②，它的表

① 粗体为原文所加。

② 这种座椅大多并非严格的桶形，而是那种表面狭窄、两端安有硬质扶手的座椅。——译者注

面很小，坐着不舒服，而要在上面睡觉则完全不可能”（1990：233）。如今，这种“防乞丐座椅”已经遍布全美，而且也出现在世界其他一些地区，如英国和澳大利亚，这些地区的购物中心迅速发现了将那些无法或不愿购物者排除在外所带来的经济利益。表面上看，这在很大程度上是市政设施建设和使用方面的美学选择问题，但细究之后你就会发现，它实际上是有意为之，即利用政治化的技术，服务于特定的政治目的。类似的情形也可以在其他一些广泛运用的技术中发现，例如闭路电视监控系统（CCTVs），它以“公共安全”为名义，实则构建了一种明晰的“规则形式”；再例如某些形式的身份证或跟踪软件，在它们的构想、设计和功能中，与生俱来地包含着政治意图。显而易见，政治能够被编码进人造物之中，只要我们审视人造物所处的政治经济语境，就可以对此有所察觉。但是，时间又是如何被编码进技术之中的呢？

回顾前文所举的移动电话的例子，我们可以发现，它无疑具有时间方面的功能——它压缩了时间，以使我们能够与半个地球之外的某人通话。但时间是如何被**转译编码**而与其他东西组合在一起的呢？在一篇名为《技术有时间吗？》（Do Technologies Have Time?）的重要论文中，卡尔·霍宁（Karl Hörning）等人对这一问题做了有益的深入探讨，提出了我在下文中将会进一步讨论的观点。这篇论文的基本观点与我相似，认为“时间是我们与自然和技术世界所发生的物理联系的一部分；我们对这个世界的日常涉入在本质上是时间性的……（人类）被锁进了他们所创造的物质和技术的世界中”（1999：294）。在此，作者强烈地表现出“延伸性”的思想，认为技术的创造和应用同时也使得技术自身被时间化。正如作者所指出的，通过对“时间的组织管理”，即形成它们的时间语境或时间景观，技术“携载了时间”（303）。譬如，在现代工业社会主导性的时间制度安排中，钟表时间从钟表还只是设计者头脑中的抽象概念时便开始“编码”技术，直到它们的物质实体作为人造物作用于这个世界之时。更为宽泛地说，钟表所带来的时间景观作为一种支配性的制度安排，开始渗入社会世界之中，它赋予工业革命以组织逻辑，对于工业革命的兴起和最终取得支配地位而言，它必不可少（Thrift，1996）。进一步说，通过在人类社会的“实践”推动，通过不断重复和持续展开，技术对于时间的携载会反过来将它的机械化的、基于钟表的时间性，**再次嵌刻**至使用者的时间节奏之中（Thompson，1967）。在此，我认为特定的钟表时间被编码进工业化技术之中。在这方面，我比霍宁等人的阐释更多一些决定论的色彩。在“实践的时间性”如何通过技术的使用而得以不断展开方面，他们认为被编码进技术中的含混而弥散的社会时间，能够通过“实践”而提供更多的开放性的潜能（296）。然而，我则更多看到的是一个工具化的过程，在其中

“实践的时间性”倾向于起到支配和排除的作用，并反过来为推进人类行动提供语境。下面让我来为这个更具决定论色彩的观点提供论据。

对于什么可以被称作“事物的时间”，沿着类似的现象学路径，布鲁诺·拉图尔告诉我们，一把斧头的“时间”是无限的，不可被简化为一种时间。通过它的直接使用和它被创造时的语境，它“获得”或“羁留”其时间。在名为《道德与技术》(Morality and Technology)的论文中，拉图尔游刃有余地描述了时间、人类与技术之间的互动。他写道：

> 在技术性行为中包含着什么？时间、空间和行动者的类型。我在工作台上找到的锤子和我今天的行为没有共时性，它包含着种类各异的时间性，其中一种和这颗星球一样古老，因为铸造它所用的矿物(年代久远)；而另一种则是手柄所用的橡木的年代；还有一种则是10年前的时间，因为那时它从德国的生产工厂里出来进入市场。当我握住它的手柄时，我把手伸进了“时间的花环”之中。(Latour，2002：249)

拉图尔认为，时间维度被“折叠”进技术之中，就像各种配料被揉进蛋糕里一样。这一认识与到目前为止我的论述大体相似。但是，我还要加上另一个部分：工具“产生”的历史。在资本主义制度之下，机器的时间是**可测量的和普遍化的**，它基于钟表的节奏。设想一种典型的工业机器，如弯折金属所用的车床。拉图尔的锤子包含形成锤头的金属的年份、锤身所用的木头的年份，构成车床的各部分亦是如此，它们包含各种影响和发展踪迹，亦即社会的、政治的、意识形态的、科学的和技术的语境聚合在一起的历史，这些使得车床得以产生。车床是一种精密的器械，它的基本原理建筑在相同的数学原理(即可测量性)之上，数学将所有事物都理解为数，而相同的逻辑则将时间的流动和出现分解为秒和分钟。车床所包含的影响和踪迹，在于设计者对启蒙思想遗产的吸收，在于头脑的理性计算，亦在于一种有计划的、相对狭隘的工具化的视角，即认为机器在未来会做些什么是可知的和可预见的。它的“寿命”是被计划好的，以年来计算。它还包含工业主义的逻辑——它是工业主义的一部分，它与商业生产、竞争、效率和生产速度相关。换言之，现代性的不同语境的纠葛缠绕使得车床被设想、被需要并成为现实，没有这些，车床的出现是不可想象的。从**代际发展**上讲，最新一代车床及相关机器正是沿着这条工具化的、被严格限制的路径**演化**而来。这条路径携载钟表的时间景观，以及相应的社会、经济、文化和政治节奏，它们都以被牛顿视为“绝对”时间的钟表装置为基准。自从工业社会兴起之后，拉图尔所说的

“折叠的”和“异质的时间性”，就开始向基于数字的高度均质化的时间形式转变，并被其所取代，后者是“绝对的”、非主观的，它“确立了一直延续至今的欧洲科技发展的轨迹”（Gare，1996：103）。

在此我试图解释的是，时间在根本上是社会性的。时间的根本属性是嵌入物理和自然世界中的节奏，在非中介的和主观的层面上，我们能够通过社会的变化察觉时间，并对它形成意识。然而，至少从亚里士多德时期开始，再加上牛顿的时间观念和工业化所带来的改变世界的强大力量，一种基于数学和科技发展的时间形式开始占据统治地位。钟表时间的统治性被“编码”进人类所发展的科技和所创造的社会之中，如此，**现代**社会被发明。

现在，我想开始讨论所有技术中最为根本的一项技术——书写。在本章的余下部分，我想表明书写本身是携载时间的，同时书写以一种特别的方式为现代社会赋予时间——赋予它特定的节奏。我还将进一步表明，作为现代性之思想基础的书写和阅读，已经被计算机化所改变，电脑的“网络时间”将当代世界置于一种新的时间维度中，这对我们所处的晚期现代社会的几乎每一个方面都产生了深远的影响。

语词的技术化

语言的出现和发展，使得人类得以将自身与其他灵长类动物区别开来，并在此基础上通过意识的演化和文明的兴起，作用于世界和时间、空间。交流的日趋复杂，使得人类群体及其技术形式也越来越复杂。这一切的发端就是书写的发明。人类最早的书写大约在公元前 8000 年出现在中东地区（今天的伊拉克地区）。这种“原始书写”的形式更像是计算，方式是利用黏土泥板、账板①、打结的绳子、涂上颜色的贝壳等做标记，用以标注财产属性，或是用作记忆工具，以此表明谁拥有特定事物（如家畜、谷物包等）或这些事物的数量。它的重要意义在于表明书写这种最为重要的技术最初是作为计算的一种形式而出现的。它体现了人类对于数字以及此后对于发展数字系统的一种根深蒂固的偏好，以这种方式，人类深刻地影响了他们所处的环境。就像前文提到的手机的例子，即使是手机上的简单的标记（一般认为它们包含有特定的意义），也是我们理解时间和空间

① 账板（tally-stick），古代的一种记忆辅助工具，用于记录数字、数量，甚至讯息。最早的账板出现于旧石器时代，当时人们在兽骨上刻下痕迹用以计数。其中一个典型的考古个案是“伊塞伍德骨”（Ishango Bone），它出土于刚果尼罗河源头附近，距今约有两万年历史。它是一根狒狒的大腿骨，古人在上面用特定的记数标记来计数。——译者注

的社会维度的有效途径。因此，举例来说，刻在黏土片上的一系列标记，可能表示某人在过去的时间里借到了5只山羊（它们可能被吃掉或卖掉了，但仍然“存在”于这些标记所构建的虚拟时空中），在将来的某个时间点上，此人会归还它们，或是支付商定好的它们的等价物。

很久以后，公元前3000年左右，一项影响深远的技术创新出现了，它就是表音文字。奇妙的是，这一发明是在不同地区独立出现的——巴比伦、中国、中美洲、印度，每个地区都使用不同的字符系统（Daniels & Bright，1996）。沐浴着人类交流史上的这一共同的璀璨光辉，人类关系的形式、功能和发展轨迹发生着永久性的变革，并且变化的速度越来越快。因此我们可以看到，例如在巴比伦，楔形文字演化成为一种技术系统（或是这个系统内必须掌握的**技能**），并且迅速取代了之前在这一地区占统治地位的口语交流系统。思想、观念、契约、担保、协议、历史等，被固定在这种时间的媒介①之上，并且使某些事物获得了“真实”的状态，亦即使它们被固定为“事实”。语词被安置在可读的、可保存的媒介之上，这极大地拓展了早期人类社会的组织潜能，为所有类型的事物创造了“记忆”，刺激推动了贸易、商业、艺术、哲学和整个文明体系的发展。事物被书写下来的事实，赋予被书写对象以强大的真实性。有意思的是，我们可以注意到“轶闻”（anecdote）一词——我们今天提及某人或是某部传记时会用到它——用来表示某事并不一定是“真相”或“事实”（它只是“事实真相”的补充），而这个词源于希腊语 *anékdota*，意思是“未被刊印（unpublished）之物”。如果它没有被刊印或书写下来，那么它的权威性就消失了，它不是“真实的”，它不是“事实”。

书写实践使得“人是什么”的观念开始发生改变。它赋予人类互动以一种完全不同于以往的全新形式，使得互动筑基于信息的创造和扩散之上，同时它也开始改变了人类的**思考**方式。实际上，这些变化被认为是神经社会学层面的，是特定的大脑功能组织的变化。例如，沃尔特·翁在《书写是思想再结构的技术》（Writing is a technology that restructures thought，1992）一文中认为，随着识字读写的发展，文字符号这种技术“占领了（人类）意识”（Ong，1992：293）。书写似乎具有某种几乎是超自然的力量，用翁的话来说，“它使自己成为人类表达和思想的规范标准，由此它逐渐为自身攫取到至高无上的力量”（293）。识字读写的与生俱来的力量源于这样一种事实：它既是一个必需的，同时又是一个看上去极为自然的过程。在翁看来，正是这种双重性，“阻碍了人们对于‘书写本身究竟是什么’的理解”（293）。因而，口头语言的技术化过程，不仅是人类意识的技

① 指楔形文字。——译者注

术化,同时也是“早期人类生活世界”(297)的技术化过程和转变过程。

文字语言所具备的改变意识的力量具有极其重大的意义。它改变了我们对于“人是什么”的认识。心理学家朱利安·杰尼斯(Julian Jeynes)在1977年出版的著作《二分心智的崩塌:人类意识的起源》(*The Origin of Consciousness in the Breakdown of the Bicameral Mind*)①中,对此作了精彩的论述(这一论述后来得到了翁的支持)。在该书中,杰尼斯认为,正如我们今天所知的那样,在书写出现之前,人类并没有发展出自我意识。他认为,从公元前13万年左右我们这个物种出现,到公元前4000年左右巴比伦出现拼音文字,在这段时间里,古代人类的心智以一种自然状态在运作,这种状态类似于我们今天所说的精神分裂。正如“二分”一词所表明的那样,对于生活于大地之上的我们这个物种中的大多数人而言,意识分为两个领域。从根本上讲,正是通过言说,相互交流、获得信息和达成理解才成为可能。但在这个听觉的世界中,正如杰尼斯所说,“人类本性一分为二,主导性的部分被称为‘神’,追随的部分被叫作‘人’”(1977:84)。“人”倾听他头脑中的声音,这些“幻听”是人脑自然状态的产物,同时作用于人类。“这两个部分都不是意识性的”,杰尼斯提出,正是因为今天的我们有着完全的自我意识,所以我们认为这样一种精神状态是“不可理解的”(84)。然而,杰尼斯认为,随着书写的发展,“神的旨意……开始被记录下来”,在巴比伦等地方,书写也开始进入民间。杰尼斯接着说道:

> 这是法律思想的发端。这些书写下来的裁决可以出现在不同地方,可以在时间中延续。因而,出于更大型的社会对于凝聚性的需要,书写成为导向市民社会的工具,成为社会控制的工具。以我们的事后之明可知,它很快就取代了二分心智。(198)

书写使得人们头脑中的语词**外部化**、**空间化**和**时间化**,人们开始逐渐将自身看作是与语词相分离的。二分心智中的声音及其“听觉上的权威”(201)开始衰落,其结果是开始出现神经社会学方面的变化,因为人类“试图知道当头脑中的声音无法再被听到时,我们该如何应对”(246)。这一技术导向性的转变,正是我们的意识的起源。杰尼斯认为,今天的精神分裂症患者,还残留有古时的二分头脑的状态。

---

① 此处,本书作者所写的书名“The Origin of Consciousness and the Breakdown of Bicameral Mind”有误。——译者注

作为技术的时间

辩证地说，书写不仅允许我们改变世界，同时我们施加于世界的行为也反过来作用于我们。在书写早期发展阶段，最为重要的就是它创造了意识演进的基础，以及依据模拟的“我”来进行思考的能力。在此，有必要将时间性作为一个关键要素，来对这一辩证关系进行审慎细致的探究，因为这将会使我们获得两个方面的重要认知：构成我们这个世界的特定现实的基本逻辑，以及我们与技术发展之间在时间层面发生关系的**人类历史起点**。

由书写所带来的与技术的辩证关系（或者说互动关系），有正负两方面的影响。从正面看，正如我们已经提到的，对纸片上的符号形成一致理解这种奇妙的能力，馈赠给我们一个文明的世界，一个艺术的、理性的和启蒙科学的世界。而在负面清单上，毫无疑问，理性逻辑所引发的恐怖已经数不胜数，可能远远超过它所带来的善（Adorno & Horkheimer，1986）。日益明显的是，系统化的技术的力量，以及核裂变、基因控制和化石燃料①依赖背后所体现的逻辑，驱使人类“走向未知的旅程”（Jonas，1985：21）。此处最重要的一点是，尽管我们创造了这个世界（无论它是好是坏），拥有意识意味着我们**仍然能够对它进行反思**以更好地理解它，进而对自己的创造物设想和推断出更好的安排。那么，就让我们来分析一下人类通过书写作用于这个世界的实际过程，并思考在这个过程中时间和技术是如何相互建构的。同时，也让我们进一步检视，这一全新视角对今日世界的一些重要方面能带来什么样的启示，这些方面被翁（Ong，1997：293）所说的技术发展（书写使其成为可能）的傲慢专横所阻碍。此外，我们还将探讨这种傲慢专横如何阻碍了我们对于社会时间的本质及其可能性的更为深入的理解。

与麦克卢汉的“延伸”的主题相呼应，哲学家贝尔纳·斯蒂格勒（Bernard Stiegler）在其《技术与时间》（*Technics and Time*）一书中提出，书写实践或技术的一般使用发挥了一种“代具性”（prosthetic）②的功能。对“代具”一词的词源追索和意义体察是十分重要的。正如斯蒂格勒所写：

---

① 指煤、石油、天然气等由死去的有机物在地下分解而形成的不可再生资源。——译者注

② Prosthetic是prothesis的形容词形式。prosthesis的本义是“义肢、假体”。一些文献将斯蒂格勒“prosthesis”这一术语译作“义肢”或“假器”，但这些译法无法突出该术语“新增、添加”而非“补充、取代”的意味。故在此采纳《技术与时间》（第1卷）中译本（裴程译，译林出版社2000年版）的译法，将prosthesis译作“代具”。——译者注

> “代具”并不取代某物，并不代替某个先于它存在而后又丧失的东西。它的实质是添加。由其词语构成方式，我们可以理解它的含义：(1)放置在前面，或者说空间化；(2)提前放置，即已经存在(过去存在)和超前(预见)，也就是时间化。(1998: 152)

沿着斯蒂格勒的思路，书写可以被看作是“**思想的代具化**”。它先于被创造出来的社会时间景观，并进入时间景观之中，在此被书写的思想变成了一个度量点；同时，由于书写是一种技术，它也变成了对时间的一种度量，即“**作为**时间的技术”，这正是斯蒂格勒这本著作的主题(1998: 83)。换言之，书写并不仅仅是在通过描述而记录现实的样貌，它更是通过我们对于变化的经验，而在**记录时间自身**，同时**又被记录为时间**(Tabboni, 2001: 7)。在前文中我们已经看到，被赋予时间的工业机器，如车床、汽车或收银机等，被随着钟表节奏运行的资本世界所规训。但是，书写是如何被时间化的？或者更准确地说，在我们这个世界肇始之时，即古典时代，当希腊语和拉丁文的书写开始为我们所认为的规范的社会生活和市民生活奠定知识、道德、哲学和政治基础之时，**是什么**赋予了书写时间性？

彼时，思想、敕令、法律，以及越来越多样化的技术、社会、文化、公民、宗教和政治知识综合在一起，赋予社会世界以组织形式，并带来了理性的不断增长。通过它们的传播，作为“思想的代具”的书写开始影响“外部的”世界。同时，书写也反映了它被创造和传播之时的时间景观语境，在人类文明的这一早期阶段，它就是嵌入生物性生命之中的时间，由人与自然的互动所构建。因此，古典时代及其之前的书写，反映着当时的世界、当时的社会，以及由它所产生的思想。这是一个前机器的、前钟表时间的世界，因而此时的书写的时间性，由人类生物(human biology)和自然环境所赋予，并带有这种赋予方式的特点。身体、在场和相邻、手部和眼部的物理运动所受到的空间限制和(在速度上的)时间局限等，它们所具有的时间性意味着书写所表达的思想和反映的世界带有**难以磨灭的身体属性**。

帕特丽西雅·法拉(Patricia Fara)在其《四千年科学史》(*Science: A Four-Thousand Year History*)一书中，描述了(事实上她所涉及的事实和其他相关方面是如此之多，以至于淹没了)这一重要的历史关头。法拉提到，我们今天十分熟悉的钟表时间的计数方式——60秒、60分钟、1小时，它的基础是大约4 000年前由美索不达米亚平原上的巴比伦人发明的。仔细想想你会觉得，对处在后理性的十进制社会中的我们来说，“60”是一个很奇怪的数字。然而，法拉向我们揭示，巴比伦人是被他们的技术和周围的原始材料，以及人类手-眼运动的身体性所局限，从而发明了六十进制的。正如法拉所说：

> 美索不达米亚人所使用的原始材料——黏土、芦苇等，影响了他们所发展起来的计数系统：他们以六十进制来进行计算，这对习惯于以十和百为单位的人来说十分奇怪。然而，如果你试着用尖棒（用一根斜切的吸管可以很好地进行尝试）书写的话，很快就会发现，六十进制是一个更为明智的选择。巴比伦人使用两种基本符号：垂直的表示个位，对角斜线表示十位。他们将前9个数分成3组，一组一行，上下排列成三行，因为人眼能够迅速辨别1个、2个和3个垂直相邻的记号，4个就不行了。读取横向排列的楔形符号相对更为困难，书写者发明了一个系统，使得他们可以迅速识别最大到5个一组的记号系统。因此，在59之后（5行3列，每列包括3组），他们就将所有这些数向左边移动，然后重新开始……（Fara，2010：11）

之后法拉的论述迅速转向了其他方面，因为她的主题不同于本书。然而，她此处的叙述在许多方面与本书的基本观点相契合，即时间和书写都源起于身体和环境，以及这一基本原则今天仍是我们这个世界的构成基础。钟表和文字书写的发展直接反映着当下的身体能力和当下的物质环境，这一意义重大的事实并没有随着时间流逝而消逝于历史迷雾之中，但它的极端重要性却被极大地忽视了。如果身体性和物质性是钟表时间和书写的基础，那么一个钟表和印刷语言已经被数字化，而且数字版本已然成为主流的世界意味着什么？我们的自然能力能被科技推动到多远？如果我们的身体-时间限制已经被超越（正如我下文将要论及的），那么这又意味着什么？

在其发展的早期阶段，书写所带来的思想的代具化表明，思想和它的时间化仍然是紧密联系的，接近于（也受限于）嵌入身体和自然的时间，因此，它的表达和它对现实的具体塑造，与身体和自然环境的时间仍或多或少保持着时间上的同步。

从辩证的角度看，这意味着书写下来的思想能够传播与成长，同时，由此所创造的世界反作用于嵌入于生物世界的时间，但此时的技术并不（尚未）具备初始的或实际的加速动力，并不足以削弱或取代人类与自然的时间。因而，通过书写（无论它是哪种形式）度量这个世界，实际上就是在以书写者的力量和权威探索世界，在我们经由技术化的语词的中介来认识世界的这最初几步，就其开放性的潜能而言，这种力量和权威并未被超越。书写所带来的思想的代具化，极大地拓展了人类依靠**纯粹的思想传播**探究世界的能力。需要再次强调的是，此时作用于世界的书写技术,还未像今天的现代性追求及其机器逻辑那样,在根本上削弱思想的时间节律。

古典时期的思想仍然极其深入地解释着我们所处的世界,这个时期的哲学家们的思想,柏拉图、苏格拉底、亚里士多德等人的对话和书写,代表着人类曾经到达的(代具化的、技术化的和时间化的)思想表达的最为自由的境界。思及于此,令人着迷。今天,他们的思想依然在强有力地回响着。受到历史的时间长河中一连串力量的影响,**大量的后继**思想得以产生。古希腊和古罗马的社会被得以理性地安排,并在等级制度的基础上运转,奴隶劳动和军事文化构成了哲学家们思考世界本质及其过程的语境。他们的思想几乎是从一片空白与荒芜(*tabula rasa*)之处发展起来,这些精英们的沉思不断创新,拓荒辟野,驱散我们久远沉重的蒙昧无知。事实上,在《理想国》(*The Republic*)中,柏拉图认为,社会最理想的状态是应该由“哲学王”来统治,也只有“哲学王”才有力量进行明智的统治(Pappas,1995: 114)。柏拉图并未对这些术语作出明确的解释,但他认为,之所以应该由“哲学王”统治社会,是因为他们摆脱了劳动、军事和商业活动的无聊乏味和焦虑重重,只有他们才**有时间**去思考、去探究、去辩论。

柏拉图是最为杰出的哲学家,他的影响至今仍在。例如,正是他为数学形式和逻辑奠定了基础,影响了人类历史上的一些关键人物,如艾萨克·牛顿,而牛顿又进而为世界带来了科学和数学计算理论,影响了整个知识传统。更为宽泛地说,正是柏拉图主义使得这个世界变得可以被思考,由此才有可能将机械论的哲学基础和有机体假设联系起来,使得人类、自然和宇宙被统合在一起,形成如机器一般的和谐规则。这一有关机械论与和谐的思想,使得机器的特定构想得以成为可能。因此在古希腊,书写代具化地进入哲学历史的时空结构之中,柏拉图由此播下了阿伦·加尔(Arran Gare)所说的“机械唯物论”的种子,这粒种子在 17 世纪到 18 世纪的人类智识的光辉中开始萌发(1996: 114-115)。

我想强调的最为重要的一点是,在西方智识和哲学思想发展的这个影响深远的阶段,在那些为我们今日之西方世界奠定基础的**经典**思想开始形成和巩固之时,书写行为、先哲们所创造的文本以及他们所表达的思想,**还不是机器驱动的**。从古典时代起,到启蒙时代古典思想的复兴,再到现代时期的早期,思想通过费时费力的手写文本得以传播,通过驮畜的肌肉力量或是人的双脚,以及(或者)通过已经存在了数百年的、基于车轮和舟船的技术手段得以扩散。思想及其书写形式的表达,被身体在书写和阅读时手-眼运动的时间性,被在几个世纪的跨度内几乎极少变化的(那些决定空间和时间的)技术环境,赋予了时间。然而,这并不是一个停滞不前的阶段,无论是文化、技术,抑或时间性。例如,欧洲的基督教权威们直到16世纪都几乎垄断着语词的书写，而他们的逻辑毫无疑问是与古希腊和古罗马相对立的，但相对于他们，作为资本主义的先驱，重商主义的不断扩散以一种完全不同的方式处理时间和信息。雅克·勒高夫（Jacques Le Goff，1980：30）解释了社会从宗教的时间中披荆斩棘、求得转型的艰难历程：

商业活动基于一系列假定而展开，而“时间”是其重要基础——为预期中的饥荒而提前贮存、购入商品以期在合适的时间转卖等。同时，商业活动也受到对商品、货币的经济行情和市场状况的了解程度的决定，这表明存在着信息网络和对信息递送者的雇佣。为了对抗商业的时间，教廷设定了它自己的时间，它被认为只属于上帝，而不能成为金钱追逐的对象。

商业与时间的联系，触及技术发展的核心动因。欧洲中世纪晚期，时间和金钱的增加在人类事务中具有极端重要性，这前所未有地刺激和推动了对技术发展的探索。技术的迅猛发展开始走向历史舞台的中心，自文艺复兴时期开始，在很大程度上看来是突如其来的技术创新与变革的巨潮，席卷了几乎所有的领域。正如弗朗西斯和约瑟夫·吉斯（Frances & Joseph Gies，1995：2）所说，中世纪可以被看作是这样一个时期：

……（这一时期发生着）渐进式的、几乎不可察觉的变革。在农业、水力和风力、建筑、纺织、通信、冶金、武器等领域，工具、技术和工作组织形式等在程度不一地缓慢发展。

通过读写，通过柏拉图式的机械唯物论（在技术运用上）的实践，这些“渐进式的、几乎不可察觉的变革”不可阻挡地扩展和深化。加尔如此论述这一强大的技术-意识形态辩证关系的发展：

机械唯物论的发展是大量的这些认识方式的结晶。社会中的各种关系形式为对自然的认识提供了类比，即将之与可理解的社会相类比。这种理解将这些认识方式重组并入新的社会实践之中。（Gare，1996：115）

随着机械唯物论的兴起，以及反映这一思想的世界的创建，技术（以及人类与技术的关系）自此被置于一种全新的、更为复杂的层面。技术的时间赋予和技术的发展受到机器逻辑的推动。由嵌入身体和自然世界的时间的物理限制所确立的逻辑及其局限性，日益被机器技术和机器时间的越来越自主化的逻辑所取代（麦克卢汉将这一过程命名为“截除”，它支配了人体的“延伸”，在此，技术消失了或是被削弱了［McLuhan：1964：chap. 4］）。不过，在这些发生之前，阅读与书写的过程和实践经历着它自身的演化过程，如果你愿意的话，可以将之视作辩证的螺旋，即它们成为“塑造我们的机器”，它有着与身体和自然截然不同的时间节奏（BBC，2008）。

机器的伟大胜利

大约在1439年，并经过其后数年的思考与试验，德国美因茨公民、金匠和出版商约翰内斯·古登堡（Johannes Gutenburg）向世人展示了他的“界定性”技术——活字印刷术。正如钟表和它所代表的机器时间的发明与普及一样，如何高估印刷术的重大意义都不为过。书写自此挣脱了“手-眼运动”在时间和空间上的限制，颠覆了千余年来中世纪的“修道院缮写室”（scriptorium）的固有传统。思想、法律、故事、技术说明、传言、政治传单等，现在能够以极低的成本和难以想象的速度进行（理论上讲）无限量的印刷。文艺复兴时期，当商业主义向更为组织化和理性化的资本主义发展时，更高的生产效率成为这一信息革命中的一个重要因素。对生产效率的迫切需求，为资本主义的运行提供了强大的和不可或缺的前提条件，直到今天亦是如此。正如杰里米·诺曼（Jeremy Norman）在其《从古登堡到互联网》（*From Gutenberg to the Internet*）中所计算的那样，由印刷媒介所带来的生产效率的提高速度，是以往平均增速的“大约160倍左右，或者说百分之16 000”（2005：29）。信息的世界以往从未运行得如此快速。麦克卢汉在其《古登堡群星》（*Gutenberg Galaxy*）中，将这一飞跃称作是“机器的腾飞”（1962：155）。由此，一种机器的发展，直接推动了紧随其后的其他机器的发展，我们看到柏拉图思想中的机械唯物论开始成为现实。

作为思想、观念的“代具”的书写，在生物节律上与这个世界的时间性相和谐的书写，被印刷术所改变。一个关键性的转变是，在麦克卢汉的思想中被认为是媒介技术的书写，其对人体的延伸性在机械化的过程中遭遇了根本性的“截除”。在麦克卢汉关于媒介技术发展的“截除”的思想中，提出了一个过程被“弃置”或者说“削弱”，以使另一个过程得以“强化”的观念，在此，就是费时费力的手工书写记录所有事物的身体的过程，让位给了印刷（Federman，2005）。通过中介技术的变化，我们持续地在世界中拓展着自身，我们开始经历一个正负双重效应，在人类-技术关系的时间意义方面可以清晰地看到这一点。一方面，通过技术的延伸，我们作用于这个社会，这带给人类各种利益，人们可以根据自己的能力影响、组织和控制他们的环境。另一方面，我们将自己延伸得越远，我们越是弃置之前的媒介类型而强化其他一些媒介，这一截除过程就越像是我们在仓促地朝着未知世界进发的集体旅程中，切断了自己的后路。这样的自断后路使我们偏离了时间的本质及其内在的身体限度，并且再无归路。经过技术的层层中介，我们延伸进这个世界的“感觉”和身体感受被削弱，同时，技术过程也更加抽象，远离我们的“人类时间本质”。

如今，书写的过程与实践，越来越多地产生于机械系统的领域之内，遵循着外加的商业、市场和销售逻辑。紧随着技术进步而迅速发展起来的图书贸易，成为写些什么的风向标和书写出来的作品如何被消费的指示器。当然，在文艺复兴时期或是今天，并非所有人都是作者。对于我们中的大多数人来说，是通过识字和阅读而与这个宽广的社会世界相遇并去理解它的。生产、销售和发行系统中的技术因素，既看不见，也与我们无关，我们所见到的只是出现在纸上或屏幕上的字词，由此，我们的世界观、我们的知识形式以及我们对现实的感知在很大程度上通过阅读而构建起来。然而，古登堡的神奇发明所带来的显而易见的发展历程，其根基是工业化的思想，它取代了代具化的思想中所固有的书写时手眼运动的身体性。因此，我们愈发与变革的前沿相脱离，愈发依赖媒介技术（书籍、日报、电报、电话等）的最新发展。我们适应了被压缩的时空形式，适应了使自己的生活与机器时间的节奏同步，于是，时间到底是什么、时间究竟居于我们中的何处，这样的问题被取代了，或是被改变了，或是被忘记了，或是没有机会去探索了。

受到思想的即时、快速传递（古登堡的发明使其成为可能）的驱动，吉斯所说的中世纪晚期以来发生着的“渐进式的、几乎不可察觉的变革”（Gies，1995：2），开始汇聚成一股连贯一致的动力。实际上，当技术以一种前所未有的方式将越来越多的人、越来越多的地方强行卷入世界中时，信息网络便开始形成。启蒙运动、进步与理性时代（the Age of Progress and Reason）在举手召唤。借由新的媒介技术，思想的力量被极大地强化，这种力量拥有一种以前从未出现过的“历史的-时间的-世俗的”维度。被写在纸上、在不断扩大的区域内大量传播的文字，如今能够以全新的形式并在一个全新的技术语境中描绘、再现这个世界的面貌，回溯古希腊和古罗马的过去，寻求启发；文字创造构建了不断变化的活生生的当下；文字描绘、规划着宏伟的未来。著名的法国作家、启蒙思想家伏尔泰（Voltaire）说：“没有一个难题承受得住坚持不懈的思考。”但是，代具化的思考越来越依赖于机械的、抽象的系统，这一系统生产着有关“外在于我们的”世界，以及如何去理解、控制和塑造它的抽象思想。在这个机器驱动的时空语境中，处于现代化原初时期的世界蓬勃发展，伏尔泰这样的杰出的思想家们（哲学家、政治家、科学家）层出不穷，他们认为人类无所不能，但是他们未曾察觉（他们怎么就察觉不到呢？），人类社会不断加速的种子已经被植入他们为之欢呼的新世界的机器逻辑之中。

柏拉图机械论的世界观既是机器出现的原因，也是它的结果，工业化和启蒙运动是其在现实层面和观念层面的表现。同时，这些过程也形塑了现代政治思想。尽管现代政治思想渗透着希腊和罗马的色彩，但它超越了希腊和罗马的有机思维，工业化和启蒙运动的催化使其成为可能。机器化的写作催生了机器导向的世界观，产生了机器化的物质世界，它实际出现于所谓的启蒙时期。在一些重要的启蒙思想家——如伊曼纽尔·康德（Immanuel Kant）——对他们自己所创造的这个时代进行思考时，自我意识（杰尼斯和翁认为它是我们与书写科技发生关系的产物）可能是第一次变成了一种**社会的**自我意识。这一点在康德1784年所写的一篇文章中体现得十分明显。该文问道："回答此问：何为启蒙？"[①]在这篇文章的一开头，康德就给出了这个问题的答案。他认为："启蒙就是人走出自身所遭受的不成熟状态。"（1784/1996：58）实际上，康德将书写和出版过程视为"理性的公共使用"的本质体现，同时也是传播启蒙理性，使其获得物质具体性的必要手段（Laursen，1996：254）。

这一时期的书写和"使其得以传播的物质形式"所带来的影响曾被低估，但在雷吉斯·德布雷（Régis Debray）那里得到了突出强调（2007：5）。在《社会主义：一种生命周期》（Socialism：A Life-Cycle）一文中，德布雷认为，"不了解思想得以传递的物质形式和过程——传播网络使思想得以成为社会存在，就不可能抓住任何一个时期中的有意识的集体生活的本质"（2007：5）。毫无疑问，使理性思想得到拓展和鼓吹的"传播网络"，是书籍、宣传小册子、论著、报纸和期刊，它们赋予人类历史上这一基于印刷术的信息革命以智识生命。这一信息革命是德布雷所称的"思想史的周期化"的一部分。德布雷认为，在历史巨大的"时间之弧"中，有两个主要的阶段（6），它们分别是"印刷域"和"视听域"。以书写为基础的"印刷域"随着古登堡的发明而出现，构建了现代性、启蒙思想、自由民主政治和社会主义随着信息网络的发展而得以成长和扩散的"媒介学基础"。而"视听域"这个令人厌恶的阶段，则出现于我们所处的当下时代，一个互联网、全球化和新自由主义的时代。德布雷将这两个阶段概括为"一个印刷的

---

① "An Answer to the Question：What Is Enlightenment？"中译文可参见［德］康德：《历史理性批判文集》，何兆武译，商务印书馆1996年版。——译者注

欧洲(和)一个宽屏幕的美国”(28)。后面的章节无疑会聚焦于视听域，它是一个被快速流动的图像所主宰的时代，慢性注意力分散所导致的外向性的病变，取代了阅读印刷文本的相对稳定性和内向性。不过在此之前，仍有必要从语词的技术化过程(它同时也技术化了世界自身)的延伸这一方面，对印刷域作一番了解。

德布雷的概念(印刷域)极为精当，因为它充分说明了古登堡的发明是如何为技术化的词语和大众印刷的机器过程予以赋能的。思想(向外)对物质世界的散布，削弱了它们与作者之间的联系，借由书籍、宣传小册子、报纸等，语词开始拥有了它们自己的生命，通过读者对特定文本的理解以及由此产生的随后的书写，这种生命对其自身的重组过程具有潜在的无限性。印刷域是一个前所未有的、基于印刷术的**语词(思想)的网络化世界**，各类事物(许多是全新的事物)持续地快速增长，由此创造出越来越多的新词，也创造出紧随其后的提高识字读写能力的动力。对于这一过程，我们可以用当下博客的迅猛发展(尽管它在时间上更快速许多)作一类比。语词(和图片)从无数的电脑中流出，并被分散于全球的其他无数电脑所接收、重组。由此产生的“互动”是混乱的，在本质上是无法应对的，是数码的**刺耳噪声**(cacophony)。齐特林(Zittrain，2007)将之称为“自我繁殖的”网络，它通过指数级生产的信息驱动着经济和社会，不知会将我们带向何方。

在印刷域的早期阶段(实际上是在这个被机器印刷语词所支配的几乎全部阶段)，书面语词作用于世界的节奏和速度要比当下慢许多。那些从事书写阅读、推动形成印刷域的精英们知道他们在走向何方，至少是想象他们知道。他们追求确定性，他们对现代性的潜能充满信心——这些使得他们并非昙花一现而是成为历史的必然(Hutchings，2008：28－54)，从而创造出所谓的“文字共和国”。这是一个想象的空间(一个虚拟网络)，在其中，来自英国、法国、德国和(初生的)美国的杰出的哲学家们，以苏格拉底的方式(以及在一个技术能够达到的距离内)，就科学、哲学、民主等领域内的启蒙思想的重大议题展开讨论。正如罗伯特·达恩顿(Robert Darnton)所说，18世纪是“书信交流的伟大时代”，通过书信往还，寻求真理和发明的希腊式的雄辩讨论充满活力：

> 书写者形成思想，读者对其判断思考。归功于被印刷出来的语言的力量，思想在一个不断扩大的圈子中传播，最强有力的观点最终获胜。(2009：11)

在“书信往还”的基础上，个体的思想被提取出来，获得超越的普遍性，摆脱了前启蒙时代的专制与愚昧。如果哲学家们知道他们将去向何方，那么为新的经济体系（它充满了恐怖与悲惨）充当助产士的早期资本家也同样知道。然而，那些对他们正在施加于这个世界的革命性影响十分敏感的人们，可以从一些思想家（如亚当·斯密）——他们认为这是一个全新且不断进步的世界——的书写中寻找到安慰。在1776年出版的《国富论》（*Wealth of Nations*）中，亚当·斯密十分合宜地描绘了这样一个世界：竞争、创新和持续不停的生产将为人们和经济带来最美好的结果，它将人们带往更有活力的和更为自主的世界，个体理性行动的依据是他或她的个人利益，但这将逐渐带来更多的益处。在政治上，亚当·斯密的同时代人大卫·休谟（David Hume）设想了一种基于"社会契约"（他想象为一种具有法律约束力的书写下来的"契约"）的全新政治形式（其源头同样也回溯至希腊罗马时期）。休谟认为，"……所有的政府……建立在契约的基础上，古时人类最为原始的联合主要就是以这一原则形成的"（1980：211-212）。这些哲学思想，亦即达恩顿所说的"最强有力"的观点认为，尽管工业的发展制造出巨大的动荡，但这个世界还是向着更好的方面转变。关键之处是，因为有了写在纸上的简单文字（它创造出抽象的"文字共和国"），这个世界是合理化与理性化的，是可以被计划的和可以被宣扬的（也经常被猛烈地批评）。

18世纪以来，印刷革命使得世界的机器化和理性化成为可能，使现代性在物质层面和本体论层面获得存在。受益于地图制图学和地理学，自16世纪大航海时代以来，对世界的**行动上的**书写带来了另一个层面的意识上的变化。随着贸易网络的发展，世界已经开始变得全球化，它驱使资本及其机械唯物主义"奔走于全球各地，它必须到处落户，到处开发，到处建立联系"（Marx & Engels，1975：34）。人类历史上第一次，这个世界被看作是单一的、有序的、可控的和可占有的。这意味着，我们的自我意识，原先存在于一个被严格限定的社会和地理情境之中，此时向着这个更大的世界打开。不断增长的识字人群可以"阅读"这个世界，而商贸人群这个不断发展着的流动群体则可以亲身经验它。相应地，古代所固有的地区性意识被拓展，新的民族共同体意识开始出现；此外，比我们普遍认为的更早一些，最初的系统性的全球化进程，使得识字者和流动人群产生了罗兰·罗伯逊（Roland Robertson）所说的"世界已被压缩和世界是一个整体的强烈意识"（1992：8）。

简而言之，正如我们从杰尼斯和翁那里所知，书写技术使我们成为一个具有阐释能力的物种。书写再结构着我们的意识，并且使我们具有自我意识。对于杰尼斯而言，通过在可携带、可扩散的媒介上的刻印，书写使权威外在化，并由此统一了二分心智。作为读写行为所带来的"技术内化"的结果，在我们头脑中命令着我们的权威声音在我们与自己的对话中逐渐减弱，最终变成了（如翁所说的）我们自己的声音（Ong，1982：83）。因为书写技术的“内化过程”，因为书写成为交流的最基本方式，它也成为我们的“第二本性”（83）。实际上，正是由于书写如此根本、如此自然，人们一代又一代浸润其中，于是不再觉得它是一种技术，它的影响被遮蔽，我们对它知之甚少。正是我们所见，这对我们与时间和时间性的关系产生了巨大的影响。通过书写行为，我们开始在时间和空间中延伸自身，借用翁的术语，“技术化的语词”变成了斯蒂格勒所说的“外部化的思想”。由此开始，书写行为以及人们所书写的世界被赋予了时间——它由“嵌入身体和自然环境之中的时间”所决定，人的手眼运动的能力（及其局限）规定了“自然的”和最基础的时间。当然，包含于日益精细化的和技术化的书写中的思想，也带来了技术本身的不断精细化，这又推动了经济和社会的组织化与理性化。这个世界反过来又作用于它的创造者们，它使我们得到延伸，离开旧世界，进入新世界。同时，通过麦克卢汉所说的“截除”过程，它带着我们不断远离由我们这个物种以及我们的内在局限性所决定的原有的时间节奏。

在人类历史的大多数时候，我们对这一进程即使不是全然无知，但也从未曾将其视作一个问题。实际上，如果从积极的方面看，科学和现代性的世界，它所带来的和可能实现的一切，自有其益处。启蒙思想以及与之相伴随的资本主义和工业革命，将这一长期的历史进程推动至一个全新的、充满活力的阶段。钟表节奏所体现的精确的、线性的和技术的时间，凸显了现代性过程。再一次，人类在一个特定的技术语境中蓬勃发展。在机器时间之内，机器驱动的世界以稳定的步伐，朝着看上去有序的、可计划的和可控制的未来持续前进。此外，我们的身体似乎多少也与这些时间保持了同步，尽管我们所固有的一切都在不断地化为乌有，但这仍被认为是一种进步。

在21世纪开始的第二个10年中，我们与技术在时间上的关系抵达了极限。钟表时间在过去的200多年中塑造了我们机械化的生活节奏，我们（或多或少）在认知上与它的要求保持同步，但如今它正在被我所说的基于计算机的“网络时间”所取代，后者与生俱来具有加速性，而它的速度限制何在，我们无从知晓。尽管如此，网络时间已经将我们带至一个去同步化的临界点，一个在时间上出现断裂的临界点，我们发现越来越无法跟上它的认知要求，同时，我们试图跟上的努力催生了新的、难以捉摸的时间关系。机器被数码取代，我们所发展起来的、作为现代性组成部分的在读写方面的各种认知能力，被**一种慢性认知分散**所取代。在更为细致地探究这种慢性注意力分散之前，我们先要理解资本主义的时间逻辑，以及它的激进演化过程。

3

今天一切都是过度的

无论好坏,欧洲启蒙运动**正是**现代世界的历史发展的关键节点,实际上,它构建了现代性自身。在这颗星球上的几乎所有区域,以及在我们生活的几乎所有方面,我们今天所见的这个世界的诸多社会形式都能够以某种方式回溯至启蒙思想,都可以被看作是启蒙时期的激情、活力和自信所带来的实际影响。它是人类历史上的一件大事。特里·伊格尔顿(Terry Eagleton)[①]说:"自由启蒙是一个令人激动的解放的故事,它的遗产超越了它的代价。"(2009: 58)但是,它在根本上"解放"了什么? 通常这个问题不会耽误我们太久,我们都知道它的答案。比方说,这一解放包括政治和宗教两个方面,而这两方面又常常合而为一;启蒙运动同时还是人类精神的革命,印刷术革命及其机器化大生产的产品——报纸、杂志、书籍、宣传小册子等的传播,使之成为可能。例如,曾和卢梭等人就"社会契约"展开过讨论,就社会公众应如何被治理进行过沉思的大卫·休谟,在大学时通过对哲学的阅读,抛弃了他的宗教信仰(Buchan,2003: 77)。休谟以他的怀疑主义或者(用他自己带有嘲弄意味的话来说)"学识的疾病",直接观照生活的每一个方面,并对过去的陈腐观念和不言自明的假设展开诘问。它打开了越来越多人的心智,使他们重新审视这个世界,使他们相信通过新的知识形式,世界将会发生改变,以使此时此处的人们和子孙后代获益无穷。

而通常不易被意识到的是,通过纸张上的特定语词的书写,怀疑主义的精神力量还带来了另一种形式的解放:人类与时间的关系的解放。受到教会的影响,处于前工业时代的欧洲社会的大多数人认为时间是无穷尽的,它不断伸展,走向人类无法想象的永恒之境,它完全归属于上帝。你蒙主恩赐,在地球上度过一生,但是在某一天,你将会面对你的造物主,他会根据你一生中的所作所为,来决定你如无尽时间般不断延伸的将来是在天堂还是在地狱度过。怀疑论的世俗主义将这一基于宗教恐惧的时间观彻底抛弃,在一种更为理性的情境中探寻时间的本质,使之能够被所有人理解(也更易于想象),无论他是否具备学识。现

① 特里·伊格尔顿(1943—),英国文艺理论家、文学评论家,西方马克思主义的代表人物之一。——译者注

在，时间越来越被理解为“生命时间”。如何度过“生命时间”，以及在启蒙运动时间解放的背景下，如何度过个体有限的时间跨度，这些问题开始变得越来越重要。在一个不断发展的物质世界中，时间开始具有物质性，尤其是被叠加上了机械钟表所带来的时间秩序。

不过，对于时间解放的思想，还需要进一步界定。理性和逻辑的世俗幽灵强烈认为，时间作为尘世间的财产，必须被用于当下。理性和逻辑还要求世界的时间（时钟）和个体的时间（越来越被时钟所决定）应当被**有效率地**使用。马克斯·韦伯的经典著作《新教伦理与资本主义精神》（*The Protestant Ethic and the Spirit of Capitalism*）讨论了新兴的资本主义精神与新教改革中出现的基督教思想之间的联系。在这本书中，他对上述时间问题做出了精辟的论述。并非首次，基督教显示出它对变化着的社会、政治和经济语境的调节适应能力。至少在新教思想中和在以新教为主的地区（如英国），对时间的有效利用和努力工作、严格守时、勤俭朴素这样的“伦理”紧密地绑定在一起（Weber，2003：58）。在对本杰明·富兰克林的格言①的分析中，韦伯清晰地表明了资本主义精神是如何与时间和金钱产生世俗上的联系的——最强有力的联系方式是不仅仅要求“有效率地”使用时间以使某人的财富得到增加，还要求使用时间来赞美上帝。正如韦伯所写道的：

> 因而，浪费时间是万恶之首，在原则上不可饶恕……社交、闲聊、享乐，甚至超过健康所需的睡眠（每天最多 6 至 8 小时），这些都应受到道德上的谴责……（时间）无价，每段时间的失去，都是为上帝之荣耀而劳作的损失。（2003：158）

这种世俗的精神偷偷地戴上了一副形而上学的面具，以一种全新的和“现代的”方式进行奴役、支配和操控。神学因此在教义上产生了另一次变形，那些将新生的资本主义看作是野蛮的和非基督的，对它的冲击唯恐避之不及的人，在加尔文（John Calvin）②、诺克斯（John Knox）③、闵采尔（Thomas Münzer）④、路德

---

① 指富兰克林所说的“时间就是金钱”。——译者注

② 约翰·加尔文（1509—1564），法国神学家、宗教改革家，新教的重要派别加尔文教派的创始人。——译者注

③ 约翰·诺克斯（1505—1572），英国著名宗教改革领袖，苏格兰长老会创始人。于 1540 年改信新教，曾在加尔文门下受教，被称为“清教主义的创始人”。——译者注

④ 托马斯·闵采尔（1489—1525），德意志平民宗教改革家。早期宗教思想受马丁·路德影响，但后期越来越趋向激进，并参与和领导过德意志的农民战争。——译者注

(Martin Luther)①等人以及后来慢慢及至整个基督教世界的称颂祈祷声中,开始将大工业和它所带来的可怕而猛烈的社会剧变视为(降临得稍晚一些的)上帝的**恩赐**。

对时间的计算,再也不会像从前一样了。同时,时间成为抽象的马达,它为**真正的**马达的出现创造了技术上的需求,而后者驱动了机器化与工业化的发展,并反过来推动社会以从未料想过的速度发展。资本主义、启蒙理性和对宗教信仰全新的(现代的)理解相互交织,而时间正处于它们的交汇点上,由此我们看到了一种动态的历史观的出现,物质的和抽象的时间经历成为人们广泛经验的一个部分。正如莱因哈特·科塞雷克(Reinhardt Koselleck)所说,这是一个上述社会力量和世俗力量开始融合的时期,同时也是“历史时间化的时期,最终,我们将这一加速的时期称作现代化”(2004: 11)。很快我们就要去检视这一加速时期的确切机制,并获得对现代历史实际驱动力量的理解。不过,这个我们今天称作“现代化”的加速时期,是如何表现在人们的生活之中的呢?换言之,人们是如何理解和经验他们生命中这个全新的时间化历程的呢?

时间飞逝,令人沮丧。

——歌德(1848)

在处于工业化进程中的欧洲,那些重要的启蒙哲学家们对于地球上的生命所面对的物质和社会的时间,看法并不尽相同。例如,所谓的“苏格兰启蒙运动”——其中改变世界的重要人物有政治科学领域的大卫·休谟、亚当·弗格森(Adam Ferguson)和政治经济学领域的亚当·斯密——认为,一个理性而现代的社会在时间方面的顶峰就是钟表时间,在这样的社会中,秩序、时效、可预测性等构建了世界进步的基石。实际上,在18世纪大约最后25年中,新型工厂不断建设,遍布各地。众所周知,亚当·斯密就在他的《国富论》中,从所谓的“劳工分工”能够带来的令人惊异的生产效率和利润的角度,研究了基于时间的机器对于其所关注的财富的实际产量的影响(Smith, [1776]2003)。这种秩序化的、机械化的观点,与稍晚一些出现的、有机会对发展中的理性-工业社会作出更多深入思考的人们的思想,形成了十分尖锐的对比。其中,一个重要的人物就是德国诗人、小说家、剧作家和自然哲学家约翰·沃尔夫冈·冯·歌德(Johann

① 马丁·路德(1483—1546),16世纪欧洲宗教改革的倡导者,基督教新教路德宗创始人。——译者注

Wolfgang von Goethe，1749—1832）。

19世纪前半叶，德国（或者说后来在1870年组成德国的那些地区）几乎与英国完全同步地推进它的工业化进程。其中一个突出标志是铁路的建造，它被认为在基础设施方面推动了德意志统一。事实上，这意味着像英国和法国一样，德国也在经历着巨大的社会和技术变革，并最终使欧洲成为"世界的动力车间"（Davies，1997：759－896）。作为一位艺术家和"自然哲学家"（这是一个在"科学"这个干巴巴的附属物流行起来之前所使用的术语），歌德在18世纪晚期开始的"狂飙突进运动"①中充分展现了他的艺术才华。狂飙突进运动对启蒙思想中明显占据支配性地位的理性思想（如在不列颠地区），旗帜鲜明地提出反对。它与艺术领域的另一项运动——浪漫主义运动——交光互影，后者同样是在回应工业化和理性化的过程中发展起来的。在对启蒙思想的拒斥中，通过其诗歌、绘画、文学和音乐作品，狂飙突进运动和浪漫主义运动均强调个体的主观性和唯情性，认为它们才是人类情境的真实表达和人类经验的真正本质。情感主义（emotionalism）以其高度的敏感性呼唤自由的社会和自然，像歌德这样的艺术家们努力通过他们"敏感"的艺术作品，展现这个世界的真实面貌。

在人们的普遍"感知"中，由工业化所带来的社会激进变革是令人激动的和进步的，从中体现出英国式的理性主义和经验主义的强大力量——它主导了新的工业化生产过程的前沿浪潮。然而，歌德所体现出的反启蒙的"敏感性"（它同样出现在英国作家拜伦和雪莱的作品中），使我们看到了完全不同的进程，感觉到了完全不同的情感。在他的自传中，当写到与"挚爱"共度时光时，歌德充分体现出一个艺术家对时间的实际经验的敏感性，他认为（或感觉到）"挚爱的出现，总是会让时光变得短暂"（2009：42）。这种感受（以及我们今天对它的回味思考）表明，对启蒙运动时期的一些著名人物来说，工业化和资本主义的建制化正在对社会时间过程产生现实的影响——不仅基于钟表时间的商业活动熙来攘往，使人的生活越来越忙碌，同时，人们的生命也在不断地**加速**。

出于他极具智慧和创造力的杰出才情，歌德非常敏锐地察觉到正在改变欧洲经济、文化和社会的工业化和资本主义所带来的变化，哪怕是那些深藏其中、极其微小的部分。诺曼·戴维斯（Norman Davies）认为，歌德是最后的"全才"或天才般的博学者，他广泛地涉猎艺术和科学。"广泛涉猎"曾被认为是文艺复兴时期的一个特质，但新生代的"专家"们与生俱来地对单一维度知识的追求削

---

① 狂飙突进运动，指18世纪后期在德国文学和音乐创作领域出现的一次变革运动，是文艺形式从古典主义向浪漫主义过渡的阶段。狂飙突进运动在文学领域的代表人物是歌德和席勒。——译者注

弱了这一特质。这些专家服务于启蒙思想的理性计算的功能性需求,同时他们狭隘地认为钟表即代表了时间。戴维斯写道:“歌德……不仅仅是一位民族诗人,他还是一位奥林匹斯山诸神式的人物,他横越了几乎所有智识领域。他对于不同知识类型的擅长,他**对这个快速变化的世界的清醒意识**①……使得他可以被称作最后一个‘全才’。”(1997: 786)我们后面会对“思想的单一维度”进行讨论,不过在此还是让我们对歌德思想中的“敏感性”再度探究一番,因为它触及资本主义的核心本质,触及这种本质如何催生了加速逻辑,并进而推动社会过程超越了单一的钟表速度。在1826年6月6日写给朋友卡尔·弗雷德里希·策尔特(Karl Friedrich Zelter)②的信中,歌德伤感地写道:

> ……但是亲爱的朋友,今天一切都是过度的,一切都在无休止地超越思想和行动。没有人再了解他自身,没有人理解他活动和工作的环境,没有人注意他正遭遇的对待……年轻人兴奋得太早,在时间的漩涡中失去自我控制。**财富和速度**③是这个世界所推崇的东西,每个人都竭尽全力想要获得。(Coleridge,1887: 246)

在这封信中,歌德继续阐述了他对于旧时代逝去、新时代到来的看法——这个拥有快速传播方式和全新时间经验的新时代,削弱了过去时代的价值,为“后全才时代”的人们规定了当下的最新样态:

> 铁路、快速邮政、蒸汽轮船,以及所有可能的交通设施,是我们在这个受到良好教育的社会中所见到的东西,它过度教育自身,因而持续处于一种平庸状态……恰当地说,这是一个属于肩膀上扛着脑袋的人④的世纪,是拥有快速理解能力、讲求实际的人的世纪,因为他们有着一些小聪明,觉得自己高人一等,即使他们可能并不拥有最高的才能。

在给策尔特的信的最后,歌德为他觉得已经逐渐凋零、无可挽回的黄金时

---

①③ 粗体为本书作者所加。

② 卡尔·弗雷德里希·策尔特(1785—1832),德国作曲家、指挥家和音乐教师。他与歌德保持着长期的友谊,曾为歌德的诗歌谱曲。策尔特一生创造了大约200首艺术歌曲、清唱歌剧和中提琴协奏曲等。——译者注

④ 指有思考能力的普通人。——译者注

代①献上了一曲挽歌：

> 尽可能地，让我们保存我们来到此处时所持有的精神吧；我们，也许还有其他一些人，应该是一个时代的最后一批人了，那个时代短期内不会再归来了。

对于深藏于现代理性和现代工业之下的时间上的细微难辨的变化，歌德所用的原始现象学的方法将会于 20 世纪早期在胡塞尔（Husserl）和柏格森（Bergson）的理论中再度归来。然而在此之前，大约在 18 世纪中期，歌德在悲观中想要努力去理解的、驱使着处于工业化进程中的人们“活动和工作”的“要素”，却被卡尔·马克思所揭示，这多少带有一点讽刺意味。之所以说“带有讽刺意味”，是因为马克思所用的分析工具恰恰是启蒙运动的思想成果——政治经济学、理性和市场机制，对于歌德源于文艺复兴的精细和谐的敏感性而言，所有这些都是面目可憎的。

固有的一切都烟消云散②

“计时工资”是马克思《资本论》第 20 章的标题。在这一章中，马克思对本杰明·富兰克林所说的“时间就是金钱”的社会过程予以揭示。时间可以变成金钱，反之亦然，但这是如何实现的？在普遍感受上笼统地看，不管是作为雇员或是雇主，处于货币经济中的大多数人会认为这句话是正确的。“如果今天我不出去工作，我就会损失多少多少报酬”，或是另一端——“如果我的雇员们一整天都在偷懒，什么也不做，这就是在浪费我的金钱”，这样的想法很容易理解，在日常生活中也不会有什么争议。但是，到底是什么长久以来造就了这样的生活事实？在超越我们个体时间经验的更广泛的意义上，这意味着什么？或者换句话说，在**历史的-时间的**意义上，意味着什么？

为你的工作付酬，就是在为你的时间付酬。劳工出卖时间，雇主购买劳工的时间。但为使这一过程生效，劳工、雇主——或者更宽泛地说是整个社会——必须对是什么构建了时间有着特定的认识。资本主义背后的时间，失去了其经验形式和社会形式，这正是马克思向我们所揭示的。于是，它与牛顿式的时间观念相一致，以钟表时间的形式再现出来。此外，作为为市场交换而进行的劳动和生

① 指欧洲文艺复兴时期。——译者注

② “All that is solid melts into air”出自马克思和恩格斯的《共产党宣言》。——译者注

产的一部分,资本主义工厂系统中的时间变成了一种**抽象的交换价值**,必须将其与生产出来的实际商品的使用价值区分开来。被生产出来的大量商品,比如一双鞋子、一部 iPod 或一张椅子,因其所属情境不同以及内在固有的差别,具有各自的使用价值。然而,如果要出于金钱目的而进行交换,它们就需要有一种独立于具体应用情境、普遍适用的抽象价值来作为中介。**时间就是这样一种共同价值**,通过它,全球的商品就能够被估值和进行交换(Adam,2004: 38)。

在《政治经济学批判大纲》中,马克思如此表述这一过程:

> 每一件商品(生产出的产品或器具)=特定数量的劳动时间的客体化。它们的价值(体现于它们与其他商品相互进行交换的关系中)=包含于它们之中的被认识到的劳动时间的数量。

芭芭拉·亚当对这一过程作了很好的概括。她写道:"时间是去语境化的、非情境化的抽象的交换价值,它允许工作被转换为金钱……只有作为一种抽象的标准化单位,时间才能成为一种交换的中介,成为一种计算效率和利润的中立的价值。"(Adam,2004: 38-39)正是在这样的联系中,"时间就是金钱"的逻辑不仅仅是对"世界是怎样"的默识领会,更表达出资本主义和现代性赖以建立的"时间"与"金钱"之间的密切关联。同时,它也是我们理解钟表时间的关键,即钟表时间为何会成为现代生活的组织原则,并且随着资本主义的不断扩散及其对经济、文化、社会的影响的不断加深而愈发如此?

马克思解释了现代工业社会中时间的功能,但我们必须记住,这个时间是钟表的时间,是轮班工作和用餐的时间,是周末休息的时间等。这些都是机械时间的组成部分,它们以统一的标准(1 小时永远是 60 分钟)被切分出来,因此能够被精确计算。这并没有解释**加速**。时钟滴答,是在以单一的、不变的速度运转,它怎么会越走越快呢?在此需要检视的是技术的发展,以及这样一个事实:机器比人类的肌肉和大脑运转得更快,也更为持久。但这提出了一个问题:技术为何会发展呢?在人类历史中的许多时候,技术的发展具有偶然性,或者更普遍地说,具有创新性的智慧火花在偶然间满足了人类繁杂多样的急迫需求,技术由此得到发展。例如,古代社会中的人们(在某个特定的阶段)开始注意到沉重的圆形石头具有扁平状石头所没有的一些特性——他们可以通过滚动而将圆形石头更为轻松地移动至远处。正是我们这种对所处环境施加影响并解决问题的能力,使轮子的发明成为可能。而当通过车厢与马匹相连时,轮子才发挥了它的真正潜能,然而实现这一连接花费了人类数千年的时间。虽然在不断演化,但马匹与车厢相连接的形式在根本上没有大的变化，直到相对晚近的时期。这里的关键点是，在历史中的大多数时候，技术的发展是缓慢的、非组织化的、零散的、依赖于情境的，它源于可以察觉得到的特定需求和可以确定的特定机遇。综上所述，变革的速度无法以任何理性的方式来进行衡量，也不遵从任何理性-时间的逻辑。

随着工业革命的降临，技术发展的特定过程发生了转变（革命），并被制度化。确实，欧洲开始了工业化进程，但什么才是（同时至今仍是）这一重大革命的引擎？答案只有一个词——**竞争**。资本主义的力量和动力源于这样一个事实：雇主永远不会停下来，无论他的生意多么成功，无论他的市场份额多么巨大，无论他投入使用的设备具有多么高的科技水平。再一次，这一点明确无疑，它源于这样一个我们极少考虑到的事实：**如果某个产品或某项服务被认为是成功的，那么其他人（竞争者们）就会去尽力模仿这一成功**。从自由市场自由主义的角度上讲，个体有权利去这么做。当然，当苹果公司或索尼公司生产出某一款新产品时，竞争者不能简单地复制它并以更为低廉的价格出售。竞争者们面临的挑战是以更低的成本生产出更好的类似产品，不管它是笔记本电脑、手机、软件应用，还是其他任何人们会去购买的东西。雇主们**必须去做的**就是**投入资本**，以设法将现有的产品做得更好，或是同时开发新的产品。更为优越的科技，尤其是在生产领域（不过在服务领域也是同样如此），使得资本家们能够在市场竞争中暂时获得优势（Hassan，2010）。而其他想要在竞争中挣扎求存的生产者们，也同样需要在生产过程中加大对机器和生产效率的投入，以求更快、更经济地提供产品。正是这种永无止境的竞争所形成的动力，赋予了工业革命以马克思和恩格斯所说的让“固有的一切都烟消云散”的巨大力量，它使得一切都无法长期保持静止状态。无所不在的、被整个社会所接受的自由市场竞争，使得技术的发展不再是机遇式的、偶发的，不再依赖于多样化的社会语境，取而代之的是它将技术变迁（如社会时间）置于一种抽象过程之中，即技术按其自身冷酷无情的逻辑而演进发展。要证明这一点，我们只需思考一下核武器在20世纪40年代的发展即可。如果完全从理性出发，个人和社会或许可以对这种恐怖武器所可能带来的可预期的（以及不可预期的）严重后果进行审慎思考，从而避免它的发明。但是，那个时期军备竞赛和经济竞争的致命结合，使这种人类所能设想的最具毁灭性的能量武器的出现最终变得不可避免。正如哲学家雅克·埃吕尔（Jacques Ellul）在《技术社会》（*The Technological Society*）中所说的那样，“技术业已具有自治性；它塑造了一个无所不包的世界，它遵循着自己的法则，它抛弃了所有的传统”（1964：14）。正是资本主义竞争，赋予技术以自治性。

是的，资本主义和工业革命，以及它们的必然产物——启蒙思想，按照高度组织化的钟表节奏运转。是的，在过去的那段时光中，生活的的确确在加速，就像歌德在写给策尔特的信中以浪漫主义式的悲伤所哀叹的那样。然而，我们必须承认，歌德所经验的“过度”快速，对于今天的我们而言却是那么缓慢。资本主义理性和钟表时间使得对生活的组织与安排成为可能，为社会节律设定了步调与节奏——这些是歌德在19世纪早期举目四顾并对工业的扩散进行思考时，所不曾预料到的。但是，歌德以及其后几代人所经验的，都还不是无限制与无约束的加速过程，直到极其晚近的当下。正如我们所见，这种加速过程是伴随着网络社会的崛起和我所说的“网络时间”的出现而到来的。对于我们而言，理解这些技术化的时间形式为何会有不同，以及它们如何以不同的时间速度产生出不同的社会，是最为重要的。而理解这些的关键，是要把与时间不可分割的另一要素——空间，纳入考量之中。

当工业革命和时间意识的钟表化转变肇始之时，由竞争所驱动的这一系统的不断发展意味着技术逻辑在地理空间之内——以及跨越地理空间——的不断扩散。这一点无疑是显而易见的，但是，如果我们从时间角度进行思考，它意味着什么呢？从这个角度看，我们首先可以意识到的是，资本主义和钟表时间意识的扩散，其过程既非不紧不慢，亦非迅疾猛烈，同时也不是在所有方面同步展开的。此外，“距离的暴政”——这是澳大利亚历史学家杰弗里·布莱尼(Geoffrey Blainey)在另一个语境中提出的概念——始终发挥着“延缓”资本主义的扩散、赋予其发展以特定历史和时间形式的作用。其次，资本主义自身倾向于具有地理上的稳定性，这给它的扩散带来了某种形式的阻力，并导致了特定的历史扩散进程和速度——这二者都在钟表速度中被控制、管理和组织。下面就让我们依次检视这两个方面。

现今已经有大量的文献集中分析了19世纪传播技术(如电报和铁路)所带来的冲击——它们以一种激进的方式“压缩”了时间和空间，并产生了巨大的社会和经济影响(Kern，1983；Whitrow，1988)。确实，对于此类传播技术在形塑现代社会方面所产生的革命性力量，我们已经说得非常多了。但是，正如杰里米·斯坦(Jeremy Stein)所说，速度对于社会的影响通常被夸大了。他在对相关文献的回顾中认为，“那些对于时空压缩的阐述，其基础通常是(当时)享有特殊地位的社会观察者们的言说，因而是精英主义的”(2001：107)。我想，如果能从这一视角去观照歌德的经验，或许会有所发现。斯坦认为，对于大多数人而言(即对于那些居住在歌德家附近街角的德国人而言)，在第一列火车呼啸而过或是注意到城里开设了第一家电报局之后，他们的生活其实和之前没有什么大的不同。新技术所带来的社会变化是渐进的，而不是“过度”快速的。之所以如此，是因为火车、电报或是蒸汽轮船之类的新技术的最初使用者，是那些处于工业化社会的较高层级的人，这些“早期采纳者”看到了新技术给他们的日常事务所能带来的功用、优势和收益。斯坦坚信，为使分析更加“细致”，研究者应该深入更为广泛的不同社会阶层的记录之中，去理解大多数人对于时空压缩的经验。斯坦自己的研究集中关注19世纪晚期加拿大安大略省的纺织之城康沃尔。他的阐释建立在相关地方文献（如报纸、地方议会记录、旅游介绍等）的基础之上，对流行的“精英主义”视角做了有益的修正。斯坦扎入这些记录的大量细节之中，不过简而言之，他的观点是：尽管新的传播技术具有根本性的影响并确实带来了巨大变化，但这种变化的时间历程（在康沃尔这样的具有代表性的城镇）要比通常所认为的**漫长许多**。斯坦发现，时空压缩的确发生了，但它是一种“演化性的而非革命性的”过程，同时，尽管“变化所带来的影响被广泛地察觉，但富裕的社会观察者们最有能力利用这些变化”（2001：119）。换言之，“时空压缩”（如果允许使用这一多少有悖于直觉的比喻）像涟漪一般在空间中扩散出去，通过克服起到滞碍作用的一系列阻力，如阶级、地域、文化、政治乃至根深蒂固的习俗等，以一种特定的、依赖于情境的方式将时间变化**伸展**开来，从而将其影响施加于时间经验之上。

第二个方面——地理上的“稳定性”，也同样重要。在著作《资本的限度》（*The Limits to Capital*）中——该书在1983年首次出版后令人遗憾地没有得到应有的重视，大卫·哈维对于资本主义扩散的本质为我们提供了极有价值的洞见。以马克思《政治经济学批判大纲》和《资本论》为基础，哈维提出了地理空间和钟表时间维度上的**资本累积**理论。对于哈维而言，累积过程是理解资本主义固有发展进程，尤其是其空间拓展和时间加速过程的关键。竞争除了将时间从社会—生产过程中抽离出来以外，还发挥着其他作用。至少在亚当·斯密的时期之后，人们普遍认为竞争产生财富（或者借用马克思更为抽象的概念，叫“资本积累”）。不管我们如何叫它，这一过程确实听起来是件好事。难道不是这样吗？创造财富何错之有？但是，如果我们像马克思和哈维一样，将时间和空间要素纳入分析之中，就会发现其中存在着一个极其巨大且致命的矛盾。

我们已经看到，资本不会停下来休息。受到竞争刺激的资本必然会像马克思和恩格斯在《共产党宣言》中所写的那样，“到处落户，到处开发，到处建立联系……”（Marx & Engels，1975：38）然而，驱动这一切的力量并非仅仅来源于竞争，它还源于资本累积的自身特性。哈维在《资本的限度》中向我们揭示，当累积在特定地理区域中开始之时，除非能够持续寻找到盈利渠道，否则就会出现“过度累积”（有过多的闲置资本）的问题，如此利润率就会开始下降（Harvey，2006[1983]：412-445）。这一法则无论是对个别资本还是对整个资本系统都同样适用。物质财富的过剩(以汽车、食品、书籍或是其他任何商品的滞销为表现形式)意味着资本无法以交换价值的形式完成“变现”,因而利润出现下滑,资本自身也开始贬值。对于资本及其累积过程出现的这一问题,有两个解决方案。第一种是时空方面的,而第二种则更为极端激烈,不过正如我们将要见到的,这两种“解决方案”我们都很熟悉。在空间方面,资本一如既往地遵循其内在逻辑,在地理空间中不断拓展,去寻找更多的原材料来源、更多的潜在市场和更多的廉价劳力。哈维将之称作“空间修复”,它可以暂时缓解资本所遭受到的利润率下降的影响(2006[1983]:427)。而在时间方面,过剩的资本被投入到能够有效提高竞争效率的方式与手段上,正如我们在前面所说的,在传统上主要是进行生产过程的创新(通过技术来修复),以减少人力成本和提高生产效率。应对过度累积和利润率下降的第二种方式是:货币贬值。这是另一个被刻意回避的马克思主义经济学概念,因为它意味着倒闭、衰退、萧条,或是暴跌。当这一切发生时,无论是在微观层面还是在宏观层面,其影响都是相同的——资本损失其价值,同时,过度累积的问题在一段时间内得到事实上的缓解或就此消失。这种“解决方案”会引发巨大的人类苦难,但在整个(资本主义)系统的财富账本上,不会记上这些苦难。

当然,自资本主义系统发端之时,地理拓展和货币贬值就一直在持续发生,无论是在大尺度上,还是在特定的商业企业的层面上。它们一直在共同发挥着作用,使得资本主义无论是处于向外拓展的黄金时期,还是在周期性的危机时刻,都能够持续运转,或是重新开始资本累积。但正如其标题所显示的那样,哈维的这本专著的深刻洞见在于,它指出了这一过程有其外部**限度**。马克思提出,随着工人阶级自我意识的不断成长,资本逻辑正在为自己挖掘坟墓。这种在马克思看来不可避免地要走向政治化的阶级意识,将成为共产主义革命的前兆。不过,从其地理学家的专业视角出发,哈维对马克思的分析进行了重新思考,这使他提出了一个全然不同的预言。哈维认为,资本的首要需求——“到处落户,到处开发,到处建立联系……”有其地理限度。在我们这颗不大的星球上,所谓的“到处”只有那么一些有限的地方。大约三个世纪以来,资本以一种进两步退一步的进程在宏观尺度上进行着拓展和再拓展,遭遇贬值和冲突的周期性危机,之后再次拓展。然而,在经历了第二次世界大战后几十年间的激增式拓展之后,资本累积的危机不断增加,已然到达其空间“限度”,对于资本而言,已经没有处女地或能够轻易进入的地理空间可以任其开拓、攫取利益。换言之,至20世纪70年代,这颗星球已经完全被资本和资本逻辑所殖民。当然,也有显著的例外,例如中国和华沙条约国家,它们处于资本的常规“线路”之外。但这些国家只是少数。到了20世纪70年代，借由“丰田主义”（Toyotaism）和“即时制度”（just in time）①生产方式所激发的巨大活力和极强竞争力，日本正在成为一支重要的经济力量，大举侵入西方市场，并且在生产效率和盈利能力上不断超越西方水平。欧洲大陆在经历了战争浩劫之后，此时已基本完成重建，凭借其累积能力，欧洲的经济正趋于成熟。亚洲经济之“虎”们正在崛起，巴西、阿根廷、墨西哥等国家也是如此。相应地，英语国家经济体——北美、英国和澳大利亚等，只是在几近完成的全球资本主义的拼图中，占有较多的拼块罢了。简言之，资本蔓延全球，它仍在以不可避免之势不断伸展开拓，在不断缩小的实际地理空间中寻求一切可能的获利渠道。

这一固有的矛盾在20世纪60年代已经初见端倪。当时西方经济体的利润率开始出现下降，工业中过度累积的危机正在酝酿——主要集中在船舶制造业、加工制造业、工程业等行业，这些都是战后福特主义生产模式中的支柱性产业（Glyn，1990）。另外，过度累积危机的积蓄，应被置于战后大多数发达经济体的**累积机制**的语境中加以检视。在这些国家，政府管理和政府参与普遍存在且影响重大，决定与支配着经济生活（Agietta，1979）。当资本主义经济体所谓的“调节”延缓和束缚了资本（以一切可能的手段）向着有利可图之处自由流动的“自然本性”之时，对传统资本主义在传统空间和时间中的“限度”进行分析考量，就必然是无可避免的。这里使用“传统”一词，是经过深思熟虑的。传统资本主义和传统的时空概念，已经无法满足资本追逐利润率、开拓处女地和重启累积进程的任务需求。至70年代后期，资本的空间拓展已经到达极限，而资本的速度——17世纪以来那种由钟表所控制的、基于机器的速度，在不断发展的、激烈的全球竞争的语境中，也已经显得不够快速。那个时代深重的经济危机，无论是对于国家经济，还是对于个体的商业组织，又或是对于大量的工人们而言，都极其难捱。70年代是发达资本主义的一个分水岭，它进入一个新的阶段——系统性发端于19世纪的生产和累积形式最终在空间和时间上已完全

① “即时制度”为“丰田主义”的重要组成部分之一。20世纪70年代，在日本经济发展的过程中，作为日本代表性企业的丰田公司，在学习美国福特公司生产管理制度（“福特主义”）的同时，意识到“福特主义”的生硬僵化，并在此基础上进行改善与革新。“丰田主义”的主要内容包括：其一，打破福特体制下企业内部的僵化关系，鼓励工人、技术人员与管理者之间的全面交流，形成了圆桌式的交流关系，发现问题立即解决。其二，提出成本管理的全新概念——精益生产理论，这是“丰田主义”的一大创新。精益生产理论的核心理念是，生产的主要目标是减少所有不能增加产品最终价值的间接劳动形式，包括监督活动、质量控制、维护工作和清理工作等。其三，制定并推行“即时制度”，这可以被视作“精益生产”体系的一个有机组成部分，又被称作“无库存生产方式”，即将自身仓储成本控制在最低水平，对原材料、零配件几乎都是按生产需要即时进货，从企业外部随用随进。——译者注

发展成熟,而这种成熟如今开始成为阻碍进一步发展的坚硬外壳(Benton,2001)。回顾那个年代可以发现,革命的情境已经发生了变化,变得与旧有的马克思主义公式正好相反:统治阶级**不再准备**,而被统治阶级则是**无法再**沿着原有的路径走下去。

资本主义与自由

英国最早开始其工业化之路,因而从逻辑上讲,英国经济是会最先成熟并进而遭遇危机的。其他主要的欧洲经济体落后得并不太远,但是英国的经济政治力量格局使得它(强迫它)成为寻求解决方案的先锋,这一方案将使其走向“后工业”时代。毫无疑问,大企业、工会组织和政府自身都广泛地意识到累积上所出现的问题——它表现为利润下滑以及英国的工业在很大程度上缺乏竞争力。事实上,通过所谓的“战后共识”①,这三股力量极大地影响了英国经济,决定了总体经济政策的形态、范围和方向。但是,随着政治“共识”所创造出的福特主义经济模式的成熟,20 世纪 70 年代开启了一个经济动荡的时代,这其中的许多现象之前从未出现过。譬如,“滞胀”(stagflation)这一术语进入经济学词典,用以描述以前从未料想过的一个现象:通货膨胀也会困扰着经济停滞不前。资本的过度累积正是这一问题的核心。作为对过度累积/盈利危机的回应,激进工联主义(militant unionism)开始兴起,迫使雇主们提高工资和改进工作条件。这提高了社会支出和工资要求,同时反过来又进一步缩减了已经出现下滑的利润,由此创造了一个负反馈循环(Bello,2006:1347)。滞胀就是其结果,它不仅出现在英国,也程度不等地出现在其他主要工业经济体之中。此外,更为惊人与影响更为广泛的经济事件,是 1973 年的“石油危机”,它直接提高了企业的生产成本,以及亿万工人的生活成本。这些消极过程的不断强化是导致大规模失业的一个重要因素——同样,它不仅仅出现在英国。这一切进一步强化了普遍存在的危机感,人们越来越确信是时候该做些什么了(Beckett,2009)。

问题是经济问题,但“解决方案”则是政治性的,尽管它仍是以一个经济理论的面目出现——新自由主义。自第二次世界大战末期以来,因为若干专著的出版,例如弗雷德里希·冯·哈耶克(Friedrich von Hayek)1945 年出版的《通往奴役之路》(*The Roads to Serfdom*)和米尔顿·弗里德曼(Milton Friedman)首版

① “战后共识”是第二次世界大战后英国政治合作形态的一种模式,主要指两党(工党和保守党)在一系列重大政治经济政策上达成基本一致,包括推进国有化,建立强力的工会组织,以及施行高度的国家调节政策、高税收政策和普遍福利制度等。——译者注

于1962年的《资本主义与自由》(*Capitalism and Freedom*)，流行于大学书斋中的新古典经济学所复兴的那些经典定理，再次引发了人们的高度关注。弗里德曼的著作相对更有启发性，因为他明确清晰地将个体自由的思想与资本主义体系联系起来。弗里德曼认为，只有经济生活是自由的，个人才有可能获得自由。因此，市场的组织方式不应是官僚化的(像苏联那样)，因为这必将导致暴政；经营活动不应被过度调节，因为这会遏制企业家的自由精神；政治生活中政府行为应该保持绝对的最小化；如此等等。该书在刚刚面市时几乎没有引起任何反响，但到了20世纪70年代中期，书中所提出的思想却几乎成为主流认识。因而，当1976年弗里德曼因其经济学方面的成就而获得诺贝尔经济学奖时，一种思想找到了属于它的时间。

自由。弗里德曼、哈耶克和其他人细致周密地阐释了它的抽象意涵，然而，在个体层面上，它仍然是抽象与难以捉摸的。但自由和资本的运作并不抽象。资本在自由市场中自由运作，成为新自由主义的不二箴言。作为一项明确的政治计划，它最早由1979年5月上台的玛格丽特·撒切尔保守党政府在英国开始推动。撒切尔政府虽然是保守党政府，但它并不愿意因循前例①。她的新自由主义，完全是经济、社会、文化和技术革命在政治层面的集中体现。英国新自由主义自由市场计划随着时间的推移不断在全球范围内拓展，程度不同地影响到世界其他地方。它由与**灵活性**思想密切相关的两个部分构成，是对“战后共识”资本主义的呆板僵化的反动。第一个层面的灵活性是，管理者在管理资本主义方面自我赋权。新自由主义反对的一个主要焦点是我在前面刚刚提到的共识模式，这一模式认为政府、组织化的劳工和大型经济体在资本应如何投放、投放在哪里等方面，都具有发言权。在20世纪40年代、50年代及至60年代的战后利益格局下，底线尚未被触及，各方在资本主义的形态和发展方向上并没有大的分歧。而当70年代西方资本主义的底线岌岌可危之时，激烈的阶级斗争便接踵而至，类似“谁最适合掌控经济运行”的问题便被弗里德曼这样的新自由主义者们不断提出。他们认为，当工会和政府在如何组织经济方面也拥有发言权时，资本就是“不自由的”(资本的所有者们也同样不得自由)。此外，70年代的阶级斗争也并非是一场公平的斗争，它其实是两方在共同对付一方：雇主们和政府在一起反对工人组织。整个70年代，以及接下来的10年，资本主义国家的政府

① 此句原文为：Thatcher's government, though Conservative, was not much concerned with conservation。在这里，作者借用conservative、conservation在前缀和词根上的相同，玩了一个语言上的小把戏，意指撒切尔政府并不保守，不再沿袭此前工党和保守党共同遵循的“战后共识”，而是彻底推翻了它。——译者注

们，例如玛格丽特·撒切尔领导的英国保守党政府，以及1980年胜选上台的罗纳德·里根政府及其之后的历届美国政府，都刻意作出政治决定，废止了政府在塑造国家经济方面的积极参与者的作用。这一过程的表面影响是“私有化”，但它的政治动机则是一个比“私有化”重要得多的议题：政府要做的，正如新自由主义理论家们所说的那样，是让市场在经济方面做好它自己的工作。那些抵制这一进程的人，即如今必须挣扎求存的工人们及其组织，他们所日益面对的，一方面是雇主的权势，他们被停工、解雇和恐吓，他们被资本利用“**新**资本主义精神”中出现的机遇更为全面地剥削（Boltanski & Chiapello，2007）；而另一方面，他们还要面对的是已经或正在新自由主义化的政府，这些政府不遗余力地通过立法，力图为投资创造所谓“具有吸引力的商业环境”。到了90年代，资本家们的“灵活性”——他们自主决定在合适的地方和时机进行投资或者撤资，已经几乎完全实现。世界各地政府越来越多地将自己置于“向着底线奔跑”的境地，以求在新的全球化经济中吸引投资（Tonelson，2002）。这种灵活性给首席执行官和企业高管们带来了他们之前从未曾料想过的权力，使他们在一定程度上、在一定范围内可以对政府和劳工组织的领导者们发号施令，这在20世纪是前所未有的。事实上，佩里·安德森（Perry Anderson）在2000年回顾了有关全球化的政治和经济方面的各种设想。他指出，新自由主义作为一种世界观，已然取得了独特的成就：

> 在意识形态方面，从历史的角度看，当下的情境完全是新颖独特的。我们可以这样说，自宗教改革以来，西方思想界第一次不再存在重大的观念对立，即不再有系统性的观点的竞争。（2000：17）

对于第二个方面的灵活性，今天的多数人能够在他们的工作场所以及更为宽泛的生活领域中，察觉到它的存在。这是一种**个人**层面的灵活性，它首先要求在永恒当下的情境中进行市场运作。它是心灵、身体和态度的灵活性，指向工作的本质及其本体论意义。换言之，它是一种理性化的、工具性的灵活性，由此，个体的工人（“工人”一词的集体意涵越来越弱）被要求与新自由主义全球化不可预测和快速流动的经济逻辑相对应并保持同步。当然，这种灵活性源于竞争需求，同时，自20世纪70年代以来，新自由主义理论家、政治家和商业领袖们以几乎毫不掩饰的威胁姿态不断重复着他们的“真言要义”，声称如果个体没有迅速和充分地应对变化着的经济需求，就会有失业之虞。随着劳工组织力量的日渐式微，劳动的时间节奏不再是可预测的和稳定的，而是向着偶然的和流动性的方向转变。在实践层面，这意味着工作在时间和持续时长上的转变。正如朱丽叶·肖尔(Juliet Schor,1991)所揭示的那样，即使是在90年代早期，以往占据主导地位的那种朝九晚五的工作节奏，也已经成为过去式；兼职工作和临时合同出现爆炸性的增长，因为个体化的工人发现他们自己无法或是不愿与雇主(和政府)像开关水龙头那样不断变化的劳动要求相对抗。新自由主义在意识形态上的胜利，使得对于灵活工人的需求在很大程度上无疑仍是当务之急，直到我们所处的当下依然如是。事实上，随着2007年全球经济危机的爆发，在市场和用工方面如何实现更大的"灵活性"成为众多不同论坛的讨论议题，例如在瑞士举办的达沃斯论坛。在这次会议上，英国首相戈登·布朗(Gordon Brown)提醒与会的G20国家成员："我们应坚信我们能够解决这些(经济)问题，我们仍应坚守开放和自由的市场，以及灵活、包容和可持续的全球化的设想。"(VOA News,2009)

"灵活"一词与时间密切相关，虽然这一点很少被人注意到。从表面上看，它(与生俱来地)暗含"效率"的意味——后者被认为是永不止息的竞争力之战中的有力武器。但是，如果不能在岗位上更快地处理工作，不能更为迅速地抓住"机遇"，不能在日常经济关系中展示"急智"，那么所谓"效率"又该从何谈起呢？大卫·哈维在其《后现代性的状况》(*The Condition of Postmodernity*)中充分讨论了后现代性的时空特性。他写道："资本主义更为灵活地运转，凸显了现代生活的新奇快速、转瞬即逝、变动不居和临时偶然。"(Harvey,1989：171)在此，哈维指出，资本的"运转"已经带有后现代的特点，已经走出了战后的福特主义模式，演化出一种他所称的"灵活累积"的模式，此时，速度和加速度成为界定资本主义最近一次迭代的全新特性。在这一转变过程中，钟表时间失去了其对于人类生活和由它所构建起来的工业经济的支配地位。当然，作为人类活动的背景，它依然十分重要：火车、公共汽车和飞机仍然需要严格依据它的尺度来安排班次；而若从稍宽松些的角度看，基于钟表时间的可预期性也仍然在决定着我们日常生活的时间节奏——早餐面包仍在烘焙，报纸杂志仍在按预先设定的时间走下印刷机，学校仍在时钟所显示的某个特定时刻开始上课，博物馆、图书馆和音乐会仍在靠着钟表时间开门(开始)、关门(结束)。

然而与此同时，一个全新的时间世界正在被创造出来，这使得我们在本章中要对我在别处提出的一个概念——"网络时间"(Hassan,2009)——进行一番探究。这是一种全新的时间性，它是社会建构的产物。理解它的源起和本质，是理解当下时代慢性注意力分散的源起和本质的前提。同时，这也将为我们提供关键的智识工具，以寻求方法，减轻或完全"治愈"由我们的注意力分散的生活所导致的病征。

如此完美的最新消息

网络时间是一个过程，它体现于网络社会的动态变化之中。然而，正是有关**网络**的观念和网络的各种属性，为我们提供了将网络时间理解为一种时间形式的基础，即在其抽象层面，每一个比特都是“真实”的，而不是钟表时间。此外，像钟表时间一样，网络时间驱动着人类和人造系统，“调节”着人类的认知过程，并使人类与信息和知识的生产、传播和消费建立起特定的关系。

首先让我们来思考网络的本质和属性。任何网络，无论它是基于铁路、电视台、高速公路还是基于电子计算机，其最根本的特性就是它们都是传播的载体，也就是说，它们允许人们创造并跨越时空分享信息。实际上，其实是网络**创造和分享**着社会时间和空间，任何网络的特殊性都是由创造了它们的技术所赋予并界定的。在此，我并不是认为技术单独决定了网络的本质，从辩证的角度上看，其实是我们创造了我们所使用的工具，同时它们反过来塑造了我们。

为了更清晰地论述这一互动过程，在此我想分析三个通过技术实现网络互连的例子，以显示随着技术联结的日益紧密以及越来越无所不包，空间和时间是如何发生转变的，以及技术决定论的过程是如何变得**愈发显著**的。

在此，你会回忆起我在第 2 章中对所谓“文字共和国”的讨论，它对启蒙思想的关键观念——科学、哲学和民主等，作了概念上的思考与书面上的表达，在当时，这些观念被不断构思设想并付诸实施。它构建起了世界上第一个现代传播网络，思考探究着普世性的和以世俗为导向的主题。科技、商业、工业和哲学信息的生产和传播，是这个网络的关键功能，毫不夸张地说，现代性自身便筑基于其上。这个网络由一小群知识分子、生产制造商和哲学家们组成，它是一个自我驱动的聚合体，尤尔根·哈贝马斯(Jürgen Habermas)将其视为“公共领域”(1989)的最基本要素。由书信所构成的这个网络、“书信往还”的动态过程、通过印刷技术所实现的内容生产以及报纸(杂志、书籍)等媒介，影响巨大且根本，但同时这些影响的流动也较为缓慢。“距离的暴政”和相对较低的技术复杂程度，意味着这一网络对时间和空间的形塑是初步的和局部的。与新兴的工业体系相关联，这一网络的时间和运转节奏体现了钟表时间的萌芽状态，但是这些节律是微弱的，不易为当时的绝大多数人所感知——他们与钟表驱动的现代性的时空结构的同步是逐渐完成的。在此时，系统性的技术决定论还未充分发展起来，这主要是因为创新往往是从个体的工匠和试验者的头脑中闪现出来，而不是从以往累积的大量的技术知识中延展而来。因此，这些创新成果并不容易与更为广泛的技术知识和方法体系建立起关联——18 世纪时这一体系的存在并不显著。简而言之，人们**正在走向**钟表时间，正在慢慢在自己的生活中建构起钟表时间，或者说正在慢慢用钟表时间建构自己的生活。相应地，此时的网络时间——这个正处于现代化进程中的世界的时间，是钟表时间，在推动现代性方面，它仍具有巨大的潜能。

到了 19 世纪晚期，这一图景发生了巨大变化，一个更加完备的信息网络已经发展起来，相较于以人为中心的“文字共和国”，这个网络更为抽象、更为系统化、更加依赖技术。此外，它更接近于我们今天所认为的**全球化**网络。例如，1883 年 8 月 27 日，位于爪哇（Java）的喀拉喀托（Krakatoa）火山突然喷发，其释放出的毁灭性的威力大约是 1945 年投放到广岛的原子弹的 13 000 多倍。这次火山爆发几乎摧毁了整座岛屿，据说远在西澳大利亚的珀斯（Perth）都可以清晰地听见喷发时的巨响。这无疑是一起全球性事件，但它是一起首次被**媒介化**的全球事件，它表明时间、空间和大众远比该世纪早期时更易于受到技术的影响。西蒙·温切斯特（Simon Winchester）①告诉我们，喀拉喀托火山喷发出的火山灰以每小时 73 英里的速度在高层大气环流中移动，以这一大自然所决定的速度，直到当年 9 月，火山灰才出现在纽约上空（2005：288）。然而，拥有强大技术条件的《纽约时报》把时空压缩到一个如此程度——火山爆发后仅仅几个小时，《纽约时报》就发出了报道。海底电缆这一新近架设起来的全球网络传送了最初一批报道，它们由巴达维亚（Batavia）②附近的发报站发出。基于这些报道，8 月 27 日的《纽约时报》得以发布新闻，介绍了发生在喀拉喀托岛的“恐怖爆炸”（McNamara，2009）。对于《纽约时报》的读者们而言，这个世界在本体论意义上已经变得只手可握。当然，不止是纽约人才感受得到这种变化。正如温切斯特在记述这起事件的书中所说：

> 世界各地对此感到担忧或好奇的人们——他们身在远离爪哇的其他城市，如波士顿、孟买、布里斯班，都很快获知了这起事件。他们做到这点非常容易，因为这是海底电报发明之后，全球所发生的第一起巨大灾难。报纸版面上全是对它的报道，对所发生的一切的描述充满了吸引力，因为它们是如

① 西蒙·温切斯特，美国作家、记者。其还原喀拉喀托火山大爆发的著作《喀拉喀托：世界大爆炸之日》（*Krakatoa: The Day the World Exploded*）2003 年首版后登上了《纽约时报》畅销书榜。——译者注

② 指印度尼西亚首都雅加达。——译者注

> 此完美的最新消息。那些完全陌生的词汇——爪哇、苏门答腊(Sumatra)、巽他海峡(Sunda Strait)、巴达维亚,在火山爆发的熔岩强劲喷出的一瞬间,就成为大家熟知的流行词汇的一部分。(Winchester,2005:6)

随着技术的创新,“世界是一个整体的意识”——罗兰·罗伯逊(Roland Robertson,1992:8)认为它是今天全球化的先决条件——在19世纪开始发展起来。技术正在以通信电缆网络的形式在地理空间中延伸,这个网络以前所未有的速度,在世界范围内发送携载意义的信号。尽管要经过编码和解码过程,但在1883年,信息仍然可以在几分钟的时间内就跨越全球。如果说维多利亚时代的人们克服了世界的空间障碍的话,那么在资本主义现代性的理性逻辑之下,实际上时间障碍也已经被克服。在喀拉喀托火山爆发这一全球事件之后仅仅一年,另一起带来了时间方面的巨大影响的全球事件,在美国华盛顿特区发生。在这里,来自25个国家的代表召开会议,将整个地球依据共同认定的子午线,划分为不同时区,并确定了地球的经度框架。格林威治标准时间(Greenwich Mean Time, GMT)由此诞生,从这一刻起,全球在一个统一的钟表时间系统的基础上运转。这一决定不仅消除了相距极近的不同地区(例如伦敦和多切斯特,两地相距129英里)在时间上的本土的、古老的差异性,还以一种理性的形式使整个大陆保持协调同步。例如,在美国,铁路公司在时间上的统一有助于获得巨大的经济效率,以及在新兴的全球力量面前资本所亟须的强大的预见能力(Whitrow,1988:165)。

“世界是一个整体的意识”,无疑是国际社会一致同意在行星的尺度上统一时间的重要前提。然而,即使是对极少数精英来说,使得这种意识在物质层面和本体论层面得以成为现实的技术,此时仍并不存在。温切斯特将这些全球性的信息网络看作创建他所说的“知识共同体”(Winchester,2005:6)的手段。确实如此,但这个共同体是意趣相近的,只存在于“精英”们的交流领域之中,正如斯坦提醒我们的那样,这扭曲了我们对于早期电子通信形式(如电报和电话)的力量和范围的许多看法。不过,这些技术极大地刺激了资本主义及其竞争过程的展开。世界的空间已然打开,世界的时间则被建构在最适宜资本主义运行的工具理性的基础上。此外,全球视角所带来的“知识”是一件威力极其巨大的竞争武器,当一个新的世纪开启之时,嗅觉灵敏的资本家开始利用它来改变维多利亚时代的工业和资本形式,使它们变得更为**现代**,更易于为今天的我们所接受。

在前文中我说过,那些游离于主流之外或是居于主流边缘的艺术家们,相对于只能看到表面现象的人们,有时能更早地察觉到社会的深层变化。弗吉尼亚·

伍尔夫(Virginia Woolf)就是这样一位拥有敏锐洞察力的作家。在她的著名的随笔《贝内特先生和布朗夫人》(Mr. Bennett and Mrs. Brown)中，她写道：

> 在1910年12月或是那前后，人性改变了。我不是说一个人走出门，他可能走进了一处花园，看到那儿的玫瑰正在开放，或是一只母鸡下了蛋。我所说的这种变化，并非如此突然和明确。但是，变化确实发生了；而且，既然一定要武断地划一个界限，那就让我们定在1910年吧。

像歌德一样，伍尔夫察觉到社会变化的暗流，并对变化作出分析判断。歌德观察到现代性的肇始，而伍尔夫则将**现代主义**的到来看作一个艺术和文化事件，在她的小说中予以记录。此时现代性业已成熟，并以歌德可能做梦也没想到的速度和步伐(在技术手段的帮助下)不断发展。伍尔夫写下这篇随笔时，是1924年，因此在思考发生在新世纪之初的文化和技术的变化时，多少获得了一些“后见之明”的帮助。例如，艺术界的“漩涡运动”(the Vorticist movement)①大约发生在1910年前后，而伍尔夫和画家温德姆·刘易斯(Wyndham Lewis)②、诗人艾兹拉·庞德(Ezra Pound)③等人都有着私人联系。“漩涡主义”颂扬新机器时代的速度和活力，并试图在画布上捕捉这种速度和运动过程，以一种激进的绘画形式将它们表现出来(Cork，1976)。将“漩涡主义”与更广人为知的、菲利波·马里内蒂(Filippo Marinetti)④所领导的“未来主义”(Futurism)联系起来，或许是更为恰当的，因为后者通过带有暴力色彩的、热烈激情的表现手法，赞美速度与机器，但同时也让它们变得多少有些声名狼藉——它对20世纪20年代的意大利法西斯运动有一定影响和推动。我想，这些背景材料已经完全能够帮助我们清楚地

---

① “漩涡运动”，或曰“漩涡主义”(Vorticism)，是20世纪早期发生在英国艺术与诗歌领域的现代主义运动，持续时间很短暂。这一运动与立体主义和未来主义相关联，反对19世纪的多愁善感的文学与艺术风格，希望把艺术与工业革命结合起来，赞扬机器和机器制品的活力，提倡充满暴力的表现方式。——译者注

② 温德姆·刘易斯(1882—1957)，英国作家、画家、文艺评论家，“漩涡运动”的主要发起者之一和代表人物，《爆炸》(*BLAST*)杂志的创办者和编辑。——译者注

③ 艾兹拉·庞德(1885—1972)，美国著名诗人，意象主义的代表人物。1917年，庞德参与温德姆·刘易斯的《爆炸》杂志，加入“漩涡主义”运动，反对平淡和伤感的诗歌风格，强调用有力的、有运动感的意象和节奏来进行创作，从而渐渐脱离意象主义，开始了所谓“现代派”的写作。——译者注

④ 菲利波·马里内蒂(1876—1944)，意大利诗人、剧作家，20世纪初“未来主义”运动带头人。1909年，他发表了《未来主义宣言》，提出了未来主义的一些基本原则，表达了对陈旧的政治与艺术传统的憎恶，以及对速度、科技和暴力等元素的狂热喜爱。——译者注

了解伍尔夫在 1924 年所处的情境。使得歌德发出哀婉叹息的现代化元素——速度、机器和"过度"(ultra)之感,如今却被颂扬赞美,**几何现代主义**(Geometric modernism)试图在绘画和雕塑中展现它们,而**电缆网络**中则不断回响着信息网络(它是一个已经真正实现了全球化的资本主义系统)成长和加速的声音。

虽然并未对此展开过多讨论,但在 1924 年,伍尔夫敏锐的文化直觉依然捕捉到了机器时代速度的物质基础,这就是福特主义。对此前文已有所涉及,但现在是时候对其做一番更为全面的考察了。尽管可能有些武断,但伍尔夫在 1910 年所处的社会情境,已然涉及两年前发端于美国密歇根州迪尔伯恩市(Dearborn)的福特革命(Fordist revolution)。彼时彼地,亨利·福特的工厂开始发展并完善了汽车制造的生产线系统,这给世界带来了巨大的改变①,将亚当·斯密所关注的劳动分工形式从乔治王朝时期分散的制造工厂中所采用的粗疏形式,推进到在 20 世纪大部分时间内所采用的、**界定了**资本主义体系的生产方式。福特基于传送带系统的革命性的生产线,如今广人为知,它已经高度自动化以尽可能节省人力,并生产着几乎所有东西,从电子芯片到鱼肉条,从鞋子到书籍。而在 1908 年,它意味着,一辆汽车的生产方式不再是一群人围绕着一个静止的实体分阶段地完成制造,而是移动着的汽车在站立着的工人面前经过,他将自己手中的部件安装到汽车上,特定的部件安放在特定的位置——螺丝拧在车盖上,轮子安在车轴上。传送带是革命性的一小步,这种机械科技被"钟表的合理性"和基于钟表节奏的世界赋予了时间,并以特定的速度运行,工人们必须使他们的每一个动作与之保持同步。这是时间体系的一次巨大震荡,它在另一位艺术家查理·卓别林 1936 年的电影《摩登时代》中得到了充分展现。卓别林的电影突出了这样一个事实:传送带永远不会停下,工人也无法控制它的速率。实际上,在资本主义的竞争语境下,速度永远都不够快。在卓别林的影片中,竞争的压力使得工厂管理者对一种可以给工人自动喂饭的机器产生了兴趣。这台机器的销售人员给工厂经理带去了一台"机器推销员"(它比真人更有效率),它通过一个留声机说话,把喂饭机器夸得天花乱坠:

> 一台为您的雇员在工作时自动喂食的机器。不要因为午餐而停工。要领先于您的竞争者……自动喂食机将彻底消除午餐时间,提高您的生产力,降低您的管理成本。

① 福特汽车公司 1908 年制造出世界上第一辆属于普通人的汽车——T 型车,这被认为是全球汽车工业革命的开始。而全球第一条汽车生产流水线,由福特公司于 1913 年开发并投入使用。——译者注

与所有优秀的讽刺作品一样，卓别林的讽刺建立在对现实的敏锐感知之上。与他们不得不使用的机器相比，工人们的工作速度永远不够快。尽管如此，系统的逻辑仍然要求机器不断发展、不断加速，以期实现更快的运转速度。卓别林通过喜剧的形式将这一矛盾揭示出来，将普罗大众每天在他们的工作中所经历的东西以幽默轻松的方式呈现在电影中。但冰冷的现实绝没有这么好笑。随着1911年弗雷德里克·温斯洛·泰勒那广为流行的《科学管理原理》的出版，以及亨利·福特对这些原理的急不可耐的施行，使工人尽可能与机器节奏保持同步，以期实现最大限度地满足时间合理性的目标，成为基于时间的"科学"的一个新分支。在这样一个时期——要记住这是马克斯·韦伯反复强调其文化和经济重要性的时期，像处于管理层的多数人一样，泰勒将资本主义制度中的时间视作一种价值，认为它只能通过钟表而得以表达。同时，由于钟表掌控着生产过程，因此对宝贵的钟表时间，必须以最为经济的方式来使用，工人们被强迫必须遵从这一逻辑。泰勒清晰明确地提出他的观点，认为应采用"科学"方法（即采用计量、数据和秒表）彻底取代"经验方法"对工作过程进行管理，从而在工作流程中"尽快消除缓慢低效，最大化地节省时间"（Taylor，1911：16）。

自20世纪10年代开始，福特和泰勒发现，到处都在争先恐后地仿效他们所设计的生产过程和所提出的理论。不仅仅是众多美国工厂从20年代早期开始"福特化"，在苏联，列宁也迅速而全面地采纳了福特和泰勒的资本主义技术，以期用最快速度"建设社会主义"。这不仅是机器时代全面到来的证明，同时也是基于机器的钟表时间在总体上渗入人类意识的证明。随着福特主义的出现及其在全球的拓展，钟表时间的工业化达到了它的顶峰。实际上，福特主义的大规模生产是美国1941年至1945年间的战争努力获得巨大成功的基础，同时也是美国生产力的基础原则，它使得美国在战后成为迄今为止最为强大的经济体（和战争机器）。

1945年这个年份，见证了这种生产形式此后30年主导地位的发端，大卫·哈维精辟地将其概括为"高度福特主义"，其样态和时间节奏构建了工业化西方社会的"总体生活方式"（Harvey，1989：135）。钟表节奏不仅控制了工业生产，同时也控制了社会生活，这是"总体生活方式"的基础。钟表所确立的时间模式，构建了工作场所以及工作时长、轮班倒休和假期安排的组织方式，决定了学校、医院等机构的基本运行节奏，影响了大众媒介（如广播和电视）的播发时间等（Scannell，1988）。

同作为社会、经济和文化生活的根基的传送带系统一样，"高度福特主义"的传播网络是（同时它也希望自己是）一个理性的、可预测的和有秩序的网络。正如我们所见，资本、组织化了的劳工和政府之所以能够或多或少在工作和生活的时间节奏上成功地彼此协调，是因为在战后的环境中，工业组织能够轻松获得利润，能够在时间-空间的维度上充分拓展自身，这种时间景观允许钟表通过不会（或是还没有）威胁到利润率的固化的时间安排来掌管一切。不过，也正如我们前面讨论过的一样，潜藏于其中的由不断加速所带来的矛盾开始不断增加，开始与**正在缩小的地理空间**和钟表时间节奏相冲突，因为在一种新的时间景观中，即不断强化的高度竞争的语境中，一切都不够快。这意味着，随着由信息技术所驱动的新世界的浮现，筑基于僵化的福特主义世界之上的传播网络将会变得极为次要，即使不会被淘汰的话。

历史学家埃里克·霍布斯鲍姆于1994年出版了著作《极端的年代》（*Age of Extremes*），该书的副标题是"短促的20世纪1914—1991"（*The Short Twentieth Century 1914-1991*）。在该书中，他以历史学家的视角审视这个世纪中的政治转折点，将1914年爆发的第一次世界大战视为20世纪的起始，而将1991年苏联解体看作它的终结。而我在此将技术和时间性作为判断"短促的20世纪"的肇始与终结的标准，由此，与弗吉利亚·伍尔夫一样，我认为20世纪起始于1908年，在这一年，福特主义开始了它对全世界的殖民，并成为一种"总体生活方式"。此外，在我看来，这个世纪的终点的**出现**，要远早于霍布斯鲍姆所认为的1991年。20世纪逐渐终止于70年代。技术（和时间）革命，永远不会像1914年8月欧洲大陆爆发战争那样具有戏剧性，也不会像1991年8月强大的苏维埃巨人一夜之间分崩离析那样让人感到震惊。起始于70年代的计算机技术革命，不会像政治变革通常所表现出的那样突然和令人震惊。信息技术以不同的方式行事，它对社会施加技术咒语，就像毒品一样发挥作用，我们使用得越多，就越是依赖它。这就是技术的变革，它是**永久的**，永无终点，亦没有对手。技术的变革是一个自治而抽象的过程，在这一过程中，我们前所未有地将经济、文化和社会生活割让给技术。在基于钟表时间的福特主义所建构的计划性的、组织化的和进度化（scheduled）的社会中，随着控制方式的割让（例如技术逐渐在控制着我们），这种自治和抽象的过程已然创造出一种新的空间（一种虚拟空间）和新的时间（数字网络的时间）。这种网络时间具有制造"过度"的能力，康德将这种"过度"视为我们**所有人**正在经历着的有形现实。这是一个后钟表时间的世界，我们在机器时代的起点便已种下的"加速"的种子，此时开始结出苦涩的果实。

非理性的和不那么科学的时间

埃里克·霍布斯鲍姆在《极端的年代》一开头，列举了一些伟大思想家对

“短促的”20世纪中出现的重大变化或新生现象的评说，他们认为这些体现了这个世纪的本质。出生于新西兰的人类学家（我认为作为人类学家所接受的训练使得他对于文化的变化更为敏感和熟悉）雷蒙德·弗斯（Raymond Firth）写道：

> ……在技术方面，我认为电子学是20世纪最重要的一项发展。而在思想方面，则开始出现了由原本的相对理性和科学向着非理性和不那么科学的转变。（Hobsbawm，1994：2）

弗斯所说意味深长。一方面，他的这段话可能体现了长期存在的反启蒙的张力，正如前文所述，这种张力源于启蒙运动本身，源于歌德和他的同时代人。作为接受历史和人类文化训练的学者，弗斯似乎很遗憾地看到“电子学”的发展，认为这种特殊的技术形式削弱、取代或是改变了世界原来的控制形式，使我们进入一个更加“机械化”的时代。另一方面，他认为世界由“相对理性”和以科学为基础向着“非理性”和“不那么科学”滑坠，这一观点体现出他对于启蒙思想的**偏爱**。我曾在课堂上与研究生们讨论过这一看似矛盾的思想。我们认为，当弗斯写下“电子学”这三个字的时候，他的脑中想到了电子计算机。有一个学生认为，在我们今天的世界中，没有什么比计算机更为理性和科学了。不过，正如我在课堂上所总结的那样，在本章最后我要指出的是，**强大的工具主义思想**在塑造着网络信息处理的理性和科学基础，它使得信息处理“既不理性也不那么科学”，就像弗斯所说的那样。请允许我对此予以解释。

回顾其历史发展，在20世纪70年代，网络化过程在**质**和量两个方面都开始出现巨大的飞跃。联网的计算机改变了“文字共和国”和其后出现的“知识共同体”，使它们进入一个全新的时代——后现代的数码网络时代。影响力巨大的新自由主义和信息传播技术革命的目标，是期望通过彻底放开对国家资本形式在结构层面的监管，使资本主义摆脱福特主义在历史-时间维度上的局限性。这些变革多少缓解了资本积累所遭遇的问题，使得资本主义所需的“空间修复”得以发挥其功能。正如卡斯特所分析的那样，这一修复之所以可能，部分归功于起始于20世纪80年代早期的全面计算化和全球化的金融网络的迅猛扩张，它使得巨量的资本被引导进入“信息网络之中，这是一个金融流动的无尽空间”（Castells，2000：472）。最为先进的信息处理技术的发展和应用，使金融流动网络的创建成为必然，速度、容量和强大的处理能力成为人们所追求的目标，这些方面的发展永无止境，唯一的限制只是信息处理技术在某个特定时间点上的技术成熟程度而已。在这样一个商业社会的最前沿，我们可以看到，信息处理的发展逻辑就是为了满足自治的、抽象的(和混乱的)市场力量的需求(Hassan, 2010)。

当然,信息处理技术的影响绝不仅止于将我们这颗星球上的金融中心连为一体。马克·维瑟(Mark Weiser)和约翰·西利·布朗(John Seely Brown)在1996年所预见的“普遍计算”(ubiquitous computing)时代已然来临。两位作者预言,他们所称的信息处理的“第三次浪潮”将使机器“如此自然而协调地嵌入生活中,我们完全不假思索地使用它们”(1996)。确实,信息处理已经如此普遍,已经成为我们几乎所有活动中——工作、休闲、学习等——要么习以为常、要么极端重要的必需品。维瑟和西利·布朗所预言的当然是正确的,但是他们在书中并未涉及**为何**会如此。所以我们必须要问:为何计算机的逻辑会获得如此巨大的成功?我相信答案是,计算机、信息处理能力和信息处理的应用契合了其创造者与助推者的意识形态。在计算机革命肇始之时,经济和社会就发现了计算机**赋能**的能力。对于大规模生产企业而言,它们可以提高以往人力或机器驱动的生产过程的**自动化**程度,从而提高其产能和效率,除此之外,它还能够使在结构上脱离了传统制造业领域的企业,也同样获得效率的提升。正如丹·席勒(Dan Schiller)在《数字资本主义:全球市场体系的网络化》(*Digital Capitalism: Networking the Global Market System*)中所说,企业内和企业间的信息过程的网络化,将信息的生产和扩散置于资本主义逻辑的核心,并且“具有根本性和多维度的特点”(2000: xv)。这一趋势体现了资本主义内在的扩张需求,不过这次是在一个全新的、虚拟的空间-时间领域之中。从福特主义中解放出来,这赋予了资本新的活力,提供了累积的新维度。信息生产和企业内、企业间的**合作**与竞争的趋势,带来了一种全新的强大动力,它催生了坚固的“不断加速的需求”的正反馈循环,也就是说,网络化的最主要影响就是鼓励更多的网络化(Schiller, 2000: xv,20)。这一影响是即刻的且会不断变化的。例如,在20世纪80年代早期的美国,投资更多地流向计算机和相关高科技产品,而不是传统的、劳动密集型的领域,它表明在这只经济怪兽的体内,正迅速发生着对福特主义模式的扬弃(Kolko,1988: 66)。这开启了信息处理领域不断创新的飞速发展进程,同时也使计算机的赋能属性得到充分发挥:它不仅使得许多传统工厂通过自动化和生产流程精减而变得更加灵活高效,从而重新恢复活力,此外还在软件、设计、计算机应用、制药、工程以及许多其他领域,催生出大量全新的企业。正是在这一充满变化与机遇的浪潮中,这个世界见到了微软、苹果、英特尔和别名“硅谷”的旧金山湾区的出现,它们成为全新商业模式和网络社会的前沿的代名词。

技术以不可阻挡之势蓬勃发展,创造了网络社会的语境,其特征可以概括为

“网络的网络”，即通过网络内部的连接与不同网络之间的连接而不断拓展。由于其虚拟的本质，从理论上讲，这样的连接永无止境。曼纽尔·卡斯特分析了以“网络的网络”为表征的虚拟资本主义是如何使空间、时间和传统理解中的劳动，与日常生活的物质性相分离的。他写道：“资本和劳动越来越趋向存在于不同的空间和时间中：流动的空间与场所的空间，计算机网络的瞬息时间与日常生活的钟表时间。”（Castells，2000：475）这种分离，是信息处理的自治性及其技术的后现代发展的表现（或者说是影响）。这种发展超越了信息计算的二进制逻辑，偏离了二进制的发明者戈特弗里德·莱布尼茨（Gottfried Leibniz）[①]在17世纪进行理论思考时脑中所持有的理性和科学的精髓（Hassan，2009）。如今，网络所表现出的是另一种不同的逻辑：一种**实用主义**的逻辑。我们在兰登·温纳（Langdon Winner）的研究中看到，人工物（技术）往往刻意与政治紧密勾连。运用相似的分析思路，我认为，计算机及其发展与实用主义（它源于新自由主义的市场主导型政治）密切相关，这是信息传播技术从20世纪70年代起获得发展的主要力量。

作为一种哲学思想，实用主义显然在启蒙时期就开始萌芽演化。在启蒙思想的盎格鲁-美利坚（Anglo-American）分支中，它以理性主义、经验主义和实践主义等不同方式得以体现，其特征可以被概括为“实践至上”（Blattner，2007：22）。更为简单地说，实用主义也可以被看作是这样一种思想或者说前提假设：如果某事物能够被（实践）证明它可以顺利地发挥其功用，那么它就可以被认定是真实的。换言之，如果哲学家们和他们的思想没有导向解决真实世界中的实际问题，则他们（它们）就会被认为是纯粹抽象的，与“实际的”现实无涉，因而会被拒绝接受。支撑信息处理技术并使之合法化的实用主义式的逻辑是：它们确实在“发挥功用”，或是说至少从表面上看，它们在各种不同的应用领域都在进行“高效的”信息处理，对这个世界发挥着显而易见的影响，这是一个不容置疑的“事实”。事实上，在计算机语言中就包含实用主义，只有符合“是”或“否”、“开”或“关”、“0”或“1”这种基本的二进制结构的东西，才会被写成代码。不过，计算机的实用主义是一种“**伪实用主义**”，它不具有反思性。人类还没有在计算机逻辑中充分发展起意识或反思的形式，以允许它对其信息处理过程实际正在做什么、对真实世界的长期和短期影响是什么等问题进行“自我”质疑与“自我”追问。此外，反思性的缺乏还有其更为宽泛的语境原因。信息处理技术

---

① 戈特弗里德·莱布尼茨（1646—1716），德国数学家、哲学家，微积分的发明者之一。他最早提出了二进制的计算体系。——译者注

是在新自由主义的社会环境中发展起来的，在此其中，对生产效率的追求和“越快越好”的思想几乎弥散在所有方面。基于市场的工具主义意识形态认为，计算机的合法性源于它是否可以被投入运用并推动发展。依照既定程序进行工作的事实意味着，它“奏效”，所以它才“真实”，不过这种认识死板而狭隘。在雷蒙德·弗斯看来，用它来管控技术发展，既不理性，也不科学。无论他是否清晰地意识到，弗斯对于极大地改变了20世纪的“电子”革命的分析揭示了它强烈的工具主义色彩，电子技术体现了工具取向的新自由主义文化，同时注定在当下全球主导性文化中扮演工具化的角色。市场逻辑及其工具性的伪实用主义**掌控**了信息处理技术，决定了它的基础概念，形塑了它的发展轨迹，从而（不可避免地）使它在生活的每个方面都必须满足市场取向的应用需求。在理性和科学的方面，弗斯正确地看到了新“电子学”不那么正确的一面。市场力量和实用主义已然“殖民”了这些启蒙观念，使它们变得虚弱、失效。

丹·席勒认为，资本很早就控制了信息处理的本质和用途，以及它的未来发展方向。就计算机网络的影响，他写道：

> 网络前所未有地直接定义了资本主义经济的社会和文化形式。这正是为何我把这个新时代定义为数字资本主义的原因……这场传播方式向着新自由主义或者说市场驱动的史无前例的转变，正包含着新兴数字资本主义的生产基础和控制结构。（Schiller，2000：37）

不断深化、拓展和加速的全球网络，是支配经济、文化和社会的“生产基础和控制结构”，是一种新的时间形式——在技术层面前所未有的“网络时间”（Hassan，2003）——的基础。然而，不同于分离式的技术，如汽车或洗碗机，信息处理技术的特殊性在于它是联成网络的，而且如今它们在设计阶段就几乎总是被要求实现联网。此外，它的网络互联能力也不同于任何以往的网络形式，如今的这些网络已经获得了自治的力量，并以比沃尔特·翁所想象的自治技术更为强大的力量作用于这个世界。作为新自由主义全球化的重要动力，这些网络不仅自治地运行，回应抽象的市场信号，同时它们以不可抗拒之势使人类不得不遵从它们的逻辑，因为如今能够替代其魔力的东西越来越少。在日常生活中，网络以越来越多的方式进入我们的生活，我们也在拥抱它们。这一过程对空间的改变很明显，我们将之称作**全球化**：这个世界急剧变小，芸芸众生皆有此感。从用着最简单的手机了解农产品实时在地价格的快乐的赞比亚农民，到必须保持7×24小时在线、使用各种各样的电子设备和应用软件的华尔街精英，对他们而言，数字资本主义的网络具有强大的吸引力，使人无法逃避。

这个过程对时间的影响不那么容易被人察觉，但同样具有戏剧性。首先，正如卡斯特和其他人所说，时间性在计算机网络中流动，通过网络，空间虚拟化了，时间也同样如此。在网络空间中，刚性的钟表时间变得微不足道、无关紧要。应当记住，钟表这种连续性的机器是被开发用来度量它所在地区所经历的时间跨度的：从中世纪时的大撞钟和蜡烛钟，到 1883 年确立的用于规则化、协同化和普遍化时间经验的时区划分。但在网络情境中，钟表所表达的，与你身体所处的空间位置不再那么紧密相关，而是在一定程度上与你的对话所处的位置相关。实际上，在卡斯特看来，在网络中，钟表时间已经消散于他所说的"无时间之时间"中（Castells，1996：464）。然而，卡斯特之所以使用"无时间"这一概念，是因为他对于时间的思考并未完全**超越**钟表时间的范畴，换言之，他并未在现象学层面去思考时间。在这一框架中，卡斯特继而认为，如果钟表趋于淘汰，那么"时间"就在某种程度上已经消失，因为工业时代的时间性已无法使人们适应周遭世界。但是，如果我们还能记得并运用芭芭拉·亚当的"时间景观"（Barbara Adam，2004：143－145）的概念（我认为它是一个更好的描述型概念），我们就可以更好地理解卡斯特的"无时间之时间"和"网络时间"的本质。数字网络可能是自治的，但是作为它的使用者（信息产品的消费者和制造者），人们也在建构它。同时，人们不可避免地将生物和社会的时间性，即嵌入我们自身的时间性和塑造了我们的线下生活的形形色色的节奏、模式、次序，带入数字网络这一技术景观之中。连线的、网络化的世界是这些嵌入性时间的全新的、技术化的和无所不包的中介，我们通过网络情境的创造而将这些时间外显化与社会化。进入网络，通过网络与其他人互联（一对一、一对多、多对多），建立社交网络，进行信息浏览，在聊天室中流连，在移动电话上交谈，在网络数据库无尽的支路中孤独地搜索，由此，我们创造了一个全新的时间情境，或者说，时间景观。

这种时间景观如何运作？在我们日常的网络生活中，这方面的案例不胜枚举，但请允许我从个人经验说起。不久前，我参加了一个 Skype 网络电话会议，这场实时对话的参与者分别身处英国、美国、德国和澳大利亚。我们四人可以看见和听见彼此，我们的互动没有遇到多少困难（除了微小的网络时滞使得这场四方会话的参与者要学会适应讲话的"时机"）。Skype 是一款免费的、相对领先且仍在发展的技术应用。对于我们四人而言，自 19 世纪以来传播技术的发展所带来的时空压缩，已经达到一个全新的水平，同时它也是整个社会目前普遍共有的水平。在我们通过网络进行对话的钟表时间过程中，对于我们所创造的时间景观——一个**网络时间**的景观而言，钟表本身已经全然无涉。季节之类已变得无关紧要。我所在的澳大利亚正值炎炎盛夏,而另一位对话者所在的纽约却是寒冬腊月,这个事实在谈话中只是一笔带过,因为我们无法像面对面谈话时那样共享经验。我们创造与共享了网络时间,其基础是嵌入我们身体的时间性——它不太容易发生变化。此时在澳大利亚已是黄昏,我已感到疲劳,而北半球的与会者却刚刚开始新的一天,精力充沛。同样,生物节律上也难以避免地会有不同,澳大利亚已是晚餐时间,由此带来的文化和传统上的行为模式,与网络那头正值早晨和中午的美国和欧洲的对话者们的身体经验并不同步。这些无法改变的身体和自然的时间十分重要,尽管正如我们在后面的章节中将要看到的,它们的根深蒂固性正是弥散在我们这个世界的注意力分散和精神困惑等病征的核心要素。不过,在我们所进行的越洋互动中,我们都栖身于网络时间之中,这种时间在其情境构造之中是绝对唯一的。每一天每一秒,无数人在创造着他们自己独有的或是共享的时间景观,形成了难以穷尽的、多元而繁杂的网络时间。它们猛烈地进入我们的生活之中,最终化为一片巨大的、形式因人而异的光晕笼罩着我们,并与其所创造的情境中的经济和社会需求相适应。

Skype(无疑还包括它的后继者)可以被看作是"效率"的典范,当然从工具性角度看也的确如此。就在不久之前,这样的四方谈话最快捷的方式还是通过电子邮件,而且即使我们都同时在线,也仍然还是会存在延迟和发送失误的可能,而要把握好"时机"以避免书写会话过程出现混乱也更为困难。作为技术的**真实**信件中的书写行为(它对于上一代人而言极其普通)开始衰落,而如今,电子邮件似乎也在经历同样的命运(Lorenz,2007)。这是我们在第一章中①曾讨论过的麦克卢汉所称的"截除"现象的另一个例子。由此,我们将自己越来越远地延伸到这个世界之中,同时也离我们的身体和本质越来越远。在我们一路前行的途中,我们将曾经路过的"技术桥梁"都烧毁了。然而,就大多数人所能关注到的表层层面而言,我们不会想到自己正在烧毁身后的桥梁,而只会看到效率。同时从信息处理的实用主义逻辑来看,这一过程始终是进步的,因为它**确然有效**,从书信到电子邮件就是这种进步的明证。此外,在 Skype 的场景中,我们每个人都被要求坐在电脑旁,通过缆线接入全球网络。不过,下一步——或者说即将到来的"进步"(这也是商业资本最新的迫切需求)——是移动无线网络,或者说 4G 技术,它使得同样的四方会话可以在我们的移动过程中展开,在飞机上、汽车上或是偏僻的乡村小道中。商业广告将这种 4G 技术描绘为通过高度移动性实现个体自由的典范,通过将又一种网络体验纳入我们不断强化的网络

① 原文如此,疑为作者笔误,实际对"截除"的讨论出现在第二章。——译者注

化生活之中，“效率”和“生产率”再一次得到大幅提高。

Skype 只不过是我们网络化生存的一个小小案例、一个场景碎片而已，如今，连入网络、快速进行信息的生产和消费，被认为是一种基本权力，就像是获取食物和居所、免于人身伤害一样。从时间的角度看，我们生活中的所有经验——通信中的延迟，比特运算和网络堵塞所造成的等待与时滞，连入全球网络的不同国家网络之间的差别，给网络带来不可避免、无法改变的多元时间性的所有文化、经济和社会因素等——**都在不断加速**。在所有层面上，实用主义的编码逻辑都在发挥工具性的作用；在所有层面上，竞争持续驱动计算机技术向提高效率和生产率方向不断创新；在所有层面上，作为前两者的直接结果，技术应用、处理速度、用户功能的满足、网络的构架等，都变得越来越快，而且绝不能允许它们有丝毫减慢。在这个动态过程中，令人感到震惊但又往往容易被忽视的，是传播过程已经不再具有内在的时间限制。多快才算是过快，这已经不在人们的考虑范围之内。速度只会受到当前技术复杂程度的限制，而电脑工程师们的首要目标（亦即由他们的雇主们所设定的以效率为导向的目标）明确而清晰，那就是使技术走向永无止境的加速。

人们期望，人们试图，人们也被迫与不断加速的网络进程和网络时间保持同步。当人们在使用 Skype，或是购买速度更快的笔记本电脑或无线设备时，说他们是被强迫的，可能语气过重。在我前面所举的例子中，参与会话的所有人都没有拒绝使用 Skype，没有人提议说我们用电子邮件或是手动书写的方式来代替 Skype。截止时间近在眼前，如果有人再建议不去使用最低廉、最快速和最有效率的联系方式，那么他即使不被认为是反社会的，也会被看作是个怪人。正如我所说，网络时间遍布于我们的网络生活中，但是这意味着什么，我们对此却很少去求得哪怕是极其表面的理解。技术的桥梁正在被烧毁，我们却听不到对此的任何异议。对速度和效率导向的计算机技术创新提出质疑或批判，会招致讥讽，被嘲笑为技术恐惧论者（technophobe）或是勒德分子（Luddite）①。但是，除非我们能对网络速度的成因和影响、网络时间的社会效果进行认真反思，否则在前往一个我们对之缺乏整体思考，也没有对此做好准备的未来世界的途中，我们会不断遭遇磕绊碰撞。

① 勒德分子，指 19 世纪英国纺织工人所结成的一个秘密组织的成员。随着机器在英国工业中的广泛应用，大量的熟练工人失去了工作。他们组织起来，以捣毁机器为主要抗议手段，期望以这种方式让社会了解他们的诉求，并使社会回到前工业时代。勒德分子受到英国政府的武力镇压，很多参与者被投入监狱，有些被绞死。最终，这样的抗议活动走向失败。现今，“勒德分子”被用来泛指反对机械化、自动化乃至整个技术创新的人。——译者注

我们将分析网络速度和网络时间所带来的使人注意力分散和方向迷失的社会影响。然而在此之前,我想花些时间去讨论这样的速度和加速过程使**我们失去了什么**,尤其是当它与知识和信息的生产、消费有关时。支撑对于时间的这种探究的,是目前我们都已熟悉了的一个理论:钟表时间是之前那个世界(即现代社会,它多少是理性的和可管理的)的基础,同时也是对我们的身体和精神能力在技术层面进行思考的基础。

4

我们都仍是美索不达米亚人

中介的，而非直接的

到目前为止，我已讨论了我们用以使意义得以符号化的语词，将这些语词固定在纸张上的书写行为，以及阅读这些语词的过程，它们出现于人类的生物时间性和环境时间性中，同时表达着这些时间性。教会我们写作的美索不达米亚人不仅用手边的工具做出记号，他们还发明了基于60进制的数字体系，它后来逐渐成为钟表时间和机器驱动的世界的基础。我想要表达的重点是，写作时手部的抓握和阅读时眼部的运动，都基于一种紧密联系在一起的（人与环境的）物理身体性，它在读写能力发展的最初阶段就赋予读写过程以时间，它为读写过程的时间容量提供了身体基础。换言之，我们身体的时间性，以及与之密切相关的古代美索不达米亚的环境的时间性，深深地注入语词、阅读和书写过程中。这两种时间性内在地、不可消除地限定了我们的读写过程到底能有多快，而不至于使读写的内容失去其积极的认知效果。而当我们因为读得过快或是注意力不够集中、无法充分理解所读所写的内容时，读写的收益就开始递减。

当然，总是会有一些个体，有的时候甚至是我们中的多数人，无法正确地理解所读的东西，或是不能真正地完全了解自己正在写些什么。从日常生活中文字上的词不达意，到更高层次的文学层面的虚夸粉饰，人类这些在文字的技术标准上的缺陷，可能也来自美索不达米亚人，是知识生产的技术包裹的一部分。然而，我们一直在试图对其进行弥补，除了正规的教育过程外（它有自身的规则与惯例），在知识、文学和文化生活的最前沿，具备识字能力的社会发展了批评、论辩甚至嬉笑嘲讽，以期重新确立规则和惯例，使读写过程重回正途、更加稳定，也使个人的、集体的（因而也是社会的）读写能力的“发展”不断进化、更加稳健。确定意义，并对读写形式的惯例化努力所存在的不足进行批评，是一项重要的任务。它有助于“稳定”，使世界（它由识字这种人类所具备的独有能力所创造）更具可预测性。被广泛接受的意义（以及它们的表达形式）创造了秩序，偏离规则和期望会带来社会世界失控的风险（这么说并不算过分），使其变成一种无意义的状态，这将使由识字所构建起来的大厦轰然倒塌。

今天，在网络逻辑的推动下，随着工业化和现代性的兴起而逐步走向其上限的阅读与书写过程的生物时间性，开始表现出整体性和系统性的**时间认知不协调**。这种认知不协调并不是愚笨、欺骗或是粗枝大叶所造成的，我们需要将之与这些行为所带来的后果区别开来。这个世界的人口从未像今天这样能够接受良好的教育。在本书重点考察的这段时间内（大体从1970年至2005年），全球的文盲率下降了一半。然而，时间认知不协调所涉及的是在语词意义方面的虚弱无力，人类既无法按照正式的惯例规则提取语词的意义，而且更为重要的是，也无法更为深入地思考意义本身，以及语词如何才能更为广泛地、令人满意地描述我们的生活和社会世界的功能性现实。今天，在一个前所未有的程度上，我们**不再能够正确地把握语词**、书写和阅读，对它们的理解越来越肤浅，因为我们所遭遇的困境是没有时间去正确行事。专注时间问题的学者艾达·萨贝里斯（Ida Sabelis）研究了社会加速对荷兰的公司CEO们的日常工作所造成的影响。她指出，社会加速使得事务处理变得更加糟糕，或是造成无限期拖延，或是会带来对某些问题的隐瞒遮盖。萨贝里斯发现，缺乏时间会使我们疏漏某些事情，会使我们只满足于交叉手指去祈祷自己所读所写的内容刚好能够在考试中得到及格分数，或是会使我们完全去碰运气，希望自己的无知不会被人发现（Sabelis，2004）。不断加速所产生的整体性影响是，我们无法再以实践层面切实有效的、情感层面令人满意的方式作用于这个世界，无法再运用阅读和书写（它们推动了人类的现代化）所赋予人类的理性来“组织”这个世界。

尽管存在这种时间上的非同步性以及由此带来的认知不协调，但将人类推至这一境地的新自由主义信息传播技术的光荣革命仍然没有受到任何限制。实际上，正是这种不断持续性，被认为是它走入全球精英政策圈的唯一渠道。在社会主流认识中，这一革命被广泛认为是提高经济效率的正面典型，是一个光明的崭新世界的基础。人们相信，这一超级强大的逻辑正是“知识社会”兴起的基础，而联网了的计算机就在我们的指尖。米歇尔·福柯认为“知识就是权力”，这一洞见是我们对人类存在的几乎所有领域进行批判的极其重要的立足点（Foucault，1979：216）。但在今天，福柯的根本观点已经被那些含混玄虚的“格言”弄得模糊不清，例如“知识就是资本”，例如通过计算机技术，在人类历史上第一次，所有人都可以获得这种“资本”。正如2005年联合国教科文组织（UNESCO）的一篇名为《迈向知识社会》（Toward Knowledge Societies）的报告所说：

知识经济是知识驱动资本主义发展的特定阶段，它以知识为基础，承袭有形

> 资本累积阶段而出现。因此,正如马克思在19世纪中叶所预见的那样,知识正在取代劳动力,被创造出的财富越来越不以直接的、可测量的、可量化的劳动去衡量,而是更多地取决于整体科学水平和技术进步。知识经济凸显了组织和技术上三个方面的互补性:在信息编码、存储和传输方面新技术所提供的扩大了的可能性;能够使用这些技术的“人力资本”;能够(借助知识管理的进步)最大限度激发生产潜力的“反应型”公司组织。(2005: 45)

所有这些听起来非常美好,联合国教科文组织这篇报告的撰稿人十分聪明地将马克思的民主观念和当下的经济运行逻辑联系起来。但它表明了什么?好吧,与这篇报告的整体相一致,这段话没有说到任何与经济和追求技术效率无关的内容。它提到了人,但只将人看作是经济系统的一个函数,将他们的“生产潜力”看作是“人力资本”的唯一价值。知识成为“反应型”企业组织所分配的“资本”,计算机技术是这一知识概念的核心。但是,知识到底意味着什么?高速网络信息处理技术又是如何生产知识的?在我所写的《秒表社会》(*The Chronoscopic Society*,2003)一书中,我试图对知识和信息做出明确区分,并努力表明它们之间从根本上讲是时间上的区别。信息由原始形式的**数据**组成,借助二进制语言,数据被高效地转换为数字编码(信息)。正如它的创造者戈特弗里德·莱布尼茨所预言的那样,二进制语言将使数学效率达到最高的技术标准,它将会成为计算速度的典范。而知识,或者说知识的习得,一定需要**花费时间**,依据内容的不同、主题的不同和个体经验的不同,获取不同知识的时间长度和经验方式也会千差万别。我在该书中认为,知识与经验密切相关,只有通过经验才能得以确认。更为关键的是,我力图表明,从根本上讲,在知识获得的过程中身体介入十分重要。为了证明这一点,我引用了摄影师彼得·古勒斯(Peter Gullers)在谈及摄影专家对光线的判断时所说的一段话(引自Rochlin,1997: 67-68):

> 在面对我必须做出评估的实际情境时,我会对影响光线并进而影响我的摄影作品的众多因素进行细致观察。现在是夏天还是冬天,是早晨还是夜晚?太阳正在破开云雾,或是我正在一棵枝叶茂密的树下,有一半是阴影?是不是主体的一些部分正处于阴影中而其余部分在明亮的阳光下……以相同的方式,我从其他场景和环境中积累感觉。当处于一个新的场景中时,我回忆以前曾遇到过的类似场景和环境。它们起到了联系、对比的作用,我以前的感觉、错误和经验为我的判断提供基础。起到作用的并不仅仅是对实际拍摄过程的记忆。在暗房中冲印照片的那些时光,我对于结果的好奇,重现现

> 实的艰苦努力，以及出现在照片中的图像世界，这些都在我的记忆中……在我对光线条件进行判断时，这些年来印在脑海中的所有记忆和经验，只有一部分会进入我的意识层面。我右手的拇指和食指转动照相机的曝光旋钮，将它调节到“感觉合适”的位置，而我的左手在调节镜头。这个过程几乎完全是自动的。(Hassan，2003：142)

这样的知识，源于“这些年来印在脑海中的记忆和经验”，因而变成“几乎完全是自动的”。在我所引用的这段文字里，充满了时间性和主体的认识领会，这体现了此类知识的“接触”性本质——它形成于亲眼所见、亲身接触和尝试实验，这些过程的沉淀积累创造出了知识，它是非中介性的。这样的知识是**默会的**，源于个体的身体和认知经验，是高度个体化和主体性的。不过，另有一种更加**中介化的**(或者说间接的)知识形式在引导我们走向外部世界。这就是我们所读到的，或是在电视中看到和在广播中听到的，或是在与别人的交谈中所获得的关于事物的知识。正如伊丽莎白·迪兹·厄马斯(Elizabeth Deeds Ermath)所说，这种类型的知识“总是远离于直接理解，总是中介的而非直接的”(1998：34)。这种中介化的知识不是默会的，它不是从直接经验中得出，而是源于我们与知识的**临时性**关系——这种关系使我们能在这个世界发挥自己的功能。作为一种真理或事实，这种临时性是关系的一个重要维度，因为正如威廉·詹姆斯(William James)①所论证的，临时性可以被视为“验证过程的集体名称”(1907：218)。换言之，对于我们而言，世界只是(并且总是)依据我们所拥有的有关其状态的中介化的信息，而临时是真实的。这种临时性过程持续存在，因而其验证过程也是如此。

让我们更为切近地思考一下中介化的知识意味着什么，以及它如何在日常生活中引导我们经验这个世界。2003年，伊拉克爆发了一场持续近10年的战争。正如我所写到的，我们现在仍需对这场战争得出某种结论。我从未去过伊拉克，但我确信复兴党政权(Baathist régime)被推翻了，萨达姆·侯赛因已经死了。(我们所有人都在YouTube上看到了，不是吗?)我也相信，在这场战争中有大量的、未知人数的伊拉克人死去，同样也有可以获得准确数字的盟军人员死亡。这些都是我“知道”的“事实”，我们(多数时候是)从中介化的电子媒介那里

① 威廉·詹姆斯(1842—1910)，美国最早的实验心理学家之一，被称为美国心理学之父，实用主义哲学的倡导者之一。在他1907年出版的《实用主义：一些旧思想方法的新名称》一书中，詹姆斯提出，世间无绝对真理，真理决定于实际效用，并且随时代环境的变迁而改变。适用于环境且有效者，就是真理，因此真理是“验证过程的集体名称”。——译者注

了解到它们。同多数的非专业人士一样，我对正在发生的这些事件的了解是贫乏的和有局限的，即使我在这一特定的事件上所花费的时间比很多人都多。要了解更多，以及要理解得更为深入，这无疑与时间问题有关。我需要花更多的时间去阅读、思考、讨论、书写，甚至有可能需要亲身造访几次，（用一个恰当的术语来说）以获得“第一手”经验。但是我并没有这样做，这主要是因为我没有时间。因此，我只是以一种高度中介化的经验方式，对与这一特定事实相关的“知识”作一番浮光掠影式的快速浏览。这只是我在建构自己的知识，并进而理解这个世界时所涉及的一个现实、一个话题、一个资源。但对我来说，它仍然是临时的，临时是真实的，而不可能是其他。尽管如此，我还是相信，如果我决定花费必要的时间去细致探究，被这一系列事实所呈现出来的“伊拉克”的真实性是可以被很好地验证的。我们中的大多数人会有意或无意地接受这样的契约——现代性及其大众媒介素养的契约，它源自启蒙运动，信任印在纸张上的语词的力量并进而信任由书籍和报纸所呈现的现实。

理解“现实”的生物和环境时间基础已经被信息传播技术所改变。受到高速网络信息的推动，越来越多的知识形式，或者说经验现实的表达，已经变得**超级中介化**。然而，它们**仍然只停留在信息层面**，因为我们缺乏时间在更深的层面上对其进行充分思考，以使信息转变为**知识**，成为我们花费时间去“获知”并将之作为对现实的有效表达而暂时接受下来的东西。对于我们每天、每一分钟都不断遭遇的大量信息，我们根本没有充足的时间去反思它们的意义或重要性。这种认知不协调，正是法国思想家让·鲍德里亚（Jean Baudrillard）在他那篇饱受非议和误解的文章中所阐述的内容，那篇文章对 1991 年爆发的早期伊拉克冲突进行了剖析，那场战争的目的是为了击垮萨达姆占领科威特的军队。鲍德里亚这篇刊载于英国《卫报》（*The Guardian*）和法国《解放报》（*Libération*）上的文章题为《海湾战争没有发生》。他指出，由于美国军方对基于电脑屏幕的“信息战”战法的指数级激增式地采用，由于对计算机网络驱动的媒介生产的操控，战争成为一种“超真实”，变成对中介的中介的中介，由此，这场战争的本质已经失去，也就是说，死亡与毁灭的物理现实被忽略，从认识论上讲，就是我们看不到“第一手材料”——看不到死去的伊拉克人，看不到那些不得不面对战争创伤的人们。这场战争及其后继发展基于美国的高科技卫星信息系统，通过屏幕、电脑分析而进行，由此带来“虚拟和真实的聚变，形成了第三类现实”（Baudrillard，2001：11）。

在网络社会中，信息生产的速率、容量和复杂性变得异常重要。当某人告诉你的东西比你真正想知道的要多一些的时候，我们有时会（多少有些轻佻地）使用“信息量太大”这句流行语。但当涉及我们的数据化生活时，这句话却不再轻佻无聊。“信息过载”、“数据垃圾”、“数据烟尘”等这类词汇，被经常用来描述在主干网络（它们构成了我们数据化生活的基本构架）中流动、震荡的内容的严重过量。信息生产过程中容量和速率的快速增长令人惊愕。例如，思科系统公司（Cisco Systems，一家美国消费类电子产品公司）的工程师曾经计算过，互联网数据流通量在2007年每个月约为5艾字节（exabytes），到2010年增长至每个月21艾字节（Miller，2010）。1艾字节的真实容量是多少呢？它的数学表达是1 EB = 1 000 000 000 000 000 000B = 1 000 PB（petabytes）= 10亿GB（gigabytes）[①]，至少对我而言，这个数据已经没有任何意义。据估算，在2009年，全球数据内容的存储总量接近500艾字节，如果将其转换为书籍的话，这堆书的总长度是从地球到冥王星（太阳系中最远的行星）的距离的10倍。这或许可以帮助我们了解1艾字节的真实容量。又或者这样来想更容易理解些，1艾字节可以把全球一半人口手中的iPod播放器完全撑满（Wray，2009）。此外，不要忘了，网络中的数据量还在以指数的形式快速增加。

至少从20世纪70年代开始，就有学者对电脑产生的数据的快速增长进行了研究（比如，Lyman & Varian，2003；Shenk，1997；Toffler，1970）。这些著作的一个普遍思路是，信息过载应该在个体层面解决。这种观点认为，我们在信息消费（及生产）中应更有选择性，因此我们应当更频繁地关掉电脑，少写少读点电子邮件，有时可以把手机留在家中，还可以过一个“远离电子设备的周末”，如此等等（Eriksen，1999；Gleick，2000）。不过，这些建议的前提假设是我们或多或少可以完全掌控我们的数字化生活，我们可以在自己想要的任何时候自由地关闭设备。这类“选择性忽视”的观点声称，这样做可以使我们享受到蒂姆·菲利斯（Tim Ferriss）所称的“低信息生活方式”所带给我们的宁静（Ferriss，2010）。然而，只需稍作思考我们就会明白，对于处在网络社会中的绝大多数人而言，这些观点并不现实。正如前文所讨论的，网络社会所产生的“网络效应”（Hassan，2008）是，我们对于不断增多的信息的生产和消费，从根本上讲是被强迫的。在工作、学习和休闲生活中，我们必须越来越多地依赖信息传播技术及其五花八门的各类应用，因为如今这些已经是日常生活中不可或缺、无法回避的一个部分。

网络效应的强制性是隐性的，看上去没有威胁性。它微妙而不易察觉，并作

① 原文是：1 EB = 1 000 000 000 000 000 000B = 1 018 bytes = 1 billion gigatytes。此处的1 018 bytes应该是错误的。在计算机科学中，有两个计算数量级，一个是10的3次方（1 000），一个是2的10次方（1 024），一般默认二者是相等的。在此，作者采用的应是10的3次方的标准，因此1 EB = 1 000 PB。如果以2的10次方为标准，则1 KB = 1 024 B，1 MB = 1 024 KB，1 GB = 1 024 MB，1 TB = 1 024 GB，1 PB = 1 024 TB，1 EB = 1 024 PB，1 ZB = 1 024 EB，1 YB = 1 024 ZB。——译者注

用于心理层面。就像是购物,它是被创造出来的一种"需求",是晚期资本主义(late-capitalism)的固有特性,贯穿我们的社会和经济生活(网络在实际上将这些领域连为一体)。就这样,我们在与计算机有关的这个或那个方面变得越来越精通,因为我们的雇主(在没有事先咨询我们的情况下)在电脑里安装了新的软件或硬件,以使我们的工作更加"高效";我们也可能会发现自己注册了Facebook(脸书)账号,因为其他人似乎都在这么做。我们习惯于在这种经验的表层随波逐流,或许还为此感到快乐。然而,就像是购物一样,如果我们能在更为深入的主体性层面进行思考并忠于自己的话,我们就会发现网络效应的强制性,就会发现自己正在成为数字奴隶,这一过程永无终点、永无止境。

我们中的大多数人既没有时间去做这样的思考,也不愿意直面数字宰制的深层现实。通过一套令人感到舒适的"**信息化修辞**"——这套话语体现了斯科特·拉什(Scott Lash,2002: 26)所说的"信息逻辑"(它取代了福特主义的"生产逻辑"),网络效应及其强制性对于我们中的大多数人而言,变得更为含糊隐晦。在多边事务层面,对信息化的急迫呼唤表现为越来越多的政治表达和政治推动,将接入网络、彼此联结视为一项基本和普遍的权利。在"权利"话语的掩蔽下,网络效应及其强制性本质踪迹全无。例如,由联合国发起的、2005年在突尼斯举行的"信息社会世界峰会"提出:"我们认为,互联网是一项与人类共同遗产概念相关的全球公共品,接入互联网事关公共利益,必须提供互联网服务以实现平等,这是一项全球公共承诺。"(Spang-Hanssen,2006)

这一未经验证的断言(因而也体现了网络效应的强制性)在这个世界的几乎每一个层面、每一个区域被付诸实践,而不管当地的政治、经济和社会条件是否合适。在尼古拉斯·尼葛洛庞蒂(Nicolas Negroponte)身上,我们可以看到这方面的证据,他是信息传播技术的鼓吹者,美国麻省理工学院媒介实验室(MIT Media Lab)的建立者,以及《数字化生存》(*Being Digital*,1995)一书的作者。2005年,尼葛洛庞蒂建立了一个名为"每个儿童一台笔记本电脑"(One Laptop per Child,OLPC)的非营利组织,其任务是免费提供一台简单的、特制的和可以联网的笔记本电脑,以使"世界最贫困地区的孩子能够享有接受教育的机会"(OLPC website,2010)。从表面上看,这对于最弱势群体的教育而言,无疑是件好事。但确实如此吗?首先要问的问题是,为何它一定要通过笔记本电脑来进行,或者说,为何不借助那些更为传统的、并不依赖网络的手段——练习簿、小说和漫画书、辞书和字典、铅笔以及其他实物?在卢旺达政府(OLPC在包括海地、阿富汗等国在内的全球35个国家大约发放了140万台笔记本电脑,卢旺达接受了10万台)看来,原因很简单:它使这些国家能够参与到21世纪的经济竞争之中，搭上经济、社会加速发展的快车。它的目标，既不是帮助一代个体的成长，通过教育使他们对其自身和在这个世界上的处境开始有本体论层面的认知，也不是将学习作为建立稳定而民主的政治实体的基础手段——这正是撒哈拉沙漠以南非洲国家的根本需要。正如彼得·博蒙特（Peter Beaumont）①所说，观察卢旺达社会时最为重要的认识基础，是要意识到"……卢旺达的野心是将自己转变为一个知识经济型的国家，政府希望在未来10年中训练出5万名计算机程序师……这一计划的目标不是跟上它的邻居们（如肯尼亚）的发展步伐，而是在一代人的时间内超越它们"（Beaumont，2010：26）。如果能够成功，卢旺达社会将飞速融入虚拟全球经济之中。在这一轨迹中，没有麦克卢汉式的技术桥梁会被烧毁——"发展沟壑"将会被一跃而过，卢旺达人将会直接降落在计算机逻辑上和以计算机为基础的竞争之中，在此，对于个体价值的评估，将取决于他或她能在多大程度上"有效率地"与新自由主义全球化的信息洪流保持同步。

全球"信息逻辑"和驱动它高速运行的资本主义竞争无所不在，同时，我们与读写这种身体行为的关系，以及我们通过读写过程来理解我们的所作所为的事实，并没有发生改变（**但在网络社会语境中，我们极少会对此予以检视**），有鉴于此，我们所面临的风险已到达极致。涉及其中的不仅仅是我们自身持续分散的主观意识，还包括我们已越来越无法应付信息社会的各种需求。我们发展读写实践的方式，以及我们在古代社会所形成的时间节律，是现代文明得以建构的特定基础。我们所拥有的意义和理解的范畴，过去、现在和未来的时间性，以及我们与启蒙理性和民主政治（它们是公正的人类组织形式得以发展的基础）的关系，均与这些身体行为有关并从中发展而来。现在，我们需要更为细致地思考：从时间性的角度看，读写这种身体过程，**真正带来了什么**。然后，我们需要继续考虑，由于新的"信息逻辑"的缘故，我们（我们的大脑及其认知能力）并没有以相同的速率在进化。简而言之，我们需要意识到，对于我们而言，人类文明得以发展的最早的和最重要的工具——阅读和书写，已经无法在网络社会中充分发挥功能。

亚马逊或苹果？

2010年4月26日，《纽约客》杂志发表了肯·奥莱塔（Ken Auletta）的一篇

① 彼得·博蒙特是英国《观察家报》（*The Observer*）国际新闻记者、编辑，并为《观察家报》的姊妹报《卫报》（*The Guardian*）撰稿，报道过伊拉克、阿富汗、黎巴嫩、加沙和科索沃战争。——译者注

文章,它的标题并没有什么原创性,叫《不出版,就出局》(Publish or Perish)。不过,从很多层面上看,这篇文章的内容很有意思。首先,它涉及一个普遍的观念(或者说假设),即物理形式的书籍正在慢慢死去。书籍、杂志和报纸的出版商们所看到的只有(所有纸质出版形式所共同面对的)危机——销售缓慢、销量下滑和利润下降,因为越来越多的读者被"免费的"在线内容所分流。读者的理由简单直接:当相同的东西只需要点几下鼠标就能不需要付出什么成本而获得时,为什么还要去书店买一本书,或是订阅早报呢?哪里还能获得比你手头更多样化的选择?网络效应将无数消费者吸引到各个网站,在那里他们不需要付一分钱,就可以获得以前需要花钱购买的东西。例如,谷歌公司疯狂地扫描了海量的文章并将它们放到线上,用户既可以节选阅读,也可以访问没有版权的文章的全文。而报纸和杂志在10年以前或更早,就已经将它们的内容放在网上供免费阅读。就像出版商们所担忧的那样,认为互联网就应当是"免费共享"的整整一代人,现今已经成长起来。《纽约客》这篇文章所反映出的第二个方面的议题是,所谓的"电子书籍"(e-book)将有望给大出版商们重新带来财富,并使它们的未来获得保障。这背后的逻辑是,和大量"移居"网络的读者**一起流动**,满足和引导他们的阅读习惯,出版商们将能够使它们经年萎缩的收益获得复苏。接着,奥莱塔这篇文章的主要部分进而讨论有望"拯救图书行业"的技术手段(分析了亚马逊公司生产的Kindle手持阅读器和2010年发布的苹果公司的iPad设备),以及通过这些(当然还有未来可能会出现的具有竞争力的)数字技术,高风险企业生存策略如何得以施行(Auletta,2010)。

最重要的议题在这篇文章中并未言明,而是隐藏在其潜文本中:那些全球性的、重量级的出版商,如阿歇特(Hachette)、西蒙-舒斯特(Simon & Schuster)、企鹅(Penguin)、哈珀柯林斯(HarperCollins)、纽约时报(*New York Times*)、新闻国际公司(News International)等,在它们所施行的所有高风险策略中,极少会关注(已有的和新进入的)作者与记者,也根本不会考虑**内容的本质**。换言之,出版商和高科技公司所争夺的是信息,是作为商品而存在的、最为功能化的数字形式的信息。作为信息的内容,或者说作为内容的信息(在数字化语境中,这二者毫无差别),就是一切。因而,最重要的任务就是发展奥莱塔所说的"最为有效和多功能的"技术,以实现内容/信息付费(Auletta,2010:47)。作家、图书馆馆长罗伯特·达恩顿(Robert Darnton)对这一工具化过程——尤其是书籍方面的工具化过程——深感痛惜,他对阻止这一洪水决堤式的过程、回到前数字时代已不抱丝毫幻想。在其《装书的柜子》(*The Case for Books*)一书中,他写道:"无论未来如何,它一定会是数字化的。"(2009:xv)这一点,确定无疑。但是,在这一不可避免性之中，我们忽视了什么？达恩顿看到了知识的信息化（因而也看到了它的无解），认为这是最主要的影响。然而，他仍将“知识”看作是“嵌入”文本之中的，不管这些文本是存储在服务器上还是在书店中，认为如何获取和平衡才是我们需要关心的问题（2009：xvi）。这样的观点过于简单，也缺乏对于联网的信息处理过程的力量的反思。它没有考量阅读、书写的生物时间性和生态时间性，以及不可遏止的数字化过程对它们的摧毁。

印刷人[①]的时间感

我们与文字的关系有着极为深刻的影响。沃尔特·翁认为，书写（莎草或纸张上的符号）是一项技术，它如此非凡，以至于我们已经看不到它的非同寻常（Ong，1992：293）。我们将书写看作只是人类与生俱来的一部分，它如此玄妙，我们无法想象一个与它所创造的现实相分离的现实。我们与文字之间的亲密关系是身体性的、可触可感的。儿童，甚至在接受正式的学校教育之前，似乎就有一种在书上涂画的先天倾向。我依然记得那令我惊叹的一幕。一天，我走过我1岁儿子的房间，那儿安静得让人生疑。我看见他坐在地板的正中间，交叉双腿，把一本书放在他膝头，缓慢而有节奏地一页一页翻看着那些他根本无法理解的文字和图画。然而，从他的身体语言，从他倾斜的脑袋和他翻动书页时的沉思表情上，我看到他已经沉浸在他自己的前文字世界、他自己的时间景观之中，没有人知道他的前文字世界和时间景观是怎样的，但毫无疑问，经由读写行为，这些已经被濡化（enculture）进一个1岁孩子的身体、感官和时间关系中。与之相类似，当识得文字的稍大些的孩子和成人来到书店时，极少有人不会自动放慢身体节奏，并同时在认知层面进入另一个时间-空间之中。在我的家乡有一家购物中心，与其零售业氛围多少有些不和谐的是，这里面有一家名为Borders的书店，它位于“敞开式”的环境之中，被咖啡馆、商店和餐厅包围。这种设置意味着你可以在不知不觉中进入这家书店（当然拿着本没付款的书离开就是另一回事了）。在它的时间维度中，从书店“之内”到“之外”的转变更容易被人察觉。书店中的时间景观更为缓慢，更为安静。在书架之间，人们有意无意切换了时间节

---

① “印刷人”（typographic man）一词出自麦克卢汉。1962年，麦克卢汉出版了他最著名的著作之一《古登堡群星：印刷人的塑造》（*The Gutenberg Galaxy: The Making of Typographic Man*）。“印刷人”指的是浸润在印刷媒介中、伴随着印刷媒介成长起来的人。有些地方将麦克卢汉这本书的副标题译作“印刷文明的诞生”。本书此节强调的是印刷媒介对人的影响，尤其在时间方面的影响，故采用“印刷人”的译法。——译者注

奏,进入浏览与阅读的内向化的世界。书店鼓励读者们坐在它所提供的简易座椅和沙发上阅读,读者想坐多久都可以。舒缓的背景音乐飘散在空气中,周围弥漫着新书的芬芳气息,自然隐约而不张扬,挑剔的人可能以为它是一款香水的气味。而就在几米之外,那里的时间景观与书店形成了尖锐的对立,电影观众兴奋的高声谈笑混杂着咖啡馆中年轻人的喋喋不休,还有忙得分身乏术的店主们在热情地推荐这条裙子搭配那件上衣或这件衬衫配上那些长裤的声音。Borders书店的体验,只是更为久远的公共图书馆传统在后现代社会的特定延伸,是维多利亚式的神圣传统在大众文化中的体现。在这里,读者和作者们进入一个特定的现代化的、源自启蒙运动的空间之中,它有意识地与日常生活的喧哗嘈杂保持距离。图书馆的访问者以别处见不到的方式断开与日常生活的联系,相对于商业书店的读者,他们更追求个体的、私密的阅读和书写行为,当独处时,或是当处于一个相对安静和节奏缓慢的情境中时,阅读和写作更为纯粹和富有成效。分神打扰被标识标牌和警觉的图书馆员工明确地制止,他们尽力使这里的时间景观能够满足身体和环境的要求——缓慢、安静。以我们的经验可知,这些都是必须的。

书籍和书写行为在身体和认知层面作用于我们,因为它们在很大程度上反映我们的本质。自刻有楔形文字的黏土泥板被发明之时起,我们人类就将这一发明编码进我们最基本的身体、心灵和环境的节奏之中。由于其与我们身体的特定部分和特定能力相关,因此我们对于书籍的设计总是限定在一定的范围之内,不能太重或是太大,字符要使眼睛舒适,帮助减少阅读时眼部所遭遇的限制。与阅读的长久相伴意味着,拿起一本书(此时体现了它与生俱来的可携带性)感觉就像是穿件衣服那样自然。在读书时,我们很容易就会忘记书本在我们手中,它变成了身体的文字形式的延伸。书籍容纳我们按书中所包含的信息、思想、习俗和知识发生转变的过程,我们将被吸纳成为我们对这个世界的态度的一个方面。新书有一种特殊的时间气息,因为它能够灌注一种期待感和提示(事物发展的)未来方向。旧的书籍也有它们自己完全不同的特定气息和色彩。页面的原始白色消逝了,代之以更为柔和、更有岁月感的灰色阴影;原来的酸甜气味也被在书架上经年累月所沾染的气息所取代。它们有着自己的历史,页角还留着折痕——之前的读者在这里暂时中止了阅读,或是永远停在了这里。它们的页边空白处可能包含着读者个人的叙述。在这些笔记中,停顿更加具体,更加能反映出那些人们常常并不知道(甚至可能永远不会为人所知)的特定时刻,或是启发,或是愤怒,或是了然,或是费解。被印刷在纸上的文字作为一项技术,与人类的距离是如此紧密。它是物质性的、可触知的,从中流淌出生命、生活、文化,以及生物节律和环境节律，这些都可以追溯到那些具有创新能力的先民们生活在底格里斯河与幼发拉底河之间的时刻。

书写**行为**与身体在速度和时间方面的能力不可分割。为了书写清晰，我们从5岁开始就被告知要写慢一点，要**慢慢来**，这样别人才看得清楚。书写太快笔迹潦草，或是书写混乱难以辨认，那是因为没有按正确的时间要求去写。尖棒、翎管笔或是钢笔的技术，手部动作以文字形式的延伸，我们对这个世界的延伸，这些都包含（或者说被编码进）由美索不达米亚人所确立的最初的时间和节奏。

印刷人自其出生之时开始，并在此后随着识字的增多，不断受着这种编码过程的浸润熏陶。在《古登堡群星》中，麦克卢汉描述了印刷文化是如何体现在时间节奏之中的，计量、赋予和确定着由使用相同身体手段和技术工具进行读写的人们所组成的读写社会的节奏。他引用了英国政论家和记者威廉·科贝特（William Cobbett）出版于1795年的《在美国的一年》（*A Year's Residence in America*）中的一段话：

> 他们（美国农民）自年轻时就都会成为阅读者，很少有他们无法和你交流的话题，不管是政治话题还是自然科学话题。至少，他们总是在耐心地倾听。我不记得什么时候见过有美国人在对方说话的时候打断过他。他们在说话和做任何事情时，都是平和、冷静与深思熟虑的，他们在表达自己时是缓慢而审慎的。如果认为这些是**缺乏感情**①的表现，那是十分错误的。

科贝特注意到的普通的读写能力有一个共同来源——一种物质性的媒介，即被印在纸上和被个体读者捧在手上的文字。再一次，因为我们如此之深地习惯了书写技术和它无所不在的印刷形式，因此我们很难认识到这一技术的重要性，以及它在遥远的过去就开始的对人类思想过程所做的内在的、**时间上**的“重构”。随着文字被固定在纸张上，作者的思想被抽取出来，自由浮动。但作为文字、语句、章节和著作，它们又仍是不变的和不可改变的，也就是说，它们被锁定在封面封底、各个标题之间，有着确定的开始和结束。然而，书籍是沉默无言的，文字是全然**静止**与空寂的，如真空一般。只有在追忆中，只有在与电子时代来临之时的对比中，我们才能发现它在时间上的重要意义。正如沃尔特·翁在《文字的连接》（*Interfaces of the Word*）中所说：“书写（和阅读）本身是一个闭合系统：被书写下来的文本是一种独立存在，在根本上与说者和听者相分离……印

① 粗体为原文所加。

刷术创造了一个更为令人惊叹的世界：一种字体中的每一个 a 彼此间都别无二致，同一个版本的印刷副本相互间也都毫无差别。”（Ong，1977：305）正如我们在第一章中所言，如果时间经验能够通过变化和运动而得以确认的话（Tabboni，2001：7），那么书写（以及对书写的阅读）的时间性是相对静态的，反映着作者思想原先活跃和运动的时间景观，它被转移到纸张上，而从那时起，它固定下来，形成闭合。

当然，印刷文本的闭合、通过阅读所形成的思想过程的闭合，还并非全部。显而易见，翁还对读者予以考虑，借此平衡其“闭合文本”的论题：“书写（和阅读）印刷品也是开放和自由的。它们不仅可以使人得以接近在别的情形下无法接触的信息，也使新的思想过程成为可能。”（Ong，1977：305）换言之，从时间性的角度上说，书写和阅读的开放性与自由潜能建立在实际的运动和变化上，由此赋予读写过程自己的时间节奏。阅读和书写必然要与其他的思想和其他的书籍相联系，由此将新的信息与对这个世界的新的观点和态度（社会的、法律的、技术的、哲学的或是文学的）结合在一起。阅读和书写与生俱来的、内在固有的闭合与开放性的双向互动，形成了一种牵引的力量。从时间上讲，它反映了印刷文化的物质世界，反映了读写的技术发展形式，或是雷吉斯·德布雷所说的思想扩散的物质过程，即“使思想得以成为社会化存在”（Debray，2007：5）的传播网络。这些物质过程的特殊本性，从文明的曙光乍现到机器时代的来临，符合生物时间性和生态时间性。诚然，由于竞争与创新，这些时间性在不断加速，同时由钟表时间所带来的不断增强的理性使得时间持续地有序化，但是，它或多或少始终停留在人类身体和生物的时间能力范围之内。前机器时代的印刷文化有其自身的时间性，与美索不达米亚人的时间性并无多大差异。经由我们与书写技术和阅读过程的关系，不断增长的识字率确实带来了时间性的拓展，但同样重要的是，它使延续了数千载的我们与时间、知识的文化关系**更加统一**。

然而最为重要的是，“教育的伟力”（Ong，1983）——它创造了基于识字能力的印刷文化，将我们从口语和修辞占主导的古代社会（此时，传播不可避免地带有模糊性，口语的倾向性导致**彻底的开放性**，众声喧哗，嘈杂混沌）带到一个现代性的世界，此时，人的感觉被读写的视觉性，被逻辑的思考过程所主宰。正如翁在《口语文化与读写文化》（*Orality and Literacy*）中所写，欧洲自 16 世纪起，寻求理解“如何知道我们之所知”的形式逻辑和批判性推理开始取代口语和修辞文化。翁认为，逻辑有其“文字书写基础”，“这是希腊文化的发明，它使字母文字书写内在化，并因此永久性地成为智识资源的一部分，使文字化的思维成为可能”(1982：51-52)。希腊文化中的“文字书写基础”对现代性的影响常常被忽视。正是这种“基础”及其生物时间性和生态时间性节奏，赋予我们——赋予启蒙思想家们——民主逻辑和批判思维，在全球化的21世纪，这些(至少在形式上)仍是制度基础和认识论基础。

不可化约的时间性

在此，我想探究一下**叙事**和**典范**的功能，它们是文本知识在社会中得以创造、编制和散布的主要基础，深深植根于社会过程之中，使个体和社会在纷繁芜杂的世界中得以定位并探索前行。如果这些功能不是时间性的和持续性的，那么就将完全无法发挥，它们的存在和效力依赖一个较长的(而不是较短的)时间框架。重要的是，这种时间性也是一种推动力，它是可以使信息、思想和知识得以固化的时间形式。此外，这一过程的时间性或持续性并不是抽象的钟表时间，而是人类的时间经验，是人类创造的社会时间景观所具有的语境化的时间。换言之，通过叙事，我们对自己讲述着赋予世界意义的故事，这些叙事可以成为经典的一部分——文本资源、包含思想(和叙事)的书籍，它们形塑了至少是启蒙时期以来的西方文明。在此我的观点是，它们要历经**很长时间**才会成为“宏大叙事”和“西方经典”，它们的故事和对它们的指摘至今仍在很大程度上决定着我们如何看待我们的社会，如何在社会中寻求意义、探索知识和构建现实。然而，正如发展和固化这些机制需要花费时间一样，社会正确地认识这些叙事，认识它们的类型和复杂性，也需要时间。不过更为重要的是，作为个体和社会成员的我们，同样需要花费时间，才能充分理解它们，从而能够批判性地与它们发生关系——充实它们、改变它们或是拒绝它们。今天，我们已然无法在充分的时间基础上与它们发生关系，在分析这样带来怎样的后果之前，先让我们依次对叙事和典范的概念做一番简单的梳理。

芭芭拉·哈迪(Barbara Hardy)在其写于1968年的一篇论文中，对叙事之于世界存在方式的绝对基础性作了清晰的表述：“我们在叙事中梦想，在叙事中遐思，通过叙事，我们追忆、期待、希望、失望、相信、怀疑、计划、修正、批评、创建、闲谈、学习、憎恨或爱慕。”哈迪继续写道：“为了真实地活着，我们编造故事——我们自己的和其他人的，关于个人的和关于这个社会的过去与未来的。”(1968：5)与之相似，杰罗姆·布鲁纳(Jerome Bruner)认为，叙事和对叙事的理解在人类心灵中“……不仅表现着，同时还**建构着**现实”(1991：5)。布鲁纳还认为，作用于心灵的叙事的力量，人类对叙事的力量的接受能力，是一种引导性的、联结性的和证明性的力量,它起始于孩童时期。"有令人信服的证据表明",他写道,"对叙事的理解是幼年时便已发展起来的**最早的精神力量**,也是组织人类经验时最为广泛使用的精神形式"(1991: 9)。我们对于叙事的接受是古老的、根深蒂固的,这表明我们与书写及其技术的内在联系,与这些"最早的精神力量"紧密相关。因而,就像书写行为和文字阅读带来意识的形成一样,在朱利安·杰尼斯所说的从二分心智状态到一元心智状态的过程中,在沃尔特·翁所说的我们"自己的"声音内在发展的过程中,叙事也在技术化(不同于纯粹口语),与美索不达米亚人的创造①所具有的生物和生态时间性融合在一起。此外,在《现实的叙事建构》(The Narrative Construction of Reality)中,布鲁纳告诉我们,叙事(以及它们所建构的现实)"在时间上是不可化约的"(Bruner,1991: 5)。在我看来,布鲁纳所说的"不可化约的时间性",就是指那些被编码进赋予叙事技术形式的原初手段之中的时间性。简而言之,我们所说、所听、所与之同在的叙事,毋庸置疑有着它们在前文字文明时期口语文化的起源。然而,一旦文字被技术化和时间化,叙事对现实的建构也就具有了技术化和时间化的形式。

叙事的连接、共享和网络化过程,无疑拓展了它们的范围和它们的社会力量。叙事因此成为一种**元叙事**,用斯蒂芬斯和麦卡勒姆(Stephens & McCallum)的话来说,它可以被认为是"安排、解释知识与经验的一种全球性的或总体的文化叙事模式"(1998: 6)。

此外,元叙事的范围和力量,以及它作为一种"使来源殊异的材料黏合成为有机统一的整体"(1998: 130)的过程,也提供了某种形式的**推动力**,使意义(通过被印刷出来的叙事的发行)获得相对**稳定性**,并使叙事获得纯粹口语传播永远无法企及的规范性与精确性。长时段是元叙事的时间性。通过文字印刷技术的传播扩散,叙事得以沉淀,形成跨越代际的故事。这些形成了社会文化和观念的路标,社会成员和机构将它们看作意义、目标和在宇宙中的位置感的现成的坐标。

在《知识考古学》(*Archaeology of Knowledge*)中,米歇尔·福柯认为这种时间性过程是历史的本质,"历史就是将文献变为遗迹"(Foucault,1972: 8)。变成了整体性遗迹的文献,是社会世界得以获得稳定中心——我们或多或少都必须坚守——的背景。世界上主要的宗教,伊斯兰教、基督教和犹太教,都是以文字和书籍为中心的,灵魂与精神方面的叙事几个世纪以来决定了难以计数的个体的生活;科学的总体性遗迹(其语言文字、方法和证明都通过文献传承)至少自

① 即文字。——译者注

16世纪以来为人类提供了反对形而上学的主要视角，或是元叙事；现代性产生了我们已经讨论过的它自己的元叙事，它的影响回荡在政治的民主形式之中，回荡在源于希腊的有关理性、正义和伦理的哲学思考之中，如此等等。

从时间的角度描述“文献—遗迹的转变”的另一种方式是将其看作一个**典范化**的过程。社会和文化生活中典范的形成，可以被视作权力对叙事过程的影响，反映着精英们对文本形式的文化知识和文化生产的判断。所谓“典范”，是它被认为真实地、正确地反映了人类经验和人类的自我呈现。从其理想型上讲，典范就是一系列“建构了传统和传递了一套共享价值的文字著作”（Lauter，1991：249）。在此，“传统”是一个关键词，因为典范化过程和典范的形成是历时性的。也就是说，它们主要与源于过去的文本、思想、存在和行为方式相关。

“传统”的思想，以及我们如何阅读过去的方式——即劳特（Lauter）所认为的受到叙事影响的“一套共享价值”，由特定的权力关系所建构。正如我们在第一章中所见，俄国社会现今正围绕它的过去进行着权力斗争——一场书写（或重写）国家历史的叙事规范的斗争，而且延伸到对现在和未来的书写。这意味着，典范作为对权力竞争的反映，并不必然是被深深地镌刻到坚硬的花岗岩上从而不可磨灭的。物换星移，有些书籍和它们的思想可能被奉为典范，但同时另一些则可能淡出人们的视线。有些变化相对于构成典范的核心而言，可能相当次要与边缘化，例如就文学作品而言，合乎潮流可能比直接反映权力和利益更为重要。在过去可能有着重要影响的作家，例如代表标准的维多利亚风格的福特·马多克斯·福特（Ford Maddox Ford，他的影响在20世纪前20年达到顶峰）①，现今已经极少有人会去阅读，除非是在不断萎缩的比较文学系中（McDonough，2002）。在与权力紧密相关的典范方面，经济学家约翰·梅纳德·凯恩斯（John Maynard Keynes）的遭遇也有着强烈的前后反差。20世纪30年代灾难性的经济衰退，将凯恩斯的思想推到全球经济思想的前沿，一直到70年代，他的“有管理的资本主义”的理论在许多主要的西方民主国家成为经济学公理。然而，正如前面提到的，大约从70年代开始，被长期忽视的冯·哈耶克（von Hayek）和弗里德曼的（灵活的市场友好型）思想，取代了凯恩斯成为典范，成为新的经济管理原则。再晚近些，在2008年至2010年的全球经济危机之后，自由市场思想开始失宠，而凯恩斯的理论再度复兴（尽管还仍未获得典范地位）（Judt，2010：198-206）。

尽管不同的思想可能在典范的名单上进进出出，但典范化的过程总体上是缓慢的和十分保守的——在政治层面（无论是字面意义上还是古典意义上）趋

① 福特·马多克斯·福特（1873—1939），英国小说家、诗人、评论家。——译者注

向于保守,因为它寻求维持**现状**,只有当面对社会、经济和政治的深层变化时,才会小心翼翼地做出调整。这为人类获得某种形式的本体一致性打下了坚实的文本和思想基础。19 世纪试图将知识典范化的文化批评家马修·阿诺德(Matthew Arnold)①认为,他的任务是"知晓和传播这个世界上最好的作品,而离开书籍和阅读,这一目标无法达成……"(1960: 163)。我们通过书籍、阅读和书写告诉自己的故事,成为一代代以来我们大多数人认识世界现实的基础。如前所述,反映权力意味着,(至少在理论上)我们使世界获得意义的故事总是会经历挑战、修正和变化,尽管随着资本主义、现代性和启蒙思想的兴起,持久性成为我们衡量不断变化的叙事以及基于叙事所形成的文本典范的标准。理性、进步、物质繁荣、具有所向披靡之力的科学,乃至于基督教思想的元叙事,这些都包含着缓慢建立、缓慢变化的知识和价值观核心,向我们解释着在一个现代化的世界中,何以为人。

对这一有序状态造成威胁的,无疑是资本主义。竞争和资本累积的迫切需求,是社会加速的种子,它自工业革命以来就深植于资本主义的核心。在19 世纪,机械论主宰了资本主义,蒸汽动力及其以后的电力和燃油动力将竞争和累积的过程推向丹尼尔·贝尔(Daniel Bell)所说的"新理性"层面,"粗暴地打断了过去的工作节奏"(1973: 224)。在不加限制和竞争驱动的逻辑下,正如翁所说,技术从自书写发明之时起就与之密切关联的思想过程和知识创造活动中脱离出来,获得"自治"。随着机器的自治力量越来越强大,它开始反作用于创造了它的社会。沿袭了阿多诺(Adorno)传统的德国思想家汉斯·马格努斯·恩岑斯伯格(Hans Magnus Enzensberger)——他是约翰·西蒙(John Simon)所说的"如今罕有的具有文艺复兴色彩的人物"之一(1982: vii)——所具备的歌德或伍尔夫式的文化和艺术敏锐感,使他得以发现机器驱动对于人类思想和人类意识而言意味着什么。恩岑斯伯格在他 1982 年的论文《心灵的工业化》(*The Industrialisation of the Mind*)的开篇,引用了马克思的《德意志意识形态》中的一句话:"我们的心灵一直是,而且永远将是,社会的产物。"(Marx, 1982: 2)他接着说道,这只是一个相当晚近的洞见,是工业社会以后的发现。而在此之前,通过精英们的教诲灌输来塑造人们的心灵,被认为是理所当然的,是历来如此和完全没有问题的——如果不考虑公平和民主的话。正如恩岑斯伯格(Enzensberger,1982: 2)所写:

① 马修·阿诺德(1822—1888),英国诗人、评论家。——译者注

只有当塑造心灵的过程对于普罗大众而言成为不透明的、神秘的和难以捉摸的（翁或许会说“自治的”），只有随着工业化的出现，我们的心灵如何被塑造才会成为一个严肃的问题。

“心灵的工业化”源于我们直接暴露于形形色色的技术面前，这些技术构建了现代性和工业社会的整体生活方式。在恩岑斯伯格看来，其主要后果是“拓展和训练我们的意识，以期实现对意识的开发利用”（1982：10）。在与之相关的竞争—积累需求的推动下，机器文化发展起来，其对于效率的追求（通过轻率的时间加速而实现）渗透进生活的每个方面。没有哪个生活领域能够逃脱竞争性的机器逻辑的加速追求的影响，书写过程亦莫能外。

从论证到格言

通过书写过程的机械化，我们不仅提高了书写的速度，同时也改变了出现在纸张上的信息和知识的形式。换言之，当其以打字机的形式出现之时，机械化就改变了——或者用翁的话来说“重构”了——我们的思考方式，并使思想具有延伸性（Ong，1992）。随着机器书写的到来，印刷人经历着心灵的机械化，并最终与心灵彻底分离，这一切**不可避免**。不过，这种重构过程非常微妙，在个体层面几乎无法察觉。但我们又确实可以找到这种重构过程在个体层面的一些证据，让我们从19世纪最有影响力的一位思想家的例子入手来予以检视。

1882年，就在写出他那本最重要但充满争议的著作《查拉图斯特拉如是说》（*Thus Spoke Zarathustra*）之前不久，弗雷德里希·尼采（Friedrich Nietzsche）为自己买回一台打字机。它是一台最新型号的马灵·汉森（Malling Hansen）打字机，花了尼采375德国马克。如弗雷德里希·基特勒（Friedrich Kittler）所说，之所以会有这笔大交易，是因为当时尼采的视力急剧恶化。在练习使用那些恼人难伺候的打字机按键一周之后，他已经能够进行写作，表面上看尼采在重整旗鼓，因为此时他的“眼睛已经无法视物”（Kittler，1999：202）。这是一件大事。因为视力问题，这位广为人知的哲学家已经辞去教职，《柏林日报》（*Berliner Tageblatt*）很想知道这种新设备对于尼采的知识生产意味着什么，怀疑是否“……我们能够看到一本他用最新式的打字机写出来的书”。对此基特勒总结道：

事实上，像任何一位对自己采用机械化方式写作并获得出版而感到自豪的哲学家一样,尼采的写作风格**从论述变成了格言,从思考变成了双关,从华丽修辞变成了电报体**①。这准确无误地表明(正如麦克卢汉所说):我们的书写工具同时也作用于我们的思想。马灵·汉森的打字机及其在操作上的困难,使尼采的风格变得简洁凝练,(同时他)牺牲了先前的写作特征,以求与后来的特征相适应。(203)

在此,我们可以明晰地发现由书写的机械化所带来的微妙变化。在机器书写形式中,尼采通过机器"重构"了他的思想,这提出了机器书写形式使思想被重构和更为机械化的问题。随着打字机的发明,我们看到了基特勒所说的"**自动书写**"的出现。在更大的尺度上,我们也可以发现,打字机(它的发明)并不是一项与其他事物相分离的创新或偶然的发现,而是现代性中不断强化的对增长和加速的需求所带来的必然结果,加速逻辑要求所有的社会过程都越来越快。这一辩证关系反过来作用于现代化的总体进程,"电报"式的思考行为在这种不断强化的反馈循环中推动了"电报式"社会的兴起,并最终给我们带来了基于电子技术的计算机。但是,机器书写的影响并不只是思想的工具化和平庸化,它还使**思想加速**,使之与书写速度的提升保持同步。基特勒在书中引用了奥托·伯格哈根(Otto Burghagen)(他在1898年写了世界上第一篇分析打字机的论文)的话,认为:

……对**时间的节省**②意义重大,这使打字机受到商人们的追捧。在它的帮助下,完成同样的办公室工作,所需时间是用笔来完成的三分之一。这种机器每次按键的击打都可以产生一个完整的字母,而用笔写一个字母的时间已经可以完成五次按键……在用笔写上字母"i"上的那个点或是给它划条下划线的时间里,这种机器已经打出了两个完整的字母。连续敲击按键的速度非常快,尤其打字者用全部手指在打字,他可以在一秒钟敲击5下到10下按键!(190)

随着打字机的出现——基特勒将它描述为明显"无害的设备"(1999:183),一道重要的技术鸿沟被越过,而且再也无法退回。此时距基于电子计算机的书写的发明和普遍运用还有一个世纪,届时经济和社会生活中的许多其他方面将会发生变化,但就在当时,与书写工具的以抓握为基础的联系已经被打破,

①② 粗体为本书作者所加。

人类对世界的延伸已经开始依附于自由浮动的和元自治的机器。速度和效率的逻辑切断了古老的联系，渗透在书写和阅读中的生物时间性和生态时间性在不可遏制地衰减，手工书写亦是如此。在手工书写过程中（在建构语句的形式、易读性和阅读速度的过程中），注入了大量的思虑斟酌，而机器书写侵蚀着这一原始技能及其生物时间性，使之濒于灭绝。

在资本主义技术发展的过程中，还需要几乎一个世纪的速度和效率的增长，才能真正打破以机器为基础的工业化。在这个过程中，钟表时间和它所制造的时间世界获得了至高无上的统治地位。我们的思考、书写和知识生产过程——从手写文字到自动书写，在资本主义的维多利亚模式的语境中，在地域上不断拓展（同时也在时间上不断加快）。这一模式所需的空间开始不可避免地被逐渐用尽，这一模式的速度——随着竞争而逐渐变得前所未有的激烈——也越来越嫌不足。到了 20 世纪 70 年代，当历史关头最终来临时，印刷人在尚未做好准备之时，便开始向着由自治的计算机所驱动的、一种新层次和新形式的网络转变，这就是数字网络。在其中，速度挣脱了钟表的限制，我们与技术化的文字、书写和阅读的关系进入一个全新的、紧张的、充满焦虑的阶段。

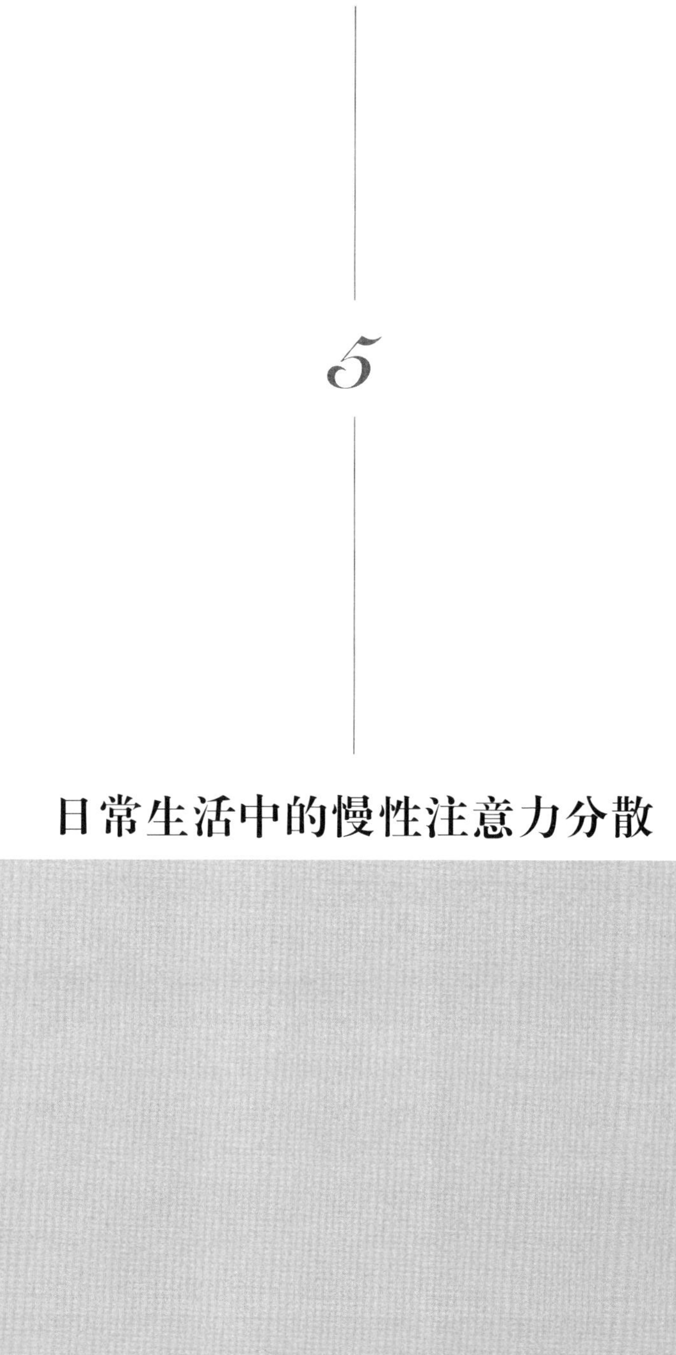

5

日常生活中的慢性注意力分散

注意力分散的序幕：生产逻辑让位于信息逻辑

理解20世纪70年代有诸多面向，其中越来越清晰的一点是，信息和知识将在生活中发挥更为核心的作用。当时，电子自动化、大规模计算、工业规模的数据处理等，从第二次世界大战后万尼瓦尔·布什(Vannevar Bush)①和利克莱德(J. C. R Licklider)②等人的设计蓝图中走出来，以迅猛之势涌入人类生活。在美国大学和军方秘密实验室对计算机网络研究的巨大推动下(后来这两个系统的研究成果逐渐合并形成了商业网络)，这些人的思想得以被补充实善，并成为现实。受到"冷战"需要和贪得无厌的工业生产需求的推动，一个信息主导的社会开始呈现出我们今天已经十分熟悉的特征(Edwards,1995)。例如，在越来越有侵略性的商业领域，菲亚特(Fiat)汽车公司在1977年以其生产的世界上第一台由机器人制造的汽车"Strada"，预示了未来世界的样貌。这款汽车的促销语"由机器人手工制造"(hand built by robots)同样具有预言性。而此前几年，在美国西海岸，比尔·盖茨和斯蒂夫·乔布斯正忙着成立自己的公司。他们自信地预见到，计算机技术即将广泛商业化，计算机逻辑将深深嵌入个体日常生活消费的核心之中，而且这两方面均将被资本化。

信息和知识使新的后福特主义经济模式成为可能。为了拓展其空间，资本传统的劳动密集型价值创造过程，在我们之前讨论过的累积需求的推动下，超越了工厂、办公室和服务场所等传统生产领域。劳动领域中出现了另一个神奇的方面。它是"非物质的"，具体体现在信息和知识的价值创造过程中。例如，迈克尔·哈特(Michael Hardt)和安东尼奥·内格里(Antonio Negri)在他们2005

① 万尼瓦尔·布什(1890—1974)，20世纪美国最伟大的科学家和工程师之一。第二次世界大战期间，他担任美国科学研究局的领导者，推动了美国军方的科学研究与军事技术发展，其中最著名的就是"曼哈顿计划"。1945年，他提出了"麦麦克斯"(memex)存储器的概念，被认为开创了数字计算机和搜索引擎时代。他在信息技术领域的诸多思想为此后计算机领域的先驱们提供了极大的启发。——译者注

② 利克莱德(1915—1990)，美国麻省理工学院心理学家和计算机科学家，互联网概念创始者。1960年，他设计了互联网的初期构架，被认为是"互联网之父"。——译者注

年出版的《诸众》(*Multitude*)一书中所写：

> 不仅计算机被整合进所有的生产之中，而且更为普遍的传播机制、信息、知识等……也正在改变传统的生产实践……(Hardt & Negri, 2005: 182)

实际上，在此前风尚在青萍之末时，社会学和社会理论已经注意到这些趋势并作出预言。例如，丹尼尔·贝尔(Daniel Bell)在1973年出版的《后工业社会的来临》(*The Coming of the Post-Industrial Society*)一书中提出，计算机技术、信息和知识将构成我们即将生活于其中的世界的核心。在贝尔所说的"后工业社会"中，以知识为基础的生产服务将压倒福特主义的物质商品生产。不过，这里所说的知识是一种特殊类型的知识，它是由贝尔所称的"智能技术"所创造出来的**技术知识**，这一技术的任务是组织安排越来越复杂的世界。贝尔认为，这种组织安排"只有通过一种智能技术工具——电子计算机，才有可能实现"(1973: 29-30)。贝尔认为，后工业社会将是一个"没有阶级"的社会，至少是没有马克思所说的对立的阶级，因为马克思思想中的有阶级的工业社会，是建立在资本主义物质商品生产的基础之上的。在这样一个以服务为基础的社会中，最重要的阶级将是由熟练掌握技术的工作人员所构成的精英群体，这一由"知识工人"所形成的"技术阶层"将塑造、组织和引导"知识社会"(1973: 214-216)。这样的社会——在贝尔看来它是积极正面的巨大发展，使政治处于主导地位。在这种情境中，"科学的政治化以及科学团队的工作组织等社会学问题，均成为核心政策议题"(1973: 117-118)。

阿尔文·托夫勒(Alvin Toffler)对未来先兆的理解则截然不同。1970年，他出版了畅销书《未来的冲击》(*Future Shock*)。该书在社会变革的临界点上捕捉到初现端倪的时代思潮，即20世纪50年代社会、经济和政治上面的志得意满与60年代的激情梦想和异见(如今这些正在逐渐消失)形成对立。从更广泛的层面上讲，西方文化正在为不断增加的核战争威胁和刚刚意识到的生态破坏问题而感到忧虑。托夫勒将技术发展看作是向着他所说的"超级工业主义"的急速冲刺(1970: 23)。该书标题中的"冲击"，指的是人们所感受到的方向迷失的冲击，它由超级工业主义所带来的飞速变化所导致。超级工业主义催生了一个越来越快速变化和原子化的社会，信息流动决定了技术变革的步伐。早在70年代早期，托夫勒就看见了新的时间节奏的重要性，"停机时间(down time)会损失比以往任何时候都要多的产能。延迟的代价越来越高，(因此)信息必须流动得比以往更加快速……"(1970: 139)速度和技术驱动的加速过程是**未来的冲击**的先兆和关键特征。托夫勒在这本书的一开篇就明确提出了他的核心观点。他认为：

> 变化在时间上的加速，是根本性的力量。这种加速突进有其个体、心理和社会层面的后果……除非人类能迅速学会在个人事务和更大的社会层面控制变化的速率，否则我们注定要遭遇大规模的适应性的崩溃。(1970：2)

贝尔和托夫勒都预言了信息的兴起将宣告工业社会的终结和一个新的社会形态的出现。不过，贝尔犯了一个极其常见的错误，即将信息与知识相混淆。公正地说，在 1973 年，他还无法充分认识到以计算机为基础的信息将会对知识的获取和使用产生怎样的影响。但更应责备的是，贝尔的技术精英（尽管他希望技术精英处于民主化的管理之下）的思想并没有抓住问题的核心，不管是在个体层面还是在社会层面。确定无疑的是，贝尔相信技术专家统治有着积极正面的力量，在这点上，他的自信和相关表述是危险的。技术官僚精英们获得权威地位的真正危险在于，这会破坏逻辑真理与美学真理（*veritas logica* and *veritas aesthetica*）之间的重要的平衡，而这种平衡被 19 世纪伟大的哲学家们——如亚历山大·鲍姆加滕（Alexander Baumgarten）①——认为是人类全面理解现实的必要条件（Hadot，2006：154-255）。这种不平衡将可能带来一个由获得巨大权力的工程师和科学家阶层所建立和领导的单一性的社会。机器伦理将使人们生活在最高程度的工具理性之下，而美学真理所能提供的对存在和所见的其他理解，即使不会完全消失，也会面临凋零萎缩的风险。

托夫勒的“社会预报”（social forecasting）（这是贝尔提出的短语）则更为审慎（也更为准确）。他察觉到计算机生产的**信息本身**发挥着高度工具化的作用，认知过载正越来越成为一个经济、文化和社会问题。1970 年，当大多数人对于计算机是什么还完全没有认知的时候，当计算机还远未涉入人们生活的每一个方面时，托夫勒的“社会预报”就在当时的社会-心理结构中寻找到了深刻的共鸣。对于不断加速的技术变革会带来什么，当时的社会中回荡着普遍的恐惧和无助感。托夫勒自己对于“未来的冲击”这一概念的解释是，它描述了“由人们在过短的时间内经历了过大的变化而引发的一种摧毁性的压力”（Toffler，1970：2）。有人可能会认为，对于相对沉寂的 20 世纪 70 年代而言，“摧毁性的压力”

① 亚历山大·鲍姆加腾（1714—1762），德国哲学家、美学家。鲍姆加滕第一次把美学和逻辑学区分开来，规定了逻辑学和美学各自的研究对象，并对美学学科的基本框架和基本问题进行了初步探讨，因而被称为“美学之父”。——译者注

的提法是修辞上的过度夸张。不过，其实这并非托夫勒的一家之言，他从大量的专业观点中获得启发，包括精神病医师、医生、工程师和教育专家。同时，他也借用了一些杰出的诺贝尔奖获得者的相关思想，这无疑提升了他的作品的重要性。实际上，他在书中直接引用了其中一些人的观点。例如，1937 年诺贝尔物理学奖获得者乔治·汤姆逊爵士（Sir George Thomson）在 1955 年出版的《可预见的未来》（*The Foreseeable Future*）中提出了一连串与托夫勒密切相关的重要问题："这个看起来在不断加速的物质进步过程是否会持续性地越来越快？它会稳定下来并以一个慢得多的速度平稳前进吗？（人类社会）会终结于浩劫和黑暗年代吗？"（1955：vii）托夫勒所引用的另一位获奖者是赫伯特·西蒙（Herbert Simon），尽管他当时还未接到奥斯陆的召唤，直到 1978 年才拿到诺贝尔奖。西蒙获得的是诺贝尔经济学奖，获奖理由是"他对经济组织内的决策过程所做的先驱性研究"（http://Nobelprize.org）。重要的是，西蒙同时也是一位杰出的认知心理学家和电脑人工智能（AI）先驱。在这个研究领域，西蒙拿到了另一个奖项——1975 年的"图灵奖"，表彰的是他"在人工智能、人类认知心理学和任务处理领域所作出的基础性贡献"（http://Britannia.org）。西蒙的研究无疑与托夫勒有着相互影响（尽管他认为《未来的冲击》只是事实层面的轻描淡写）（参见 Crowther-Heyck，2005：286）。不过，就在托夫勒的著作面市后一年，西蒙直言不讳地谈论了信息技术所带来的快速变革的问题，以及它对人们所产生的影响的本质：

> 信息在消费什么十分明显：它消费接受者的注意力。因此，大量的信息会带来注意力的不足，同时也提出了在过量消费信源时有效分配注意力的要求。（Simon，1971：40-41）

自 1971 年以后，信息速度和容量问题以无穷之势迅速增加。托夫勒和贝尔，以及汤姆逊和西蒙在各自不同路径下所关心的问题，实际上已成为一个被长期关注的问题，那就是：人类如何应对信息与技术变革的不断加速的融合过程？到目前为止，仍缺少对资本主义的**时间视角**的考察，在资本主义的空间-时间危机中，隐藏在阅读、书写和认知中的危机仍未被充分体认。除非我们承认这些都建立在深层次的生物时间性和生态时间性的基础之上，这些时间性在个体的心脏中（字面意义）跳动着，在更广泛的人类社会中跳动着，而且自书写在美索不达米亚平原出现之时起就基本未变。若非如此，我们将无法充分理解 21 世纪网络社会的全部影响。

至此，我们已经概述了工业社会技术变革的本质，并对引发信息爆炸（它通过持续加速的计算机而影响人类生活的每一个领域）的社会过程进行了分析，现在是时候从时间性的根本视角出发，去思考西蒙提出的“注意力不足”（也就是我所说的“慢性注意力分散”）的问题了。正如我们将看到的，时间的视角并不仅仅认为现在和正在持续到来的未来被所写所读的文字所充斥，它还提出了社会运行基础的根本问题。

1 802 330 457 及其增长

今天，遍布全球的亿万人口通过各种网络应用和网络过程，进行着**越来越频繁**和**范围越来越广**的互动，这一事实既平淡无奇，又不同寻常。之所以平淡无奇，是因为作为这个网络中的节点之一，我们极少对越来越多的联结互动进行反思；之所以平淡无奇，是因为上一代人预言的计算机技术无所不在的时代如今已然来临；之所以平淡无奇，还因为孩子们一出生就身处网络社会之中，而成年人则对它习以为常，把它当作生活中固有且常在的一部分。这种平淡无奇已然到达这样的程度，没有人会对冲着蓝牙手机说话的人多看两眼，而就在 10 多年前，人们可能会觉得这样的人是不是精神有点问题。这些是那么平淡无奇，没人会再觉得这一切有多么重要，而就在 20 世纪 90 年代后期的技术繁荣（tech-boom）时期，人们还在高喊“互联网改变一切，改变所有人”。今天，移动通信和移动网络正是**如此**。它们日益成为日常生活中不可或缺的一部分。假如把它们拿走，我们会感觉到失去，但在它们上面再增加些什么，我们却只会觉得一切都那么自然。事实上，数字网络并不仅仅是自然的，它越来越被视为是至关重要的。英国一家服务公司的 CEO 在 BBC 广播中提到，当面对失业或经济萧条而不得不勒紧裤腰带的时候，人们倾向于去做的第一件事是削减在奢侈品方面的开支，减少挥霍浪费。这位管理者说，15 年前，为了省钱，手机可能会是第一批要削减的东西之一；而今天，手机则会是人们**最后**才会放弃的一样东西，因为它在个体融入经济和社会方面扮演着核心角色。在经济困难时期与外界失去联系，如今被认为是一个严重的缺点（BBC，2010）。

不过，网络生活的这种平淡无奇，正是网络力量的一个主要方面，是它对我们施加的控制的一部分。就像美国、英国或澳大利亚的两党制政治体制，两家轮流掌握权力，这被认为是民主选择，因为它是常见的权力运行方式。而也正是因为它如此平常，所以我们不会（因为我们没有时间）去对它进行思考，去质疑这种政治形式的合法性与适用性。

不过，网络化生活也是不同寻常的。如果有人能从忙碌纷乱的工作、家庭、交际和持续的注意力分散状态中抬起头来，停下来想一想就会发现，比尔·盖茨或尼古拉斯·尼葛洛庞蒂等人在20世纪90年代中期所说的那些有关商业和社会的陈词滥调，实际上提出了一些相当重要的话题。例如，撇开他对商业的强烈关注不谈，盖茨在1996年所作的预言还是非常正确的，那时商业互联网才刚刚萌芽，而移动电话更是极其罕见："一旦这个新时代全面展开，你在办公室或教室中都会保持网络连接。你所连接的将不仅仅是一台设备……它将是你进入一种全新的、'媒介化'的生活方式的通行证。"（Gates，1996：3）当然，盖茨所关注的，是连入不断发展的网络、一直保持"在线"状态所能带来的巨大的商业效益。相对而言，麻省理工学院媒介实验室的创建者尼古拉斯·尼葛洛庞蒂的预言则更具思想性（但是也同样积极乐观）。他确实有点超前地描绘了"后信息时代"来临时的景象（Negroponte，1995），到那个时候，网络化意味着"智能计算"将使我们成为一个个独立的节点，使我们成为独立的个体，而不再是人口统计学的一部分；计算机将能够"以我们对他人所期望的相同（甚至是超过的）程度，来理解每个人"（1995：165）。今天，在21世纪的Web 2.0时代和消费计算机（consumer computer）技术"功能性锁定"的时代，认为我们是数字的主人的观点，多少是有些争议的（参见Zittrain，2007）。但尼葛洛庞蒂相对较为可靠的思想是，就像他的书名《数字化生存》所暗示的那样，我们正在与数据**融为一体**，正在创造一个数字的"比特"在网络化通信的汪洋大海中与人类的"原子"混合在一起的世界。正如尼葛洛庞蒂所见，我们**就是**网络，"每一代人都比之前的一代更加数字化"（Negroponte，1995：231）。

站在贝尔和托夫勒这样的巨人的肩膀上，盖茨和尼葛洛庞蒂的预测都是正确的，以计算机为基础的信息将成为经济和社会发展的主角。除了托夫勒，其他人或多或少都持有乐观态度，没有人（还是除了托夫勒，但他只看到了社会在"加速"）真正考虑到时间性的问题，而时间性是我们在新自由资本主义的环境下，对以计算机为基础的信息进行根本性思考的重要视角。

我们今天生活在其中的不同寻常的信息社会，使人类成为一个超级巨大的网络化实体。"网络"的含义已经发生了变化，它远不再是"文字共和国"那样的庄重沉稳而又思虑深刻的网络，而我们的启蒙理性很大程度筑基于"文字共和国"那样的网络之上，我们对于所处世界的理解（无论我们停在历史的何处去思考）也同样如此。由于技术的工具化导向的变革，我们在以一种新的方式网络化，这个网络的基础是快速流动的信息，它的本质、样态和内容在很大程度上由资本主义竞争需要所决定。在网络社会中，流动的是信息，而不是知识，因为它能够被快速生产、快速消费（消化）。相对于栖居于网络社会的人们而言，构成"文字共和国"的是极少数的一小群个体，但是这些**哲学家们**了解时间的重要性，能够根据智识或手头的实践任务正确地处理时间。而与之相对，我们已经失去了对于时间本质的理解，在机器驱动的工具模式下，我们几乎已经抽不出宝贵的闲暇时间。

人类信息网络的规模有多大？今天这颗星球上的总人口大约是 67 亿①，其中有超过 26%的人，更为精确地说，有 1 802 330 457 人，是我们在社会调查中所界定的“网络用户”。10 年前，这一群体的人数是 360 985 492。也就是说，10 年间增长了近 400%（IWS，2010）。在此，网络资源的分布是不平均和不平等的，但是所有地区都受到“网络效应”的影响，连接性都在不断蔓延和增长。网络效应的拓展在世界不同地区有不同的动因，这取决于这些地区特定的经济语境。因此，像芬兰这样的富裕国家可以在 2010 年骄傲地宣称，接入高速宽带现在被认为是每一个芬兰公民的“基本权利”（AFP，2010）。而在另一端，卢旺达政府则在“华盛顿共识”的逻辑下以接受**援助**的形式经历网络效应，它接受为儿童提供的低端笔记本电脑，希望能与它的邻居肯尼亚竞争，提供非洲大陆最廉价的程序员。无论是哪种方式，在发达国家和发展中国家，有 20 亿人口愿意成为这个密度难以想象的互联网络中的节点，这个网络只朝着单一的方向发展。

虽然重要，但这个网络只是我们网络生活中的一个元素。事实上，互联网传播的第一个阶段——坐在家中或办公室中或咖啡馆里的电脑前上网，这样的上网方式已经渐渐消失。我们可以看到的一个例子是，在 20 世纪 80 年代和 90 年代盛极一时的台式个人电脑，现在已经快速走到了尽头。“一直保持在线”的需求直接推动了新的无线网络技术的发展，这使得把人拴在桌前的台式电脑越来越显得多余。毋需多言，可移动的笔记本电脑成为人们上网的新宠。据报道，在 2008 年，全球笔记本电脑的销量大大超过台式电脑，这比专家们预测的要早 4 年（Mathis，2008）。无线技术使手机与网络融合，为我们带来了移动网络——一种全新的和更为“高效”的沟通方式。如今，我们可以把笔记本电脑用作手机，而把手机当作能够上网的电脑，这允许我们越来越流畅地在虚拟空间中流动，以及能够在物理空间的任何地点连入网络。未来趋势将会如何？皮尤互联网项目（Pew Internet Project）发布的报告《互联网的未来》（Future of the Internet Report）预测，“电子产品和在线应用的创新之路”将以“难以置信的速度”不断延续，这将会带来由市场所驱动的整合，以促使整个社会“大幅度和大规模地采用”那些最“有用的”（比如说最“高效”的）产品（Anderson，2010：39–40）。随着网络使用越来越便利和网络连接的不断增加，信息的容量也在以指数形式猛增。皮尤的报告根据接受咨询的 895 名“专家和

① 本书英文版出版于 2012 年，因此在作者写作本书时，这一数字是大体准确的。——译者注

相关人士”的材料提出，这被普遍看作是一件好事。其中，有两点与我们的分析尤其相关。第一点是对被广泛讨论的尼古拉斯·卡尔（Nicolas Carr）2008年发表的一篇文章的回应，这篇文章刊载于《大西洋月刊》（*Atlantic Monthly*），名为《谷歌正使我们变得愚蠢吗？》（Is Google Making Us Stoopid？）①。在这篇文章中，卡尔明确提出了与本书相同的观点：

> 那种一页一页翻看印刷纸张的深入阅读是有价值的，这不仅是因为我们从作者的文字中汲取了知识，还因为这些文字在我们的大脑中会引发知识共鸣。在持续而专心地阅读一本书或其他任何沉思活动为我们所打开的宁静空间中，对于阅读内容，我们建立着自己的联系，作出自己的推断和类比，形成我们自己的思想。深入阅读……与深入思考密不可分。（2008：37）

皮尤报告中的“专家和相关人士”们压倒性地拒绝这一令人不快的判断，他们中有76%的人持有与之相反的、乐观的观点，认为“互联网使用推进了人类智识；当人们史无前例地接触到更多信息时，他们变得更加聪明，能作出更好的选择……”（Anderson，2010：8）。

在对卡尔的文章的回应中体现出的第二点是，在这些“专家和相关人士”中有63%的人支持皮尤的观点，认为“阅读、书写和知识传递会得到提升”。不过，皮尤报告确实也注意到有为数不少的人（32%）相信，到2020年，“互联网将十分明显地削弱阅读、书写和知识传递，使它们陷入危机”（Anderson，2010：3）。看来精英们的思考至少在一定程度上达成了共识，即认为计算机技术的爆炸会影响到我们对信息的生产、消费和利用。多数人对无所不在的计算机技术持乐观态度，他们反映了主流媒介和工业宣传的观点，即声称网络最大的功用是——借用西奥多·罗斯扎克（Theodore Roszak）尖刻的话——“寻找问题的解决方案”（1986：51）。

让我们更为细致地考察一下卡尔的观点。在2010年出版的《浅薄》（*The Shallows*）一书中，卡尔发展了他在关于谷歌的文章中所作的思考。在此，卡尔甚至将自己描述为一个狂飙突进的信息社会的受害者。在这样的社会中，冥想沉思的空间被高度活跃的“用户们”手中永无停歇的蜂窝设备所占据，没有人能驻足静立，没有人能忍受自己断开网络连接。实际上，在发达社会，甚至是否真

---

① 卡尔这篇文章的标题玩了个语言游戏，把“stupid”写成了读音相近的一个不存在的单词“stoopid”，暗含讽刺。一是这个错字借用了谷歌（Google）的拼写元素，二是表示已经变蠢（因为拼错了单词），而且这是因为受到了谷歌的影响。——译者注

正在线都已经不再重要——这是卡尔的一个重要洞见。他写道：

> ……网络正在做的是蚕食我保持专注和沉思的能力。如今，无论我是否在线，我的心灵都希望以网络传递信息的方式来接收信息，那是一种粒子快速流动的一般的方式。曾经我是文字海洋中的深潜者，但如今我只能像是在滑水(Jet Ski)一样，在表面快速掠过。(Carr, 2010：7)

这是对真正问题的一个聪明的比喻。《浅薄》是一本重要的书，它比皮尤报告中节选的那些文章内容更值得讨论。或许卡尔最大的成功是他通过运用认知心理学的数据，揭示了大脑在应对信息过程时实际发生了哪些变化。卡尔认为，对特定问题进行沉思，实际上强化了我们大脑的神经元连接，也因此反过来使得大脑有能力进行更为深入和集中的思考。但如果我们只是"在表面快速掠过"，注意力分散，无法专注，这样神经元连接更弱，我们的思考能力也更弱，正如该书标题所说，我们的思考会变得更加肤浅，无法达到一定的深度和广度。在信息容量、速度和人类认知能力的辩证关系中存在的危险是，当情形变得越糟时，我们对于正在失去什么就越缺少清晰认识。我们正在经历一种网络社会感应痴呆症，由于这种病症本身的效应，无论是在个体层面还是在社会层面，我们都无法看到这个问题。卡尔之所以受到关注，是因为他努力使公众至少在一定程度上意识到这个问题。

《浅薄》在很多方面与本书相类似。它和本书有着相似的恐惧，对计算机技术不受限制的运用所带来的效应有着相似的看法。但这本书的精华所在，也是它的致命缺陷之所在。它引起了我们对一个紧迫议题的关注，并一遍一遍不厌其烦地对问题的所有表现作了描述。除认知心理学方面的洞见之外，《浅薄》对网络效应的描述并没有留下多少批判的空间，使我们(至少是)思索一下这一切的**成因**。从根本上讲，该书没有对资本主义制度提出批评，而这一制度是现代社会和后现代社会脆弱的上层建筑嘎吱作响的基础。在此做一点传记式的介绍或许是合适的：卡尔是《哈佛商业评论》(*Harvard Business Review*)的前编辑，这是一份具有影响力和非同行评议的杂志，批判资本本质、思考并寻找替代其霸权的合理方案，并非它的声望来源。卡尔这本书的索引部分在"资本主义"一栏下有两个条目，二者均是顺带一提的引用参考，将这一术语仅仅用作与中性的"商业"概念等同的叙述性的词汇。就该书的主题而言，最重要的疏漏是没有对时间，或是人类与时间技术的关系进行批判。令人着急的是，卡尔的确敏锐地意识到钟表时间被建构的本质，意识到我们的身体、大脑、社会与牛顿式的时钟宇宙保持一致(50)。但是,他完全没有把他的描述发展为批判。他无法做到这一点。如果不理解资本主义和钟表时间是如何深刻地相互关联的,那么隐藏在我们智力活动中的注意力分散、无法集中和"肤浅化"这些现象背后的关键因素,就必然会被继续遮蔽,捉摸不定令人费解,或是无法找到证据加以证明。

思绪的混乱

注意力分散是一种常见的(尽管通常是潜在微妙的)体验。当我们真的停下来去想一想线上生活由什么组成时,就很容易会认识到我们的工作和认知模式达不到规定的"效率"。被灌输了新教工作伦理的我们,或是当我们惊恐地发现最后期限就近在眼前时,发现自己沉浸到网络上无关的内容中时,发现自己无意之中注意力(又一次)被分散时,会为此感到巨大的愧疚吗？又一个宝贵的25分钟就这么蒸发掉了。刚开始,你可能是想在办公室或家中读一篇文章,或是通过收音机收听新闻,或是为明天的出行查询列车出发时刻,但在未及深思的无意识之间,你就开始点击浏览那些卖喷漆的网站,为你小时候的火车玩具寻找合适的喷漆颜色。接着你想起来你用这款喷漆一直没法很好地给你的喷火战机模型涂色,于是就搜索Ebay网站看是否能再买几款这种型号的模型。再接下来你上了YouTube网站观看喷火战机的飞行视频剪辑,此时你的眼睛移到了屏幕底部,注意到这段视频的配乐是埃尔加(Elgar)①所作,于是问自己:"这段音乐叫什么名字来着?"你点开链接发现它叫《尼姆洛德》(*Nimrod*),是变奏曲《谜》中的一首,由科林·戴维斯(Colin Davis)指挥,伦敦爱乐乐团演奏,你可以花13.99美元在iTunes上购买到。此后你边听边看,看到屏幕上的评论区中有人写了一段话:"写在为这个举世无双的最伟大的帝国感到无比骄傲之时。使我怀念一段我未曾体验的时光。"你想了一会儿这句话的意思,觉得它在时间逻辑上是不是有点问题,然后又有那么几秒钟思绪转移到"帝国"这个单词用了大写是想表达什么,之后又漫不经心地想到有100万人看了这段视频剪辑意味着什么。

在不同网页间快速切换掠过的体验,几乎是无缝衔接的(或者说这就是在网络连接的"表面"掠过),因为互联网本来就是为了满足"效率"和速度的需要而设计的。但是超级连接和超级效率遮蔽了科利·多克特罗(Corey Doctorow,

① 爱德华·埃尔加(Edward Elgar,1857—1934),英国作曲家,后浪漫主义代表人物,代表作有《加冕颂》、《谜》和《威风凛凛进行曲》等。——译者注

2009)所说的"无尽的点击-恍惚"状态,在这种状态中,个体很少会察觉到他或她最初的想法在目的与逻辑上已经发生了剧烈的改变。因而在实际行动中,查询火车出发时间的相关信息的目的,被导向了飞机模型、战争题材的老电影,最后走到了埃尔加那里,而且最终(几乎总是)增加了冲动型消费的风险。比尔·盖茨所设想的"无缝",是使某人如激光制导般精确且"毫无阻碍"地找到他所想要和所需要的东西,但现实恰与之截然不同,这一所谓"无缝"过程是破碎的、无方向的、不稳定的,而且往往使用户感到沮丧,时间压力更大,这些可能比花了13.99美元更糟糕。在2009年发表在《纽约客》上的一篇名为《防止注意力分散》(In Defense of Distraction)的文章中,山姆·安德森(Sam Anderson)讨论了"思绪的混乱"(这是字典中对注意力分散的界定)的本质,他的论述远超我所能及。在一张用Photoshop制作处理的照片下面——照片表达的是一个人在电脑屏幕前因为信息过载而"迸裂破碎"①,安德森以雄辩的方式开始了他如"噩运预言者"般的批评:

> 在此,在我这篇有趣的文章的一开始,我想先暂停一下,请求你现在将你宝贵的21世纪式的注意力分散从你的系统中清理出去。查看一下大都会队(Mets)②的比赛得分;给你的妹妹发条带有双关文字游戏的信息,告诉她你刚刚想到了她室友的那只新宠物蜥蜴("鬣蜥抱着你的手,哈哈,我像披头士一样懂它")③;刷新一下你的工作电子邮件、家庭电子邮件、学校电子邮件;上传你正在读这段文字的照片到你Flickr照片流的"我正在读的杂志文章"一栏中;到你经常去的"推托邦"(Twittertopia)社区中提醒里面的市民们,在接下来的大约20分钟内,你将暂停你的数字在场。好的。那么现在:数着你的呼吸次数。闭上眼睛。做任何能够使你的神经朝着一个方向集中的事。最重要的是,不要盯着上面这张正在打着字的奇怪家伙的照片看。不要去猜他的种族(委内瑞拉裔德国人?),或是他背后的故事(这是在保护证人?),又或者是他所用的电脑的屏幕尺寸。如果需要,就用手盖住他,在那儿。是不是感觉好点了?现在,只有你和我了,就像14世纪的禅宗大师

① 这张照片的内容是一个穿着西服的男人坐在桌前,在一台笔记本电脑上打字。相对于完整清晰的周围事物,这个人的身体和手部被做了变形和马赛克处理,给人一种他被撕裂和破碎的感觉。——译者注

② 纽约大都会队(New York Mets),北美棒球职业大联盟中的著名球队之一,成立于1962年。——译者注

③ "iguana hold yr hand"与披头士乐队的一首著名的歌曲"*I want to*(美国人口语中经常说成wanna) *hold your hand*"在发音上近似。——译者注

一样，把自己塞进这个甜蜜、深幽、纯粹的精神空间里。（说正经的，不要看他。嘿，我在这儿。）

安德森知道注意力分散是怎样的感觉，任何一个在工作或社交生活（至少是虚拟的）中有一点网络经验的人，也都能在这一小段文字中看到自己的影子。就像多克特罗所说的“无尽的点击-恍惚”，互联网的固有逻辑创造了一种潜在的、“无尽”的锯齿形的路径。安德森所提出的问题是，尽管这就是无数人的真实生活，“信息之雨每天都下得又大又急”，人们已无法再“退回到以往的安静时光”，但作为受到被信息过载强烈驱动的个体，“我们如何才能成功地适应这些”。2009年，多克特罗在《卢卡斯》（*Lucas Magazine*）上发表了一篇类似的文章。在这篇名为《注意力分散时代的书写》（Writing in the Age of Distraction）的文章中，他也意识到一个巨大的问题：我们所有人都需要书写，不管是职业性的写作，还是写博客、发短信或进行网络社交。书写是交流的货币，现在比以往更是如此，但在进行书写的同时，我们还必须适应网络和迅猛增多的设备与各类应用的要求，它们在不断强化着信息的“吸引-分散”的情态。我们无时无刻不处于互联网的阈限空间之中，在其中，我们的“注意力被分散，有时会被鼠标轻点之间的巨大的注意力分散状态完全淹没”（Doctorow，2009）。注意力分散是难以避免的，多克特罗在此表达出与安德森相同的观点，即尽管我们总是处于“被信息淹没且疲惫烦躁的状态中”，但比较好的做法是去习惯它，因为我们已经无路可退。对于多克特罗和安德森来说，习惯它，或是适应新的现实，是个人层面的事务。因此他提倡“平衡”策略，也就是在电脑屏幕前时刻保持自我控制和自我约束，以此对抗由网络化生活所带来的使人注意力分散的吸引力。以打上着重符号的形式，多克特罗提出对抗注意力分散的六条策略。它们都是一些非常简单直接的工作习惯，例如制定一个“短期的、有规律的工作计划”，预先设定好阅读和写作的目标。同时，他也非常有逻辑性地提出要有意识地控制你所使用的技术，例如关掉电脑上许多会让你分心的程序应用，比如电子邮件的提醒和“需要你等待回应的任何东西（RSS通知、Skype铃声等）”（2009）。

这些作者们的论述都很谨慎。他们意识到我们生活在一个慢性注意力分散的时代，必须做些什么。然后，他们都是从纯粹的新自由主义的语境出发提出自己的方案，这些方案认为**个人**应当承担起责任，而不是将之看作**社会现象**。此外，尽管他们强调在社会问题面前的自我控制和个体责任，提倡我们要适应慢性注意力分散并学会与之同在，但同时他们又将个体置于一个相对无力的位置上。安德森呼吁要“适应”信息过载和网络社会不断加速的现实，这无外乎就是要求弱小的人类要与强大的、系统性的、速度上毫无限制的时空压缩进程保持同步。多克特罗以加上着重符号的形式给出的新自由主义式的自我控制和自我实现的方法，也有类似的缺陷。对于个体而言，在现实社会中试图控制他或她的在线时间，就相当于在绕着社会和经济灾难打转。不与网络相连，意味着失去机会，意味着无法建立关键性的社会连接，意味着工作机会让给了别人。总之，关掉手机、笔记本电脑、电子邮件或语音信箱等，只是让你换个时间去处理你所建立的连接，而到那时，对于你的工作或机遇而言可能就太晚了……这种个人主义的"解决方案"，本质上就是使力量弱小的个体直面技术这一庞然大物。当然，有些人可以在这些情境中自我约束与自我控制，但生活并非总能如此，就像康德在18世纪所说，我们都是曲木(crooked wood)。生活是凌乱复杂的，我们都达不到完全的标准。无论怎样，当一个个体面对电脑屏幕时，实际上都成了屏幕的奴隶，自我控制只能是自欺欺人。网络不会停下来等你，如果你能跟上速度越来越快、内容越来越庞大的信息生产和消费进程，那么阿多诺(Adorno，2005：114)所说的"疯狂的乐观主义"就开始渗入你的生活。"疯狂"，是因为我们的生活节奏越来越快；"疯狂"，是因为在意义的另一个层面上，我们都知道在晚期资本主义中，那些无法跟上节奏的人会面临什么——他们会沉入黑暗的线下世界，这是一个为贫困者、失业者、年迈多病者和技术恐惧症患者准备的越来越糟糕的世界，他们注定挣扎在社会的边缘。

在结束本章之前，我想讨论一下在网络化生活中我所认为的慢性注意力分散的现实。我想以民主、自由和理性为标准——它们至今仍被认为是使个体和集体成为合格的世界公民的根本价值观念(宏大叙事)，来判定慢性注意力分散的"病理表现"。

> 我参加了一个速读课程，用20分钟读了《战争与和平》。它跟俄国有关。
>
> ——伍迪·艾伦

伍迪·艾伦(Woody Allen)或许说出了比他自己所想到的还要深刻的真相，他的幽默涉及今日社会的一种病态——虚伪的自我完善的风尚，其病态程度已远非讽刺所能揭示。我们在知识的表面滑冰，因为时间的挤压让我们别无选择。设想一下：对于许多人(即使不是所有人)而言，国家经济、世界经济的运转越来越复杂，已经几乎完全是个谜，这是为何？或许我们会为自己的无知懵懂而感到羞愧，因为每天在印刷媒介和电子媒介上有无数的文字在讨论经济话题，但我们也会安慰自己说至少专家们知道他们在做什么，在政治上保持中立的专业的经济学家们了解这些经济问题,他们会向政客们提出政策建议,告诉政客们这些问题的本质以及解决问题的选项。但真是这样吗?其实并非如此。经济专家们会犯错,甚至有时会大错特错。事实上,他们有些被证明是“正确”的预测,经常只是在概率统计方法层面的正确。

我们可以在始于2008年的全球经济危机中看到这一点。恐慌的股票市场和摇摇欲坠的银行业表明,20世纪90年代后期以来在全球范围内不断膨胀的房地产、资本和银行业市场泡沫正在破灭。灾难突然降临,来势汹汹,其速度之快,在几乎还无人察觉时就已来到。对资本主义时间本质的理解告诉我们,今天,后现代全球经济不断加快的速度将**促使**危机在全无意识之时就突然出现。同样的加速逻辑也使得调节监管,甚至是对潜在风险因素的制度思考,要么不存在,要么太少,要么太晚。此外,如果说速度的政治经济影响是2008年剧烈而令人战栗的全球经济下滑的一个因素的话,那么速度也是用以阻止灾难的疯狂方法中的一个组成部分。在经济信息的海洋中,当危机来临之时,**知识的缺乏**变得十分明显。在2008年9月,当情形急剧失去控制时,美国参议院为其遭受打击的经济形势制定了第一个“刺激方案”。当时普遍的感觉是**只需要用一个周末的时间**(在下周股市交易所重新开门之前),就可以解决问题。代表南卡罗来纳州的共和党参议员林德赛·格雷汉姆(Lindsay Graham)出席了危机应对的议会会议,并在其后对福克斯新闻(Fox News)的记者称:“通过这一方案的过程很糟糕。根本就没有商议过程。没有人协商讨论。我们就这么弄出了计划。”(2009)当市场在耐心地等待相关信号的时候,当人们既不了解所有事实又没有时间去理解它们的时候,“就这么弄出了计划”就是他们所做的一切。

像这样的一些故事表明,在数字化的、市场驱动的网络社会中,我们所有人都是过时落伍的。宏观经济层面的种种分析索然无味,有关“世界如何运行”的我们并不理解的枯燥内容总是会让我们不得不停止思考,要么寄希望于有人知道他们在做什么,要么只能沿着并不成熟的道路茫然前行。而在个体的微观层面,在我们的生活与现实世界相遇的空间和时间中,社会变化的速度和我们的注意力分散状态使我们无法与“数字资本主义”(Schiller,2000)的要求保持同步,这一点并不容易克服。在此,我将讨论其中一些注意力分散的病理症状。

毫不奇怪,我们在网络生活中所应具备的强大的功能性的社会和经济“技能”,即多任务处理能力,源于计算机科学。这一术语最初用来描述计算机的“并行处理”能力,即在一个时间点上同时进行多项操作。这对计算机使用者的吸引力显而易见。正如我们所见,计算的逻辑要求计算机在执行操作时应有强大的灵活性。事实上,在后福特主义时代,这种灵活性是计算机对于资本家们而言最重要的益处。在尽可能多的工作过程中实现自动化,是为了在高速生产过程中以更低的投入产生最大的竞争收益。当然,所有生产过程中都实现自动化是永远不可能的,事实上在20世纪60年代早期刚刚开始讨论自动化之时,几乎没有想到人会被要求成为计算机的"使用者"(成为机器的附属)。在当时,通过自动化使人从繁重无聊的工作中解脱出来,被看作是"闲暇社会"即将来临的前兆(Dumazedier,1967;Malcolm,1962)。但是,我们几乎所有人都成了"使用者",由此要求我们必须与计算机的逻辑保持同步,或者说适应它的逻辑。因此,正如奥丽尔·沙利文(Oriel Sullivan)所说,多任务处理是个体回应"多重责任的负担"(2007:8)的必需。

新自由主义竞争的意识形态认为,多任务处理能力是一项重要技能。在令人头脑发热的20世纪90年代中期,比尔·盖茨等人被认为是值得追寻的榜样。当时《时代》杂志的一篇阿谀地将比尔·盖茨奉为圣人一般的文章这样来描述他:他"令人惊异地将才智、魄力和竞争力融为一体",这使他成为(在这里,《时代》杂志用了与本书主题完全吻合的一句话)"我们这个时代的爱迪生和福特。从一位技术专家转变成为企业家,他就是数字时代的象征"(Isaacson,1997)。有意思的是,或者《时代》杂志就是这么告诉我们的,盖茨的同事们在堆积他们的溢美之词时,往往会把盖茨本人比喻成计算机:"徘徊在微软的领地上,按下'比尔'的对话按键,听它用计算机术语来描述:他有着'令人难以置信的处理能力'和'无限的带宽',在'并行处理'和'多任务处理'上有着极大的灵活性。"(Isaacson,1997)10多年后,在更为广泛的商业和生活领域,多任务处理的价值得到了充分认识。我们期望能够在家中和工作中成为多任务处理的能手,作为工具的互联网使我们成为有效率和有生产力的个体和员工(Kenyon,2008:283-319)。我们已经看到,安德森和多克特罗等人是如何提倡一种**组织化的多任务处理进程**的,他们希望以此来抵消由网络所带来的注意力分散与混乱的状态——他们希望通过自律的意志和行动来控制注意力分散,将工作与生活过程导向他们所认为的有生产力和有效率的轨道。从新自由主义的角度看,多任务处理并不是一种"负担"或"多重责任",而只是有效、灵活地与网络化社会进行交互并**获得成功的方式**(就像盖茨的例子一样)。

然后,在商业研究的领域之外,以及抛开那些普遍体现了新自由主义霸权色彩的电脑杂志中的文章不谈,有越来越多的经验和"临床"证据表明,网络所带来的强制性的多任务处理正在使我们成为效率更低下的工人、更为贫困的初学者,以及注意力更为分散、更加无法集中焦点的个体。这涉及深层的社会心理方面的因素。正如我们所见,比尔·盖茨因其灵活的多任务处理的非凡技能而闻名——这里面似乎有一个不证自明的假设，即他事实上拥有这种能力（而且这是一种奇妙的天赐祝福），正是这种能力使得微软公司获得成功。盖茨本人确实有一种许多人想要学习并复制到自己工作中的自信，而且确实也会有一些人能够以这样一种积极的态度处理他们的工作和网络化生活的其他方面。如今，觉得你能够应对这个世界以及它加诸你的所有事务，这没有什么错。但是，从认知的角度说，这种思考方式是有问题的。美国斯坦福大学心理学家克利福德·纳斯（Clifford Nass）做了一个临床试验，以测试多任务处理者在多大程度上认为自己是一个有生产力的个体，以及他们的能力在多大程度上与他们的自我认知相匹配。在为《高等教育纪事报》（*Chronicle of Higher Education*）所撰写的一篇文章中，大卫·格伦（David Glenn）引用了纳斯的研究发现："重度多任务处理者常常对他们的能力表现出极度自信。"（Glenn，2010）格伦认为，这种感觉能够从多任务处理的过程本身产生，如果大脑被刺激和要求同时完成多项任务，就会产生你一定能把它们完成得很好的幻觉。他再次引用纳斯的话说："有证据表明，这些人其实在多任务处理上比大多数人做得更糟糕。"（Glenn，2010）在纳斯的这项研究中，"自我描述为多任务处理者"的人"在涉及注意力分散状态的认知和记忆任务方面"的表现，比那些自称更专注于单个任务的人要"差很多"（Glenn，2010）。

纳斯的发现被《科学美国人》（*Scientific American*）上发表的另一项研究所支持。该项神经科学的研究运用功能性磁共振成像（fMRI）技术，发现当得到（金钱）奖励时，大脑的内侧额叶皮层会受到刺激并且达到更高的处理水平。法国国家健康与医学研究院（French National Institute for Health and Medical Research）的科学家西尔万·夏隆（Sylvain Charron）和艾蒂安·克什兰（Etienne Koechlin）发现，在进行多任务处理时，大脑中活动着的前额极皮层似乎在"组织悬而未决的目标，而大脑在完成另一项任务"。这个发现在社会学层面的重大意义在于，它揭示了即使在受到经济回报的刺激时（对于个人而言，这是资本主义社会中最为基本的刺激），我们的大脑实际上也无法"同时执行两个不同的任务"（Harmon，2010）。这篇文章还引用了澳大利亚心理学家保罗·杜克斯（Paul Dux）的观点。杜克斯支持两位法国科学家的研究发现，但他补充认为，尽管大脑可以通过训练学会组织并决定多项任务的优先顺序，但当人们选择（或被强迫）在两项任务中进行切换时，"其成本仍然非常巨大"。他提醒说，这会导致"无效率的多重任务处理"（Harmon，2010）。就像一边开车一边打手机一样，我们认为我们能这样做，但交通事故统计（以及越来越多的相关立法）表明，这种行为极其危险。多任务处理被证明是"没有效率的"，这当然是不小的讽刺，因为新自由主义的意识形态不厌其烦地声称效率(速度)就是一切,而像计算机一样行动是人破茧重生的最佳方式。

更多选择……

在据说充满了多样性和各种机遇的数字时代,问一句"人们在网络世界中大多数时候在做什么",也许会让人有所警醒。这个问题的答案是我们主要在**搜寻信息**。我在前面讨论的注意力分散就是一个例子,我们不断地在一个网站与另一个网站之间、一种网络环境与另一种网络环境之间飞快地掠过,我们所做的一切都是在搜寻、收集和消费(阅读)信息。在其他一些时候,我们发现自己在以书写或上传、编码的方式**处理**信息,这构成了整个网络化的生存方式。在其早期阶段,是**搜索引擎**推动了万维网和互联网的发展,塑造了它们的普遍形式。许多应用以不同的形式来了又去,如 Lycos、Infoseek 和 Alta Vista 等,它们都出现于 20 世纪 90 年代早期,在数字领域中寻找自己的市场定位,或是走向自己的商业墓地。然而,谷歌在 1998 年进入网络世界,它不仅成为占统治地位的搜索引擎,而且改变了它的绝大多数用户与信息和网络化的信息社会的关系。亚历山大·哈拉维斯(Alexander Halavais)把我们所处的网络化社会称作"搜索引擎社会"。他以此为书名的著作展示了(占据压倒性地位的)像谷歌这样的公司,是如何通过迎合用户在上网时头脑中的念头和想法从而分散他们的注意力的,以及更为关键的是,如何通过"被奉为简洁性的典范"的"界面简单的主页"做到这一点的(2008: 18)。然而,在这令人感到审美愉悦的交互界面之下,隐藏着一个被严加保守的秘密。它由基于算法的代码或软件构成,谷歌的创始人之一拉里·佩奇(Larry Page)将其称为"网页排名"。网页排名的算法在技术上是复杂的,但只需了解一点就足以说明问题,即它将输入的查询导向表面上看起来与这一问询相"匹配"的最受欢迎的网站。一个用户每一次被导向一个特定的网站,这个网站的"网页排名"就将上升,这使它在其他用户输入类似检索时,就更有可能出现在搜索结果列表的顶端。有人可能会说,用一句陈词滥调来讲,这说明"成就孕育成功",而特定的信息有越多的用户在搜索,那么搜索结果的相关性就越大。然而,搜索结果实际上反映的是算法的逻辑,而不是"匹配"本身的质量如何,不是对用户真正想要搜索的内容的回应。此外,这样的搜索模式倾向于消除结果列表中的自发性、非预期性和真正的随机性。当然,谷歌之所以采用这样的算法,是为了将这些搜索中有商业价值的数据卖给它的广告客户。

这颗星球上的几乎所有浏览器的右上角,都被植入了谷歌那吸引人又让人分心的搜索框，它准备好并且愿意与任何想法相连接。但很明显，谷歌又绝非仅仅是一个搜索框。谷歌的搜索功能如今与其他的一些应用整合在一起，例如谷歌图书（Google Books），通过它可以部分或全文阅读全新出版的或过了版权期的图书；谷歌图片（Google Images）和谷歌视频（Google Videos）搜罗了互联网上可以“匹配”检索要求的图片和视频内容；还有谷歌学术（Google Scholar），像它的标签上写的那样，它“站在巨人的肩膀上”，在广泛的学科领域内整合不同刊物上发表的学术文章和引文。博客、群组、地图、Gmail 电子邮箱、读者（Reader）以及不断增加的其他功能，使谷歌的影响蔓延拓展得更远、更广，成为构建所谓“查询社会”的核心要素。就其与文本、时间、阅读和写作的关系而言，这是一个彻底改变了的社会。它如大卫·古格利（David Gugerli）所说：“这样的社会必须从其**一系列因素的永恒波动**中去理解——**它的条件和关系，阅读和写作**①，谋划和决策，以及它的搜索和查询实践。”（2009）古格利的概括充分体现了网络所导致的注意力分散的全部要素，速度是其中最为主要的。古格利认为，“查询”和问题都是浮于表面的，并且从认识角度讲，处于在不同任务间和随机的查询路径间“永恒波动”的状态。而从时间状态上讲，这必然会限制反思、停顿、深度阅读思考以及冥想所需要的时间，阻碍从信息这种原材料中产生知识的所有人类实践。

这种影响可以被称为“谷歌逻辑”（Cubitt，Hassan，& Volkmer，2010），这种逻辑完美地体现了新自由资本主义的本质，以及它是如何改变我们与信息和知识的关系的。像经济系统一样，完全依赖广告的谷歌所采用的算法，其本质是新自由主义的。同时像新自由资本主义一样，它筑基于对电子计算机的毫无限制的应用之上，并且将计算机看作所有问题的解决方案，无论其是生产力问题，还是教育、社会互动或是娱乐等方面的问题。谷歌逻辑也表现出一种新自由主义式的对人的剥削利用。我们可以看到，谷歌通过对用户的利用而从广告商那里赚取数十亿美元，其实现途径是谷歌通过其对用户的认知与把握，而将大量的潜在消费者送到它的客户的网站。用户们“免费”使用谷歌及其大量应用，但这是以他们**花费**自己的时间（**这也是免费的**）为代价的。将这些统合起来，并从将社会视为一个整体的角度看，这样的连接中包含着大量的**浪费**——既有用户时间的浪费，也有物质方面的浪费，即大量非计划的、意料之外的、（可能是）完全不想要的和不必要的购买。最后（但并非至此就穷尽了谷歌逻辑的所有方面），谷歌逻辑反映了资本追求速度与宰制的内在倾向。正如我们前面所说，不断加快的

① 粗体为本书作者所加。

速度使资本主义得以运转,使资本家们在竞争中占据时间优势。在这方面,谷歌亦是如此。商业杂志《快公司》(*Fast Company*)在 2003 年的一篇文章中提到了谷歌公司的这种倾向,虽然它未能解释其原因。在这篇照例又是满怀敬意地试图"寻找这家世界上最令人兴奋的年轻公司的成长秘密"的文章中,杂志编辑基思·哈蒙兹(Keith H. Hammonds)不吝赞美地写道:"(谷歌的工程师们)对速度的追求似乎毫无道理:4 年前,平均速度大约是 3 秒,如今降到大约 0.2 秒。既然比 0 还多了 0.2,那就还不够快。"(2003)力求最快当然并非毫无道理,这是保持领先位置的必要条件,也是能否成功地将用户卖给广告商的决定性因素。

速度方面的优势,再加上"无所不在的保持前沿的理念",这既是谷歌获得统治地位的原因,也是其结果,同时也是资本主义垄断逻辑根深蒂固的一个基本特性(Sweezy & Baran,1966)。谷歌通过其令人难以置信的发展速度,充分体现了这一点。它于 1998 年创立之后,迅速成为估值达到数万亿美元的最为卓越的门户网站。谷歌就是为了使人注意力分散而设计的。由于其收益主要依靠广告,因此它必须通过其速度和功能的简洁性持续吸引越来越多的用户,同时必须通过不断增长的用户数使它的广告商感到满意。我们绝大多数人都沉浸于信息的海洋,我们需要有航向(或至少是要有"我们是有航向的"感觉),以使我们找到所需要的资源,而且这些资源是要对我们最为适用的,无论是在工作方面,还是在休闲或教育方面。但是,吸引用户"眼球"的需求意味着,谷歌要设法一遍又一遍地把他们引诱回来。同时,谷歌必须将用户引导至它的表面上看来非商业(或商业性不强)的平台和应用,如谷歌地球(Google Earth),以使其在用户中获得占统治地位的暴露频率。它必须使用户们在赛博空间中(以算法为导向)不断移动,通过"更多选择"(more like this)或"为你推荐"(recommended for you)(这是 YouTube 上的说法)来吸引用户。因此,Web 2.0 技术使谷歌有能力对你和我进行**仿真**对话,使互联网与我们生活的核心紧密相连,使你不断移动、互动和消费。

有人可能会反驳说,这些只是传统商业策略在网络社会中的新的表现形式而已,如果你能够做到自我约束、保持专心,那么互联网和谷歌对于个人工作和集体利益而言,仍是非常有益的。再怎么说,谷歌是免费的,而且使我们接触到能够丰富我们生活的海量信息,不是吗?谷歌的确是免费的,但所有这些信息的获取都是有限定的(如上所述),同时谷歌使注意力分散的效应,必须和其他潜在的、更为重要的认识论方面的效应放在一起共同考量。不过,还是让我们先来看一下谷歌搜索引擎所涉及的各类数据。2009 年 9 月,全球搜索总量约为 1 310 亿次,其中谷歌所执行的有 878 亿次。相较于 2008 年 9 月,谷歌平台上的搜索次数增长了58%，这体现了谷歌及其用户数的快速发展。还有一个数据是，谷歌每年执行的搜索数超过1万亿次(Sullivan，2010)。无论你用什么方法计算，这都表明有无数人正在使用谷歌进行搜索、查询、闲逛浏览，或是被引领着穿行于人类知识的数据化的大道小途中。我们可以很合理地说，这些用户中的大多数人觉得自己正畅游在信息的海洋之中，觉得"世界就在他们的指尖上"——这一说法源于计算机科学家乔恩·克莱因伯格(Jon Kleinberg，2006)发表于《自然》杂志(*Nature*)上的为两本有关谷歌的著作所写的书评。谷歌自己当然不会去纠正我们的这种假想。不过，在论文《深层网络》(The Deep Web)中，迈克尔·伯格曼(Michael K. Bergman)试图依据存储于相互连接的数据库中的海量信息，对互联网的规模进行测量，并揭示像谷歌这样的搜索引擎在满足我们的检索需求时到底利用了其中多少信息。他写道："目前深层网络中的公共信息的总量，是一般所定义的万维网的400至550倍。"伯格曼的研究表明：

> 像谷歌和北光搜索(Northern Light)这样的囊括了最大数量的网页的搜索引擎，每次搜索所提供的检索数量不超过表层网络总量的16%。由于网络搜索用户在使用这些搜索引擎时错过了深层网络，因此他们所能够检索到的网页数只占全部可用网页数的0.03%(或者说1/3 000)。(Bergman，2001)

伯格曼的这篇文章写于2001年。鉴于谷歌无所不在的巨大性、多样性和强大力量，我们有理由期待它已然克服了能力上的不足，不再仅仅停留在信息海洋的浅水区捕鱼。但实情并非如此。2009年，《卫报》采访了一家新一代("后谷歌")搜索引擎公司的合作创始人阿南德·拉贾拉曼(Anand Rajaraman)。拉贾拉曼认为，"许多用户觉得当他们利用谷歌进行搜索时，他们获得的是全部网页"。但他接着说道：

> 我认为，搜索引擎只把深层网络中的极小一部分带到了表层。说实话，我不知道是哪一部分。没有人真正了解深层网络有多大。仅就我所知道的来估计的话，深层网络的大小是表层网络的500倍。(Beckett，2009)

伯格曼的深层网络的思想，以及其后专家们有关"我们永远无法检索穷尽其全部"的观点，提出了我们对信息正在不断失去焦点的更为严肃的问题。第一，对谷歌这样的搜索引擎的使用，使得信息与知识的组织形式和多样性的基础十分狭窄，甚至比网页排名算法所带来的偏向性更为狭窄。因而在这个网络化的世界中，我们真正能够作出的选择——能见到的、听到的和能够与之互动的信息，其实是贫乏的，而且这些狭隘的选择本身也都是商业导向和工具化导向的。第二个方面与时间相关。我们用以构成知识的历史性的基础观念，在时间和空间上是相对“固定”的，也就是说，它驻留在报纸、杂志、书籍、百科全书的书页中，通过固化的媒介和这些媒介所处的大量社会和文化语境（人们的家中、图书馆、商店等）的持续存在而获得**历史性**。储存在这些媒介中的知识——文献、典范、技术知识、哲学知识等，都是能够重访再读的，是可以有不同理解和可以被重新阐释的，因为任何全新语境都可能会带来全新的话语，并在此基础上影响到知识的再现。

然而，网络“知识”则在实践上成为一种**动态的信息**，在谷歌身上我们可以清晰地看到这一点。谷歌的动态性被理所当然地视为检索信息的“高效”的方式，而且就像我们所看到的，谷歌跑得越快，用户和广告商们就越喜欢它。但正如赫尔斯腾（Hellsten）等人所发现的，搜索引擎进行检索的实时速度及其不断更新的检索过程，意味着“所接收的信息的结构消解了时间性”，产生了“一种‘当下’的特定体验”（Hellsten, Leydesdorff, & Wouters, 2006：901-902）。简单来说，如果今天你在谷歌上输入了一个特定的查询请求，然后在一个月后再次输入同样的搜索词，你会得到两个完全不同的列表。这有着较为长期的历史后果。为了证明为一点，作者们做了一个简单的实验。在该书写作期间，BP 石油公司位于墨西哥湾的深海钻井平台发生了原油泄漏事故，这起事故被认为是有史以来最为严重的一起生态灾难事件。不过，还有一起由企业所引发的重大灾难，至少从人员伤亡的角度讲，严重程度丝毫不亚于这起事故，那就是 1985 年发生在印度博帕尔（Bhopal）的联合碳化物公司（Union Carbide）有毒气体泄漏事故①。根据历史文献，博帕尔这起事故的惨烈（以及持续性的）后果毫无争议。然而，在谷歌搜索框中输入“BP 原油泄漏”，有 6 500 万条搜索结果。但当输入“联合碳化物公司博帕尔”时，结果只刚刚超过 100 万。这样的逻辑表明，“相关性”销蚀了时间，而相应地，谷歌的记忆变得越来越短期。这种病征，再结合我们在网络生活中越来越普遍的慢性注意力分散的状态，在根本上削弱了我们与信息、知识以及对时间的主观体验之间的联系。

---

① 实际上，这起事故发生于 1984 年 12 月 3 日，并非 1985 年。当天凌晨，印度中央邦首府博帕尔市的美国联合碳化物公司属下的联合碳化物（印度）有限公司设于贫民区附近的一家农药厂发生氰化物泄漏，引发严重后果。据相关统计，这起事故造成 2.5 万人直接死亡，55 万人间接致死，另外有 20 多万人永久残疾。——译者注

与阅读、写作和交流的新型关系

据《基督教科学箴言报》(*Christian Science Monitor*)2010年8月的一篇报道,社交媒体平台Twitter(推特)不久前发布了它的第200亿条推文(tweets,或讯息)(Shaer,2010)。Twitter是创建于2006年的一个微博客网站,据估计,它拥有1.9亿用户,每天生产6 500万条推文(Schoenfeld,2010)。Twitter的一个主要特征是它在技术层面对简洁性提出了明确的要求:推文的长度被限定在140个字符以内。《基督教科学箴言报》的这篇报道称,第200亿条推文来自日本,翻译过来就是:"这样所有的障碍马上就都会重现。"这句话可能意味着很多东西,也可能什么都没说——除了毫无疑问地表明今天我们在表达自己的与众不同。传播内容的简洁,正反映出时间的短暂。在140个字符的长度限制以内,我们可以说出自己所想,以混乱的、简短的或是充满无限创意的方式。Twitter大受欢迎表明,它在网络化社会中一定有着某种功能性用途,同时我们也必须对它的令人满意之处有所理解。

手机短信在过去15年或更长的时间内被人们广为应用,就像今天的推文一样。短信的流行受到经济因素的决定(因为语音通话更贵一些),它可能很花时间,所以用户必须适应这一点,于是我们改变了书写方式(被强迫使书写更加简明),以回应这一经济和技术方面的变革。如今人们在几乎所有情境中都在使用短信息,尤其对于年轻人而言,这成为他们社会互动的一种不可或缺的方式。此外,短信息也迅速对年轻人的教育产生了影响。2006年,新西兰的教育官员允许高中学生在他们的考试中使用"短信式的表达"(text-speak)。教育部门颁布规定称,"如果答案'清晰地表达出要求学生们理解的内容',就要给分,即便使用的是短信式的表达"(USA Today,2006)。

如果我们以一种历史上未曾有过的完全不同的方式进行书写,那么我们的阅读实践也会有所不同。2010年,亚马逊公司的首席执行官杰夫·贝佐斯(Jeff Bezos)宣布,在该网站上电子书(将书籍下载到你的电子阅读器上)的销量首次超过了纸质书籍,这是我们与文字阅读的关系发生质变的一个转折点。亚马逊称,每卖出100本纸质书,就会有180本电子书被销售出去(Tweney,2010)。电子书籍销量上升背后的推动力是(亚马逊制造的)电子书阅读器Kindle。今天(2010年8月18日),Kindle网页上显示,"因为消费者们需求强烈",这款设备已暂时售罄。刚刚我所引用的特韦尼(Tweney)发表于《连线》杂志(*Wired*)的文章(2010年7月)称,"自其售价从260美元降至190美元以来,(亚马逊的)

Kindle 电子书阅读器的销量已经增加了两倍”,目前已无法满足购买需求。当然,面对市场需求,Kindle 无疑很快就会充分供应(即便不会出现供过于求的话)。不过,这种需求规模背后还反映出我们对于数字文本形式的喜好,反映出我们正在形成对数字阅读的非物质性、“高效率”乃至速度的追求。正如亚马逊网站上的广告语所说:“60 秒内完成购书——随时随地下载书籍”,“翻页速度提高 20%”(Amazon.com,2010)。

然而,与阅读和书写的这种新型关系,在根本上凸显了充斥于我们生活之中的社会加速状态和时间挤压状态。正如大卫・哈维在讨论时空压缩的影响时所说,我们“被迫改变(有时甚至会以相当彻底的方式)我们向自己再现这个世界的方式”(Harvey,1989: 240)。时间的匮乏、注意力分散的束缚和新自由主义的需求,迫使我们选择短信息式的读写方式而放弃了用手书写,甚至不愿意把数字化的短信息写得更加全面完整。Twitter 们无疑领一时风尚之先,它们将来会被别的事物所取代,但它们成为流行本身就反映出一种**强制性的再现**,反映出今天的世界是怎样的,以及越来越多的人是如何被强迫服从于这种逻辑的。从根本上讲,Kindle 及其同类产品的购买是在总体上与网络化经济保持同步的表现。这样的购买被工具逻辑赋予合法性,即下载一本书被认为节约了我们浪费在书店里的时间,亚马逊的“60 秒下载”意味着我们甚至节约了更多的时间,因为不需要等待亚马逊从西雅图寄来航空包裹。那么,这种与阅读、书写和交流的新型关系又意味着什么呢?

在第三章中,尤其在丹・席勒的著作中,我们看到,互联网的商业化绝不仅仅是普遍存在的技术-社会逻辑所带来的附属影响,它自身就是它存在的理由(*raison d'etre*)。实际上,网络社会更为广泛的驱动力是市场的创新,是信息传播技术给资本主义带来的、用以满足其永无止境的竞争需求的灵活性。此外,如果说商品化与商业化的信息是网络社会的血液的话,那么**文字**就是它的 DNA。

幸运的是,我们还有历史学家们,他们致力于用较为长期的历史眼光来分析这个世界。我们在托尼・朱特(Tony Judt)近期极具洞见的著作中可以看到这种立足于较长时间段进行分析的相关案例。在给《纽约书评》(*New York Review of Books*)所写的一篇名为《文字》(Words)的文章中,朱特哀叹语言和文字已然衰颓。在朱特看来,网络交流“越来越强的商业化偏向”,以及互联网上数字化交流越来越普遍的趋势,“导致交流自身的贫瘠”(2010: 37)。他认为,当“文字失去了它们的完整性时,它们所表达的思想亦会如此”。对于朱特而言,“语言私有化的影响不亚于其他任何方面的私有化”(2010: 37)。这是一个直指本质但我们知之甚少的观点。我们忘记了,书写下来的文字是(而且一直都是)**工**

具，我们创造的工具会反过来（如翁和麦克卢汉所说）重构我们的思想和行为。如果这些工具变得日益私有化，越来越趋向于简短和工具性，越来越迎合商业和娱乐的需要，迎合快速和肤浅的社交网络的需要，那么其结果就不仅仅是文字的私有，**它们更变成了商品**。当文字成为商品后，我们就与它越来越疏离，它不再反映我们的思想，不再表达意义，而这些思想和意义本是西方文明的基础。朱特认为，文字"是我们所有的一切"，这是所有文字的根本真理。如果我们不再拥有文字，那么无论是对个体还是对集体而言，掌握自己的命运就成为奢谈。

在此，我们要再次回顾马克思富有启发意义的思想。在第三章中，我们看到了马克思是如何分析商品生产并揭示其根本上的时间功能的。马克思同时指出，这一过程的最主要的**影响**是异化，即在资本生产的特定语境中，工人们与他们的生产工作的目标相分离，他们生产出来的东西变成了商品（Marx，1982：716）。与之类似，在网络社会中，信息构成了资本主义的**生产力**，成为支撑生产系统的"物质材料"，（用户-劳工们）生产着系统所需要的商品，也就是说，大量具有特定商业用途的信息推动着更为商业化的信息的生产，如此循环。这样的生产逻辑是循环的和自我驱动的，（作为生产者的）劳工-用户与之相脱离，因为正如马克思所说：

> ……在他进入这一过程之前，他的劳动就已经与他相分离，被资本所占有，与资本相结合。如今，在这一过程中，劳动不断将自身物化，从而成为一种与劳动者相疏离的产品。（1982：716）

换言之，网络根本上是作为一个庞大的经济体、一个巨大的生产场所而运行，当进入其中时，他或她的主观自我就被剥离，以生产马克思所说的"客观财富"（1982：716）。丹·席勒在他的《信息拜物教》（*How to Think about Information*）①一书中提出了类似的观点，认为数字形式的信息是一种商品，与其他任何商品没有区别。通过我们（越来越依赖于数字形式和网络形式）的信息生产，我们与信息在社会、民主、历史等方面的潜能相分离，这是因为当我们进入网络之时，就像是进入了一家工厂或一间办公室，此外，这更是因为这些已然分离的领域（它们与文化、社会和私人领域相分离）如今变得模糊不清、难以捉摸。丹尼尔·贝尔在20世纪70年代中期提出的"信息工人"、"知识工人"的概念，

① 此处采用该书中译本（社会科学文献出版社2008年版）译名。——译者注

现在已不再是单纯的基于技术运用的归类，而是有了完全不同的意涵（Bell，1976：14－33，374）。今天，将语词聚合成所需要的（或被强制要求的）特定形式的过程，促成了驱动这一过程的**智识劳动力**的产生。这体现了“劳动”理论和实践——它源于工业革命并被马克思视为资本主义制度下人类剥削的基础——的变化。正如迈克尔·哈特和安东尼奥·内格里在《诸众》中所说，“在20世纪的最后10多年里，工业劳动失去了其统治地位，取而代之的是‘非物质劳动’，即创造非物质产品的劳动，如知识、传播、信息……”（Hardt & Negri，2006：108）他们继续提出，生产非物质产品（“思想、符号、代码、文本、语言、图像以及其他此类产品”）的劳动本身在根本上仍是物质性的，“非物质的只是**它的产品**①”（108－109）。物质性的生产过程生产出非物质性的产品，正因如此，这个过程中的剥削和异化更加难以被认清，也难以抵抗。工业化的物质生产过程中的劳动剥削相对容易确定，例如工人生产他们自己通常无法负担的商品，而且这些商品被生产出来之后会怎样，工人们也完全无法控制。但在网络社会信息生产（和消费）的整体语境中，情况远比此更为复杂和多样，仅依靠马克思的框架无法全面分析。不过，如果我们基于与信息、时间的关系的变化，确实将整个网络社会看作是剥削和异化的场所的话，那么所有这些信息生产活动，无论其从何时开始又在哪里结束，都有助于形成一个剥削性系统。这个系统的组织与运转，在根本上要符合推动其产生的新自由资本主义体系的目标和需求。因而，一个“信息工人”在办公室、家中或是在学校里使用功能强大的电脑和高速网络，写着博客和电子邮件，使用Skype软件，或是为了出版而写作，如此种种看起来是一个创造性的和自治的过程，但实际上它使人们忽视了个体在这个巨大而飞速变化的非物质生产领域中的位置，这一生产领域的源头正是使资本繁荣了300多年的古老的物质性生产劳动。

在这个从事生产的个体遭遇剥削和异化的更为广泛的语境中，其实并没有什么根本性的变化发生。今天原子化存在的个体们，是资本主义系统掠夺的受害者，这个系统的内在逻辑自18世纪以来就没有本质性的变化（Beck & Beck-Gernsheim，2002：33）。时间（以及注意力分散状态）与这一过程紧密地联系在一起。从时间方面看，与网络时间的全新关系使人迷失，剥夺人的权力。在《时间》（*Time*，2004）一书中，芭芭拉·亚当认为，她所说的“人类—技术—科学—经济—资产—环境群集”是资本主义在人类历史上所独有的，在其中，“行动的时限被压缩至零，人成为最薄弱的环节，而这样的群集的影响则无限深远”

① 粗体为原文所加。

(Adam,2004：134)。

作为这种生物-技术逻辑链条中"最薄弱的环节"，信息的用户(消费者和生产者)对信息的代码编写顺序变得十分敏感。我们的注意力逐渐更加分散，因为网络的设计初衷就是为了获得这样的效果。在信息的狂轰滥炸之下，在网页与网页之间、应用与应用之间持续不断地快速切换成为默认的应对策略，在这样的世界中，我们被全球经济尽在指间的感觉所诱惑，同时也感受到我们的工作以及社会、文化生活中的经济压力，因此我们在心理上感到困扰纠结。被活跃而持久的信息所吸引而持续地沉溺于网络世界的多样性之中，使我们没有时间暂时驻足进行反思，没有时间停下来对自己的心不在焉的状态进行思考，无论是作为个人，还是作为(至少是概念层面的)被剥削的信息劳工中的一员。此外，我们的"当下中心性"削弱了我们与叙事之间自然的、历史悠远的密切联系，而叙事是我们主观构建自身所处的世界的主要方式。罗恩·珀泽(Ron Purser)如此看待这方面的削弱：

> ……叙事的顺序内爆为关注和执迷的实时瞬间。以往构成叙事历史的那些东西——基于对过去、现在和未来的知识而得出的意义，被压缩进晃动不定的当下的一片嘈杂之中。(2001：13)

随着这种对人类、读写和理性的基础在认知、主观、经验和叙事等方面的不断累积和持续进行的侵蚀，在21世纪来临之时，我们发现自己处在一种前所未有的亚当所说的"群集"情形之中，亚当认为它是我们这个时代最主要的时间景观情境。当个体处于资本主义制度下时，他或她既是原子化的，也是集体化的：原子化的一面在于个体仍是这台庞大的资本主义机器中被异化和被剥削的一个零部件，而集体化的一面在于个体被安放于客观的特定阶级之中。原子化持续存在，但客观具体的阶级位置——人们(至少在理论上)能够认识到这个位置是阶级整体中的一部分——正在消失，人们认识其所处的真实环境的主观能力也同样在消失。最重要的一点是，作为后现代经济的首要推动力的(非物质性的和数字化的)信息，使得后工业时代的真实生活情境变得难以应对。此时，"时间的挤压"程度不一地影响到一切，计算机技术所带来的速度和效率逻辑剥夺了所有实际的或潜在的空间和时间上的自治。对公司首席执行官和城市金融交易者们来说是这样，而对于网络世界中每一个角落里无数在办公室或家中面对屏幕辛苦劳作、处理行政和信息方面的事务的人们来说，亦同样如此。

持续而慢性的注意力分散状态，既是速度的政治经济学原因，也是其后果。

作为一种个人和集体的病征,它让我们无法辨清我们是如何被书写在特定技术中的特定逻辑所超越的。文字,就像朱特所说,实际上就是我们所有的一切。但是我们越是在这样的逻辑下生产它们,我们就越会失去对它们的控制能力,使它们无法再对我们所有人有所助益、赋权使能。

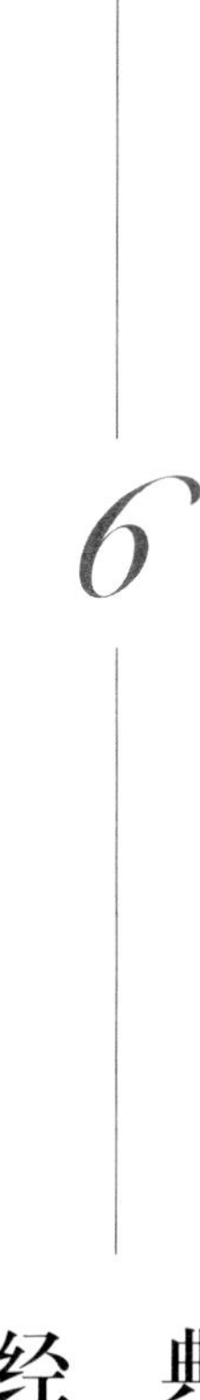

经　典

在《现实渴求：一则宣言》(*Reality Hunger: A Manifesto*)一书中，戴维·希尔兹(David Shields)试图清晰阐明小说的死亡过程，并将之合理化，认为小说的死亡是一面传统且典型的现代主义的镜子，反映出现代社会的生命、生活和当下状况的本质。他认为小说的凋零是一件好事。实际上，他的这本"宣言"力求使小说更快地走向死亡。他想以一种能够更为准确地反映这个世界的实际"现实"的写作形式，来取代小说这种退化的、衰竭的和扭曲变形的呈现世界的方式。简而言之，自18世纪以来出现在我们生活中的传统小说及其线性叙事方式，已然完全过时——至少在席尔兹看来是如此。在被问及他写《现实渴求：一则宣言》一书的动机时，席尔兹告诉采访者，小说：

> ……让我震惊的是，这种老旧的文本至今还在使用福楼拜式(Flaubertian)的形式。它们完全无法传递21世纪的感受。大多数小说在本质上都是一种怀旧式的消遣。(O'Hagan，2010：36)

接着，希尔兹并没有解释"怀旧式的消遣"有何不对，而是主张用一种新的文学形式取代小说叙事，它不再讲求谋篇布局和描述叙事，而是一种"未经处理、未经过滤、未经剪裁和非专业性的"反映"真实"的写作形式(O'Hagan，2010：36)。在此，希尔兹所提倡的是一种据说我们都极度渴求的对现实的更为真实的再现，在我们所生活的后现代社会中，这种现实是不和谐的、断裂的、去中心化的，但现代小说却紧紧抓附着这个已经超出和超越了它的后现代社会不放。

《现实渴求：一则宣言》自身就是非叙事性的，它由一系列格言警句构成，这些警句简单生硬地集聚在一起，急不可耐地对小说进行挑衅。希尔兹认为乔纳森·弗兰岑(Jonathan Frantzen)的畅销书《改正》(*The Corrections*)集中体现了小说的病征。他写道：

> 如果要靠它来指导生活，那我就绝不会去读这本书。不管它是一本"好"小说还是"坏"小说，但就我的创造观念而言，我已经无法再屈服，再去真诚地

拥抱小说这种形式了。(Shields,2010)

不过,弗兰岑这部小说(以及它的销量)的一鸣惊人,证明我们还是习惯于阅读和书写叙事形式的东西。对于希尔兹来说,对这个世界的实际“现实”的视而不见,意味着我们将无法在根本层面上与后现代性产生多样和充分的联系。希尔兹认为,“要写出一本严肃的著作,你必须打破(叙事)这种形式”(589)。要充分地做到这一点,作者和读者也必须要面对“随机性、意外和偶然的开放性以及自发性”,并建立起与它们的联系(3),同时还必须接受这样的观点:“再也不会有一个故事被说得好像它就是唯一的一样了。”(617)表面上看,这种零散的警句式的安排(和书写)似乎是合理的,很容易成为艺术家创作的标准方法,成为超越不再起作用的写作形式并创造新的形式的基础。但希尔兹在《现实渴求:一则宣言》中所鼓吹的到底是什么呢?

小说尽管让希尔兹感到愤怒和沮丧,但实际上它只是一个更为深入的问题的表现形式而已,这个问题就是我们与文字和书写的关系。正如我们所见,叙事是读写社会以及在此之前的听觉社会建构其世界的核心。书写是使世界得以成为真实存在的工具、技术或方法。我们并不是像希尔兹所说的那样“屈服于”叙事,更准确地说,叙事是一种表达方式,人类意识在其中得以建构。读者们大量购买弗兰岑的小说,使反叙事作品相形见绌,如詹姆斯·乔伊斯(James Joyce)的《尤利西斯》(*Ulysses*)。当然,乔伊斯有着巨大影响,这种影响还会一直持续,但绝大多数情况下,在文学圈中,讲故事仍是标准的小说形式,它每天都在满足全世界无数人在精神层面**对叙事的渴求**。

从这个角度看,希尔兹所提出的要和后现代社会的随机性与不和谐建立起更为真实的联系的观点,至少有两个层面的问题。首先,希尔兹非常重视创建新的艺术形式的需要,他无疑会非常高兴被贴上“**先锋派**”的标签,并认为自己就是其中一员。然而事实上,他试图更加忠实地呈现后现代世界的无序与断裂的做法,是保守与被动的。如果我们的写作仅仅是要做到完全忠实地反映这个世界的实际过程,那就不会考虑到任何社会行动(agency)的前景或政治变革的可能性。简略地说,约翰·斯坦贝克(John Steinbedk)的《愤怒的葡萄》(*Grapes of Wrath*)、亚瑟·库斯勒(Arthur Koestler)的《正午的黑暗》(*Darkness at Noon*)、亚历山大·索尔仁尼琴(Alexander Solthenitsyn)的《伊凡·杰尼索维奇的一天》(*One Day in the Life of Ivan Denisovitch*)等作品,在改变真实世界的进步影响上,要远远超过乔伊斯的《芬尼根的守灵夜》(*Finnegans Wake*)。能够唤起我们意识的小说家的名单很长,我们可以列举出其中的一些名人,如奥尔德斯·赫胥黎(Aldous Huxley)、乔治·奥威尔(George Orwell),

以及(甚至是)艾因·兰德(Ayn Rand)和她的令人厌恶的政治小说①。

其次,如果使我们与文字的关系变得如此被动,文字就将失去其促进政治和伦理变革的效用。放弃叙事,将无法再使书籍对这个世界上的不公表达愤怒,相应地,也就无法推动社会向着进步与民主的方向转变。希尔兹把他万花筒一般的警句集合叫作"宣言"。但宣言应该是一种政治性的方案,是推动社会重构的有序的、结构化的与合乎理性的基础。实际上,《现实渴求:一则宣言》正与此截然相反,希尔兹所要发起的"艺术运动"将会是历史上第一次试图剥离文字这种工具的创造性过程的自治性。

行文至此,已经很清楚,在面对快速运动的经济与社会时(希尔兹将之称作"随机性"),我们实际上越来越无力、越来越被动。在后现代语境中,我们的灵魂每天都被信息狂轰滥炸。我们需要问出这样的问题:这种无力性的原因是什么?对此我们能够做些什么?我们已经在时间层面对阅读和书写做了较为细致的讨论,分析了晚期资本主义社会的时间转型对我们与"技术化的语词"这种最为基本的工具之间的关系带来了哪些负面影响。现在,该换一个稍许不同的视角,即我们与技术的关系的社会心理学的视角,来考察读写过程。这一视角将使对时间维度的分析更加清晰和有力。

本能与信息

1980 年,阿诺德·盖伦(Arnold Gehlen)出版了他的著作《技术时代的人类》(*Man in the Age of Technology*)②(其德语版本初版于 1957 年,并大受好评)。在我继续讨论现代性的基本方面是如何被速度和变化了的(后现代)资本主义驱散之时,提到这本书似乎有一点奇怪。盖伦对现代性有着强烈的敌意,一方面,他的敌意有失偏颇(因为现代性在 300 多年的时间里如此深刻地影响了我们);另一方面,他对于现代性带给(或者说留给)我们什么的理解又极富洞见。盖伦的贡献在于他对现代技术的影响所作的社会人类学(在德国一般又称作哲学人类学)的思考。换言之,他的深入思考使我们了解到社会人类学如何看待人类的原始早期状态,以及这种状态的"本质"又是如何被"技术"和"工业化发

① 艾因·兰德(1905—1982),俄裔美国小说家、哲学家、公共知识分子。她的小说和哲学思想强调个人主义、理性的利己主义("理性的私利")以及彻底自由放任的市场经济。这些无疑与本书作者的观点和政治立场完全对立,所以作者说兰德的政治小说是"令人厌恶的"。——译者注

② 该书的中译本名为《技术时代的人类心灵》(上海科技教育出版社 2003 年版)。——译者注

展”所改变的(Gehlen,1980：1)。

基于他的哲学和人类学背景，盖伦的思想不仅深入人类久远的过去，同时也涉及人类发展的生物学领域。他认为人类的独特性在于我们生而处于一种特定的无助状态，同时我们最为重要的发展是在出生之后才开始的。换言之，我们生来就是“半成品”(Gehlen,1980：ix)。然而盖伦认为非常重要的是，不同于其他哺乳动物，人类生来就是被“本能剥夺”的，也就是说，受制于我们的“半成品”状态，我们的身体里没有那种驱使着小羊一出生就去寻找妈妈的乳头、小海龟一孵化出来就会从巢穴奔向大海的内在代码。在自然界中，哺乳动物(或多或少)都只能适应特定的、适宜于它们的环境，但人类却生活在极其多样的环境中，并在这些环境中繁荣兴盛——从高海拔的严寒地带，到处于海平面的炎热沙漠、热带雨林和温带草原。区别在于，人类**被驱使着创造和开拓**多样化的生活方式，而不是在一个狭隘的环境中以纯粹自然的方式生活着。之所以如此，是因为我们缺乏源于本能的知觉过滤能力，这种能力使哺乳动物可以忽略环境中那些无关紧要的刺激，而只对那些生存必需的刺激做出反应(Thakkar,2010)。

对于我们这个物种而言，缺乏本能看起来是一个巨大的问题。本能发展的不完备，将我们抛进“半成品”的境地，这可能会使我们毁灭于“感官过载”，因为我们无法自动过滤那些不必要的刺激，即所有那些与我们的生存和生活并不直接相关的信息。琼尼·塔卡(Jonny Thakkar)分析了盖伦的思想，认为我们的本能剥夺状态会引起“无法解决的感知过载……如果不是我们还有习俗和惯例的话；它们取代了本能，减少了世界固有的复杂性，使我们在特定情境中能够发现重要的事物，使我们从需要不断决策的负担中解脱出来”(2010：2)。塔卡(借鉴盖伦的思想)继续指出，我们的感知得以存在的关键恰恰就是这些习俗与惯例，它们成为人类生活的机制，成为形成文化现象的重要意识。正是因为人类有着建构机制的能力，我们才成为我们现在的样子。然而，正如塔卡接下来所说：“如果这些机制崩塌，我们将无处停泊。**我们将处于信息的风暴之海中**①。”(2010：2)

在盖伦看来，正是这种机制的逐渐形成，使我们的感官得到喘息之机，使人类可以对自己的世界进行思考，能够发展起日常习惯与风俗，进而在我们这个物种的早期阶段就形成了文化。在坚固的文化基础上，人类建立起“稳定的世界节奏，消除非常规和意外”(Gehlen,1980：12)。这允许人类摆脱基本生存状态和早夭，发展起包括书写在内的工具，而工具又推动了反思意识和文明的

① 粗体为本书作者所加。

元机制的发展,它们在古代的出现"揭示了人类追求环境稳定性的半本能需求"(Gehlen,1980:13)。

盖伦在根本上的反现代主义立场,并不意味着他认为技术在某种程度上与我们这个物种格格不入。对于盖伦而言,技术是组织这个世界并使之获得稳定形式的基础,这一点毫无争议。如他所说,技术,或者说"技艺","和人类本身一样古老"(2)。不过,盖伦试图将人与技术的关系——马克思认为这种关系"揭示了人类应对自然的方式"——置于更为深入的哲学-人类学视角下进行考察。他区分了三种发挥"器官替代"功能的技术采用形式,它们是替代技术、强化技术和省力技术。盖伦认为:

> 在最为古老的人造物中,我们可以发现武器,它并不是人类的器官;在这方面还可以想到火,它被使用是为了安全和取暖。从一开始,器官替代的原则就和器官强化协同作用:握着石头击打比赤手空拳更为有效。因此,在允许我们发挥器官潜能的**替代技术**之后,我们发现了**强化技术**,它拓展了我们身体的效能——铁锤、显微镜和电话强化了天赋能力。最后是**省力技术**,它的功能是减轻器官的负担,解放器官,并最终实现省力的目的,例如用有轮子的车辆取代手拖重物。(3)

提及结合了全部三种关系维度的轮子的例子,是有意为之。它显示出人类控制相关技术的潜力和局限。正如盖伦所说,这一成就"既促进生活,同时又摧毁生活"(5)。在自然与工具创造文化之间的这种"器官"辩证关系,使人类游走于刀锋之上的发展历程获得了机制上的稳定性。对于盖伦来说,工具与自然的关系就是字面上所理解的"器官性"的关系。他写道:"非器官对于器官的替代,是文化发展的最为重大的成果之一。"(5)这种"替代"有两个子要素,其一是人造材料发展起来取代了有机生成的物质,其二是非有机的能源开始取代有机能源。就第一点而言,"冶金术的发展构成了一个极为重要的文化节点"(5)。盖伦指出,到中世纪之时,人类所制造的几乎所有东西(桥梁、车辆、房屋等),都是由木头或石头造成。此后,姗姗而来的以钢铁的大量生产为标志的冶金术上的突破,改变了这个世界并为工业革命打下基础。在能源方面,石油和煤炭点燃了工业化与现代化的基础。当然,它们是远古有机生命的遗产,但我们对它们的使用使得人类在能源上摆脱了束缚,不再需要依赖那些一岁一枯荣的能源形式。盖伦从中看到,人类开始摆脱无数代以来对于环境时间性的依赖:

> 只要木材仍是最重要的燃料，家畜仍是最重要的能源，那么物质文化……就会遭遇非技术性的限制，即依赖于有机物生长、更新的缓慢的时间节奏。(6)

从本书的分析角度看，我们可以认为，在盖伦看来，对于人类而言，对于人类与他们的生物时间性、环境节律之间的关系而言，现代化的到来是一个分水岭。受到人造材料和“非自然”形式的能源的推动，机器不再只是幻想而是成为可能，并且使古老的有机体-时间关系发生革命性的变化，进入一条理性的路径。对于盖伦而言，这个话题并非仅涉及机器本身，而是牵涉到经济、政治和科学的社会机制的巨大的结构性变化，这些变化使得**机器系统**成为可能。换言之，这一变化是启蒙运动的发端，科学与资本主义的联姻为科学实验创造了动力，而实验则将自然现象割裂出来，使自然接受科学的凝视，并由此为技术运用提供经过检验的发现。这是一个巨大突破，作为更为广泛的机制性变革的原因及其结果，“技术以令人惊异的速度向前发展”(9)。

工业化的一个意料之外的影响是它开始消解文化机制，后者是人类社会获得稳定的基础，正是在此基础之上，人类发展起在自己所处的环境中生存演化、获得完整的有机体生活的意识和能力。随着物质的繁荣(或至少是物质层面发生变化)，随着古老的文化和生活方式被卷入令人注意力分散的、不断发展的技术系统的运行轨道，生活相应变得更为复杂，信息刺激不断强化的全新社会情境也变得越来越难以回避。根据盖伦的观点，现代性和它所带来的无可阻挡的技术发展，表明我们通过自己的生物能力与自然发生关系的阶段已经终结。我们不再能够轻易地通过“界定自然的特性和法则，以期在互动中利用和控制自然”，从而弥补我们的“本能缺陷”(Gehlen，1980：4)。自此以后，我们的文化机制将会失去它们在人类生活中的深层的、稳固的根基作用，而更具易变性和偶然性。正如塔卡针对这种变化所说：“可供选择的机制并不能充分降低复杂性，因为我们的选项极少，因此我们再次遭遇了过载。我们发展出过于复杂的内在生活，遭遇生存危机……”(Thakkar，2010：NPN)盖伦认为现代化和工业化带来了“随机变化的环境”(Gehlen，1980：52)，削弱了机制的建立和存续能力。在这样的世界中，“任何对不变原则的信仰都有被否定的危险，如果没有最低程度的外部确定，它将无法生存”(53)。

这正是我的观点，作为人类，我们具有认知和智识上的能力去发展和获得理解力，并使用理解力去建构我们的世界，同时赋予其意义。我在前文已经提到，这种能力有着不可磨灭的时间的印记，因为它的核心根植于我们生物形式的时间性中，根植于盖伦所说的“非技术性的”自然的节奏、速率和循环之中。在这种作用于世界的认知能力和时间能力发展的最早期阶段，我们一直在延展这些能力，并吸纳它们成为我们的能力储备。在盖伦那里，我们看到，现代化以及技术发展的“理性”路径，影响了我们延续了数千年且非常稳定的与自然之间的、与我们建构的文化机制之间的，以及与这些机制所包含的时间性（速度）之间的关系。现代化和工业化的到来，确实对我们内在的时间能力形成了系统性的挑战，但这些能力仍有充足的储备可以利用，去建构或多或少可以保持稳定的新的（现代化的）文化机制，它或多或少能够起到导向作用，以避免信息过载和生存危机。

为了理解所处的当下情境并努力挽回些什么，我们需要回顾现代性的基础，回到（盖伦所认为的）它走入歧路的那个节点。与盖伦不同，我认为**启蒙运动是我们所有的一切**。相对于早已死亡、无法恢复的古时的文化机制，我们期望通过启蒙思想，使我们能够重新获得对于内在复杂性的控制，能够接收我们所需要的“外部确认”，以使我们的认知能力和时间能力具有可持续性的基础。

我们生活在信息社会，而在此之前，我们的社会（在其最根本的层面上）基于文字书写这种信息技术，有鉴于此，我们必须将（印刷形式和电子形式的）**文字书写的稳定性**，视为后现代条件下弥补认知缺陷和摆脱信息刺激的根本所在。现代性创造了它自己的信息稳定机制，这种文化机制中集聚了文字书写和各种思想，包括指导行动和沉思冥想的宏大叙事。我们将其称作**经典**（canon），我们需要通过它们，理解、恢复和重新激活启蒙思想留给我们的营养。

意识形态与经典

今天，对于什么可以被称为“西方经典”，人们所持的普遍观念与维多利亚时期的文化大师马修·阿诺德（Matthew Arnold）①的著名观点有着极大的不同。在《文化与无政府状态》（*Culture and Anarchy*）一书中，阿诺德认为经典就是“被称为和被认为是全世界最好的东西”。正如我们将要看到的，今天我们将经典（当把它视为一个整体思考时）看作是精英们的工具，更为特定地讲，是白人帝国主义压迫的工具。此外，现在那些敢于提倡经典的人发现他们经常遭受公开批评，认为他们是在鼓吹文化帝国主义，因为当他们说哪些人需要经典文化或思想时，言下之意是认为他们无法自己产生经典。那么到底发生了什么？为什么曾经毫无争议的认为一套思想比另一套更有价值、更有助于提高赫伯特·马尔

---

① 马修·阿诺德（1822—1888），英国诗人、文艺批评家，牛津大学诗学教授。——译者注

库塞（Herbert Marcuse，1977：x）所说的社会与文化的“恒久标准”的这种有关经典的观念，会变得如此令人厌恶，以至于我们几乎无法再就此进行讨论？

要回答这个问题，我们需要往回追溯一代人，回到我们在第三章中讨论过的从福特主义向灵活累积转变的那个经济政治剧烈动荡的时代。从那时起（大约在1980年前后），在采用英语教学的校园里，围绕学校和大学课程的本质和功能出现了一场“文化战争”，由此，“西方经典”进入了对它而言非常糟糕的时代。糟糕的情形甚至到了这样一个程度——今天以正面的态度谈及一本经典著作，认为应该去阅读与讨论它以无愧于其经典之名，这几乎就是在触碰禁忌（McCain，2006）。正如我一会儿就要谈到的，确实有很好的理由去批评经典，但这场有关经典的论争却几乎是由意识形态所驱动的（Searle，1990）。大体而言，这一论争主要在政治左派与右派之间展开，在美国、英国、澳大拉西亚（Australasia）[1]等英语国家中，双方有着当代（无聊且浅薄的）政党政治的基础。论争（如果可以这样描述的话）被涂上了20世纪80年代“政治正确”的单一色彩，这是左派从其传统的政治领域中——政治经济学、政治意识形态和对资本主义的普遍批判——退却的结果。在放弃了20世纪60年代和70年代的政治斗争方式之后，对经典（以及经典著作）的辨析和拒绝成为左派持续关注的文化和认同议题中的一个部分（Judt，2010：chap. 14）。在新左派的文化战争中，经典被认为是长期以来在思想和行动层面对多样性和多元主义观念的侮辱，被斥责为“死掉了的白人男性们”的思想的意识形态霸权。对于左派而言，经典就是一个庞大的、在不断扩充的名单，它可以包括任何人，从莎士比亚到吉本（Gibbon）[2]，从柏拉图到乔伊斯。总而言之，这些人——用玛丽·路易斯·普拉特（Mary Louise Pratt）的话说——构成了“一种狭隘而具体的文化资本，对于所有人来说它是一个标准性的**参照**，但同时它还是一个小而强大的、在语言和人种上完全一致的阶层的**资产**”（引自Searle，1990）。无疑，这一论断所揭示的事实不止一处，普拉特进一步将经典看作是“西方世界持续的帝国主义扩张”的结果，它无情地推动特定思想的发展并使之机制化，不给其他声音和其他观点（女性的、黑人的和更为广泛的处于弱势的思想）留下空间。

对意识形态作用的确认意味着，对于经典如何在社会中隐蔽地发挥作用，不时会有针对性强、影响深远的批评出现。例如，爱德华·萨义德（Edward Said）

① 指澳大利亚、新西兰及邻近的太平洋岛屿。该词由法国历史学家布罗塞（Charles de Brosses）提出，取自拉丁文，意为“亚洲以南”。——译者注

② 此处指的应是爱德华·吉本（Edward Gibbon），英国著名历史学家，欧洲启蒙史学的代表人物之一，他的经典著作《罗马帝国衰亡史》影响深远。——译者注

先锋性的著作《东方学》(*Orientalism*,1979)揭示了西方如何在过去200多年的时间里创造出"东方"这一观念和话语体系,以宰制非欧洲的人、社会和文化。萨义德的研究确认了在英国、法国和德国文献学中被经典化了的概念、类型和话语,(其中)包含影响广泛的如何看待伊斯兰的基本原则和神学假设,体现出对待黎凡特(Levant)地区①的领土和东方人的居高临下的态度,认为他们在文化上低人一等。

但问题在于,萨义德细致微妙的分析路径有被滥用的趋势,批评者们(如普拉特)以之作为基础,对西方经典的等级性、压迫性和精英色彩展开抨击。这样做的主要后果是,在激情澎湃的文化战争中,左派把经典这个孩子和文化的洗澡水一起倒掉了,没有为真正有意义的批判路径留出空间,没有看到特定思想和它文化上的机制化有可能为我们带来的普遍利益。这种僵化的理解与后现代理论在大学中的兴起不谋而合,这本身并非巧合。文学和文化的后现代理论,是从我刚才提到的对政治实践的抛弃中产生的。这种类型的后现代理论所表达的政治,是一种抽象的、内向性的和只痴迷于文本的政治,尤其在英语和文学研究中。更为重要的是,这导致了普遍的"公共领域的去政治化",正如鲍里斯·弗兰克尔(Boris Frankel)所指出的,政治学被身份认同、意义和文化议题所统治,但却不再关注政治与大学校园以外的庞大人群,以及与塑造了公众意见的媒介之间客观存在的实际联系(1992: 15)。

应该再次强调的是,后现代文化战争中所涉及的许多议题既重要且仍值得继续讨论。普拉特和她的同类学者们的逻辑被许多后现代主义者(以及左派的许多其他人士)所逐渐接受:在文本的世界中,应该有处于弱势的"他者"的"空间",应该有弗朗兹·法农(Franz Fanon)②、佳亚特里·斯皮瓦克(Gayatri Chakravorty Spivak)③、加西亚·马尔克斯(Gabriel García Márquez)等这些评论家、理论家和小说家的一席之地,他们来自边缘之域,但照亮了人类整体的各个方面。这一思想路径的一个积极影响是许多不为所知的人和沉默的声音,开始被看见和听见,开始被这个世界所了解。但是,这场帮助被忽视者为世人所关注的论争所处的后现代语境,也培育了**政治冷漠**,降低了引发真正的政治变革的可

---

① 黎凡特是一个并不十分精确的地理名称,指地中海东端的地理和文化区域,大体包括现在的叙利亚、以色列、黎巴嫩、约旦、巴勒斯坦、塞浦路斯和土耳其南部的部分地区。——译者注

② 弗朗兹·法农(1925—1961),法属马提尼克心理分析学家、哲学家、作家和革命家,其著作在后殖民研究和批判研究领域有较大影响。——译者注

③ 佳亚特里·斯皮瓦克(1942—),出生于印度,是当代文学理论家和文化批评家,西方后殖民理论思潮的主要代表。现为美国哥伦比亚大学阿维隆基金会人文学科讲座教授,哥伦比亚大学比较文学与社会研究所创始人之一。——译者注

能性。对深层的、实质性的社会和政治变化的漠不关心，是整个后现代思想的一大特征。这意味着，在我们欣赏和接受像唐娜·哈拉维（Donna Haraway）①和薇尔·普鲁姆德（Val Plumwood）②等人的思想时，第二次世界大战以后的新自由主义经济和文化以不可阻挡之势碾压过全世界，使发达国家已经取得的许多成果发生重大逆转（Derrida，1993：12）。

后现代语境主要由雅克·德里达（Jacques Derrida）这样的哲学家们和让-弗朗索瓦·利奥塔（Jean-François Lyotard）这样的理论家们的思想所构建（参见Norris，1992）。先来看看德里达。他所提倡的“解构”的文本政治学极具影响。他的那句被极大误解了的格言“文本之外别无他物”，常常被看作是一种无限相对主义的观点。然而，正如诺里斯（Norris）所指出的，德里达思想的阐释者们并“没有抓住”他的思想实质，相反却代之以一种“万金油式”的解释，认为他“令人兴奋地宣告现实、真相和启蒙批判走向了终结”（1992：18）。错误阐释背后的“大范围的曲解机制”（Norris，1992：19）在意义和政治领域制造并帮助维持了后现代的相对主义，这对于现实层面的政治和社会变革实质上几乎毫无推动作用。事实上，后现代的相对主义影响了学院派，并武装了文化战争中的战士们，使他们去反抗“死掉了的白人男性们”所生产的经典，但它认为没有理由去进行政治实践，因为现代政治中的社会主义、保守主义或任何有组织的政治实践，在后现代主义者看来都是问题。利奥塔为我们提示了这一点。在《后现代状况》（*The Post-modern Condition*）一书中，利奥塔认为，现代时期的政治是“元叙事”的政治，“伟大故事”（the BIG story）贯穿文化和社会的中心，并成为政治的特定和普遍的本体。在利奥塔及其追随者看来，这是“极权主义”的一种形式，必须在微观的意义层面与之抗争，以避免某一个自由浮动的“言辞体系”成为普遍标准（Lyotard，1979）。

从这种观点出发，经典被认为有着无可救药的等级性和整体化的特点。它是精英强加于大众的关于现实的文本，目的不是教育大众，而是对他们施加权力影响。然而，后现代主义者们的问题是，他们在用自己的相对主义的世界观来反对等级和所谓“真相”。这意味着，后现代主义明确地回避我们这个（当下被如

---

① 唐娜·哈拉维（1944— ），美国加州大学圣克鲁斯分校教授，主要从事意识史研究和女性研究。其生态女性主义（ecofeminism）研究和后人类学研究被奉为女性主义研究和后现代研究的经典。——译者注

② 薇尔·普鲁姆德（1939—2008），澳大利亚哲学家和生态女性主义研究者。她的思想以人类中心主义（anthropocentrism）而闻名。20世纪70年代以来，她在激进生态哲学（radical ecosophy）运动中扮演着重要角色。——译者注

此结构的)世界所能采纳的唯一一种政治变革方式,即一种结构化的、等级化的和计划性的政治,它的基础是元叙事(它使世界获得意义)中所包含的核心"真理"与"价值观"。这是以一种有意义的方式推动政治变革的唯一可能的基础。讽刺的是,这场文化战争中的后现代左派选择了一种整体化的视角来面对西方经典,以期实现对"一个小而强大的阶层"的整体化视角的消解。这一双重否定的逻辑使后现代左派对于西方经典的批判陷入困境,因为用同样的方式也可以发现经典对于社会和政治的积极方面。

那么右派又如何呢? 自由民主政治中传统的保守派是不是就更为天然地赞同经典?

1994 年,哈罗德·布鲁姆(Harold Bloom)出版了《西方经典》(*The West Canon*)一书。封套上的广告语中有这么一句评价:"雄辩而精辟地反对文学的政治化。"在此我们看到的,或者说该书表面上看起来,是希望对已然出现的文化战争中的后现代主义者们(他们以根除"死掉了的白人男性们"的有毒遗产为己任)进行合乎理性的批驳。然而不幸的是,《西方经典》所给出的主要是布鲁姆所认为的**构成**经典的名单,是**他所认为的**必须在学校和大学里阅读学习的引人向上的、有价值的文本。布鲁姆列出了一份 26 人的名单,从但丁(Dante)到贝克特(Beckett)①,选择他们的理由是"崇高且具有代表性"(Bloom,1994: 1-2)。布鲁姆运用该书广告语上告诉我们的"雄辩而精辟"的思想,决定谁可以进入这份名单而谁不能进入。他认为是作品的"奇异性"和"独创性""使得这些作者和著作成为经典"(3)。在这样一个吃力不讨好的开头之后,布鲁姆却很少再认真检视这份名单。因此,他的这本书完全是不得要领的。该书没有对文学的"政治化"作出合理解释,或是给出(这些我们被他所告知的)经典为何不可或缺的理由,而该书之所以会进入公共视野,完全是因为待在大学里的后现代主义的狙击手们把它当成了一个巨大而笨重的靶子,对他的选择的随意性猛烈开火。稍后我会讨论这本书为何会没有谈到点子上。

布鲁姆这本书**确然无疑**的成果,就是它强化了它所宣称要避免的"政治化"。该书的主要错误在于,它是一本关于应该教些什么的书,而不是为何要教这些的书。从这点上讲,它是对罗杰·金博尔(Roger Kimball)②的《终身激进分子:政治如何败坏了高等教育》(*Tenured Radicals: How Politics Has Corrupted Higher Education*,1990)的共鸣。在这本书中,金博尔表达了他对

---

① 塞缪尔·贝克特(Samuel Beckett,1906—1989),爱尔兰作家,荒诞派戏剧的重要代表人物之一,诺贝尔文学奖获得者。最为人熟知的剧作是《等待戈多》。——译者注

② 罗杰·金博尔(1953—),美国艺术批评家和社会评论家。——译者注

20 世纪 60 年代的反文化主义者和形形色色的左派分子的愤怒，认为他们在“受到保护的外围地带”里找到了一份舒适的终身工作，如今开始着手改变大学，使之符合他们自己的意识形态和价值观。金博尔认为，在他们的毫无被解雇之虞的工作岗位上，所有好的、有益的和重要的东西（当然这是从保守主义的视角来看）现在都被“幼稚的文化相对主义”（Kimball，2008：xxxiii）所摧毁。实际上，在这本书 2008 年出版的第三版中，金博尔认为，尽管像福克斯新闻（Fox News）这样的右翼电视机构有着积极的发展趋势，新一代的右翼谈话广播节目的影响范围也在扩大，但实际上情况却在变得更为糟糕，获得终身教职的激进分子们的地位比以往更为牢固，忙着利用那些“相对主义的课程”——流行文化、跨性别、伦理研究、男女同性恋研究等——去催眠容易上当受骗的美国学生们（2008：xv）。

金博尔就像一个出色的喜剧演员，好斗而富有激情，但和布鲁姆一样，他的这本书完全没有涉及经典、经典的性质以及如何形成经典。金博尔只是简单地把左派政治和右派政治放到了一起，而布鲁姆则满足于装点上一个他自己列出的名单，去回应相对主义和反对经典的左派的威胁。这些似乎都还没什么太大问题，但是在大学和狭窄的媒介和文学精英圈子之外，这些争论并没有多少人关注，这一事实恰恰说明了在高等院校内部发生的这场堑壕战的重要影响和实际意义。这一切都非常重要（而且至今依然重要），因为在任何社会中，那些居于主导地位的思想，都是在精英圈层中形成的。**因此**，接受过大学教育的人把他们的世界观带入商业领域、媒介系统、政治机构，以及与意见的形成、塑造有关的所有其他领域。这些思想如涓涓细流般向下流淌，常常不被察觉，并以毋庸置疑的观念的形式沉淀凝结，从而控制大多数人的思想和态度。沿着这一逻辑，就出现了右翼和左翼两种相互分离的社会进程，它们使得经典思想行将崩溃，或几乎已经死亡。

首先，正如我们已经看到的，自 20 世纪 70 年代的激进经济右翼出现以来，新自由主义思想的主导地位不断演变。它在本质上是纯政治经济学的传布施行，除了高度关注实际应用并将之作为使经济获得更高效率的驱动力之外，它对其他思想毫无兴趣。在这种经济形态中，与其他行业或机构一样，大学也需要与市场需求保持同步。因此一切就这么发生了。今天，但丁或维科（Vico）①的社

① 此处应指詹巴蒂斯塔·维科（Giambattista Vico，1668—1744），启蒙运动时期意大利著名的语言学家、法学家、历史学家和美学家，以巨著《新科学》（*Scienza Nuova*，英文版书名为 *The New Science of Giambattista Vico*）而享有极高的历史声望。——译者注

会文化意义，阿兰达蒂·洛伊(Arundati Roy)①或《辛普森一家》到底孰高孰低，这样的问题对于面对学费不断上涨的学生们和忙于应付授课任务的教授们而言，根本就微不足道。职业主义，而不是为了研究而研究，是大学院系的新口号。这种新的"学院资本主义"意味着，新自由主义(它在21世纪的新面目就是保守主义)对于大学到底应该教些什么、要不要传授经典根本就不感兴趣，只要它们能灵活而高效地回应市场信号就可以(Slaughter & Leslie,1997)。

其次，从总体上讲，左翼文化战士们已经从有关经典的战斗中脱离而继续前进。今天的学院和学生们大多已不再关注这些话题，即使偶有涉及，他们也倾向于接受这样的观点——西方经典的确代表了死掉了的精英们的帝国主义思想。总之，对于学生们来说，与要真正理解爱德华·萨义德和雅克·德里达(这两人努力告诉这些学生们的父母辈思想和文本的重要性)相比，"解构"系列剧《南方公园》(*South Park*)显然更为有趣。而在教师这一方面，除非他们获得了巨大声望，可以到处抛头露面——从哈佛大学到电视媒体，从报刊评论栏目到最为流行的博客网站，否则他们还是要为教职而奋斗，为应对繁重工作和出版压力而奋斗，努力使自己和自己的课程看起来符合现实世界的需要，或者更准确地说，符合大学管理层的需要。因此，在现今这一代人将经典的形式和功能政治化的过程中，很少有人会费点力气去思考和讨论经典是什么，或可能是什么，以及经典与我们这个社会的速度和注意力分散状态之间有怎样的关系。事实上，从时间的角度去做如此分析的可能性更低。

经典的重要性和时间

在此，我想超越左派与右派的政治分歧(如果这种二分法的存在有意义的话)，站在尽可能冷静客观的立场上，去论证西方经典的重要性，以及我们为何需要复兴经典化过程。让我们从抛弃"何为经典"这样的伪问题开始，因为这个问题(或这样的提问方式)与生俱来就是政治性的，它所带来的只会是非此即彼的名单列表以及彼此间的愤怒争吵。更恰当的提问方式应该是这样的：经典化的过程是怎样的？经典能够做些什么？要回答这些问题，我们需要建立这样的意识，即思想——被写在书中并被传播、阅读和讨论的思想，可以形成文化的背

---

① 阿兰达蒂·洛伊(1961—)，印度作家、左派政治人物，致力于社会公平和经济平等。37岁时凭借小说《微物之神》(*The God of Small Things*)成为第一个获得"全美图书奖"、英国文学大奖"布克奖"的印度作家，震惊世界文坛。这部小说被认为是最杰出的印度文学作品之一。——译者注

景意识，形塑文化，并使文化获得实质内容。作为一种聚合体，经典具有（盖伦所说的）机制性和稳定性的特征，其文本和观念的形式展现着价值观和道德伦理，这些是我们获得存在于世之感的基础。

这方面的一个例子是《圣经》，或者更宽泛地说是基督教教义，它们是“经典”一词的最初源头①。《圣经》和它里面所记载的故事、它的元叙事、它所呈现的信仰体系，显而易见具有功能性价值，因为它通过基本信仰和意义理解的共享，以一种持久的、相对不变的方式将文化和社会整合在一起。此外，与之相类似，伊斯兰教和犹太教在1 000多年的文明的机制化发展历程中，基于文本、载于书籍的世界观也起到基石的作用。不管怎么看待宗教，教义正典的影响是明显而真实的，并发挥着稳定器的作用，这些文本不仅作为道德伦理要求或规则法条，同时也作为人之存在于世的理由而被人们所接受。

很明显，如果像文化战士们那样废除经典的观念，或是像新自由主义主导的右派们那样忘却经典，又或者是窒息经典的活力——不管是像以往学院派所做的那样把它作为争论的战场还是像大众那样对它漠不关心，其结果都可能会是灾难性的。事实上，那样做会摧毁我们感知的构成要件，而我们需要这些感知要件形成和强化我们的（个体的和集体的）能力，以克服本能缺陷，避免受到过度刺激并陷入混乱状态。经典观念的死亡，正体现出当下时代注意力分散的影响。因此，在这个数字化信息高速流动的网络社会中，我们从未如此迫切地需要去理解经典的作用是什么，以及经典能做些什么。

正如我们已经谈到的，爱德华·萨义德是最早揭示西方经典的功能的学者之一。他的《东方学》吹响了长久受到压制的“庶民理论”及其实践的集结号，自萨义德写作该书时的20世纪70年代至今，这类理论和实践已经远远超出了任何人的想象。部分归功于萨义德的巨大影响力，像萨尔曼·鲁西迪（Salman Rushdie）②这样的小说家、范达娜·希娃（Vandana Shiva）③这样的理论家/社会活动家一样，非西方思想和著作的创造者们开始自下而上地为自己开拓空间，使全球意识到他们的存在。如果你愿意，可以将这些思想和著作看作新兴的全球

① “canon”一词最根本的意思是“（基督教的）教规”，有时译作“正典”，所以作者说这个词源于基督教。在日常会话中，常使用其引申义“经典”。本书中的“canon”不仅限于基督教正典，而是泛指所有对我们的思想产生重要影响的著作，尤其是启蒙时期的著作和思想，因此采用宽泛的译法，译作“经典”。——译者注

② 萨尔曼·鲁西迪（1947— ），也被译作萨尔曼·拉什迪，印度裔英国作家。其作品风格往往被归类于魔幻现实主义，代表作有获得英国文坛最高奖“布克奖”的《午夜之子》和引发巨大宗教风波的《撒旦诗篇》。——译者注

③ 范达娜·希娃（1952— ），印度学者、作家、环境保护行动主义者。——译者注

经典的一部分,它们有着自己的力量和稳定性,是更为多元化的文化机制正在逐渐成形的基础的一部分。实际上,萨义德为人所忽视的一个方面是:在揭示西方经典的霸权地位的同时,他事实上并没有认为经典性本身必然是消极的,他的批判目标是那套可能可以无限扩展但都十分明确地"构成了**东方学之经典**①的文本、作者和观点"(Said,1979:4)。

在他的其他著作中,萨义德对经典思想的功能有更积极的评价。他认为,不应像后现代主义们那样,对经典所带来的机制作用和文化上的稳定性力量予以全盘否定。相反,它们应该被作为保持文化稳定性的机制而加以提倡,同样,应围绕经典持续展开分析和讨论,以推动他在《文化与帝国主义》(*Culture and Imperialism*)中所说的"批判性文学"的产生(Said,1994:54)。这样的经典既是凝固下来的,同时又是流动的,由此赋予作品一种"永恒-临时"的统一性(1994:54)。经典的凝固性确保它不会轻易消失或被忽视,它在我们文化中的赫然存在构建了我们的公民职责的基础,即对它和它所包含的基本思想在一定程度上形成普遍知识(在下一部分中将对此进行更为详细的论述)。而经典的动态性则允许我们对其文本和思想进行民主的、开放的和批判性的分析,并将之作为这个世界的(政治、伦理、经济等方面的)基础。这意味着有些文本和思想是多余的或边缘化的,而其他一些(新思想和新作品)则可能获得临时性的承认。因此,经典不应是沉睡的和僵化的——萨义德将之称作"庄严的石化"(Said,1983:143),也不应成为某种只能容许所谓高端讨论的神圣领域或纯粹空间。相反,它必须是所有人都可以参与的公共对话的材料,并帮助形塑公众的话语。

苏珊·海克曼(Susan J. Hekman)详细论述了对经典及其形成进行动态的再阐释的必要性。在她主编的论文集《米歇尔·福柯的女性主义阐释》(*Feminist Interpretations of Michel Foucault*)中,海克曼从女性主义的路径提供了对经典进行再阐释的例证,但她的逻辑是可以普遍运用的。在其导论部分,海克曼介绍了这本论文集的主题和语境:

> 转化经典的过程要求重新发现"丢失"了的文本,要求仔细探究这些声音失语的原因。在揭示女性哲学史的同时,我们也必须开始对经典化过程中的性别意识形态进行分析。这种再发现和探究过程必须与对经典文本中的观念的细致观照紧密联系在一起。我们是否应抛弃认为经典文本代表了优秀传统的观念?或者说,我们是否应鼓励对这些文本进行重构,以形成一种共

① 粗体为本书作者所加。

同的文化，而不是全然抛弃这些经典思想？（1996：ix）

在（沿着海克曼的思路）诠释福柯的同时，我注意到我在前文中引用了福柯的一句话："历史就是将文献变为遗迹。"（Foucault，1972：8）当然，历史与时间性相关，因为它处理的对象是过去。这使我们注意到经典的最不可缺少的一个特征，**这就是它的时间性**。时间，或者说"持续时长"（*longue duree*），是决定一个文本能否成为经典的条件，无论它是政治学的，还是文学研究的，又或者是对霍默·辛普森（Homer Simpson）①这个人物的文化阐释，尽管后者要成为经典可能还要多等一些年。"经得起时间的检验"这句格言在此完全适用。时间不仅是成为经典的先决条件，它还赋予经典持久性、合法性，使经典建制化。如果没有批判性的细究审视，经典著作很容易成为精英权力的表达。时间能够让经典笼罩上绝对正确和无可置疑的光环。这些著作通过压制或排除其他作品而获得了经典的位置。无论经典有着怎样的积极或消极影响，事实都是不变的，即**经典作用于**个体的心灵，作用于机制安排（*dispositif*），作用于文化和世界观。

然而，社会加速过程给经典的功能发挥带来了致命性的影响，无论它是服务于精英目标的经典还是能够促进民主的经典。这并不意味着经典思想和经典著作就必须是一成不变的，成为福柯所警告的权力的"遗迹"。尤其是自启蒙运动发端之时起，这个世界及其技术、社会、文化、经济和政治过程的突出特点就是充满了活力。想要在一个快速变化的世界中寻找不变的思想，将之作为我们的认识论的支撑点，是不会奏效的，因为这样我们会面临巨大的认知不和谐。经典思想和经典著作必须反映我们的社会动态，但在某种程度上（以及在速度上），它们也在促进（或者至少不危及）相对稳定性。因此，正如著作和思想不应被迅速"接纳"为经典一样，它们也不应当被任意地、以同样的速度"驱逐"出经典。这样的事例在不远的过去曾经发生。在那时，思想上的论争远比今天激烈得多。例如，在20世纪30年代的苏联，列昂·托洛茨基（Leon Trotsky）突然之间从马克思主义革命经典中销声匿迹。这样的现象在早期纳粹德国也十分明显，犹太人和共产主义者、民主主义者的著作被付之一炬。然而，这类对经典性的粗暴对待充分揭示了它们的独裁体制，印证了我们对其的直觉认识，即对（构成经典的）知识和信息的垄断主要是为了维持权力。但是，在萨义德、海克曼和其他人的设想中，经典性的理想型动态过程是辩证的和时间性的，在经典与它所影响的人（文化）之间展开。下面就让我们对这一过程进行剖析。

---

① 霍默·辛普森是《辛普森一家》中的父亲。——译者注

当我们思及经典——思及那些重要的文学著作、政治经济学著作、哲学著作等时，我们首先会猛然意识到，它们是从过去走向我们的。我并不是说经典已经死亡或是已经毫无活力，而是想说经典在本质上是历时性的，自有其短期、中期或长期的不同的时间跨度。这些不同的时间跨度是复杂多变的，赋予经典生命历程。这具体是如此运作的？威廉·莎士比亚和J·K·罗琳的作品可以被看作是西方文学经典，同样的，托马斯·霍布斯(Thomas Hobbes)和一些当代理论家——如约翰·罗尔斯(John Rawls)——的著作，也都被认为是西方政治哲学的经典。这两组对比中的前者，均居于历史更深处(有着更悠久的持续时长)，而后者(尤其是姑且算作经典作家的罗琳)则刚刚开始进入大众视野并帮助指引我们的文化方向。时间最终赋予他们经典地位，同时他们最终也必须接受时间的检验。但这并非一个单向的过程。这意味着即便是莎士比亚，或许哪一天也会变得默默无闻、无关紧要；而反过来，在今天名声并不显赫的某些人(如霍布斯)的作品，或许(也必然)会重新获得活力，在更大的领域中被广泛分析和讨论，以发现其对于当今时代的重要意义。

缺乏关注会使著作失去经典地位。譬如，现在很少有人会去阅读西莱尔·贝洛克(Hilaire Belloc)①和切思特顿(G. K. Chesterton)②的作品，但这些作者在19世纪末20世纪初时极受欢迎，影响力巨大。从另一个方面讲，著作也可能随着时间的推移而获得声望和权威性。在与贝洛克和切思特顿同时代的爱德华·摩根·福斯特(E. M. Forster)和戴维·赫伯特·劳伦斯(D. H. Lawrence)身上，我们很容易看到这一点。此外，旧的作品可能会被重新发现，如《吉尔伽美什史诗》(*Epic of Gilgamesh*)，而新的技术也有可能创建全新的经典形式，如电影(如法国新浪潮)、音乐(如爵士乐和摇滚乐)、建筑(如新古典主义和现代主义)等。只有那些不惧辛劳、细致观察的人才会敏锐地发现这些经典的转变。后现代主义及其对经典思想的扩散的无动于衷，意味着经典仍在，但它们与民主公共领域中的公众之间的联系已经荡然无存。再次强调，经典长存，但如果要充分发挥它对于文化和社会的引领作用，它就必须以公众为基础。公众决定了经典的内容、深度和时间跨度，而经典反过来决定了公共文化的广泛取向。

我们已经分析了经典的时间性，而与之同等重要的是，促成经典的技术的时间节奏。在此，我想起了在第二章中有关技术如何赋予其自身时间性，以及雷吉斯·德布雷所称的使思想得以存在的“物质形式”(Debray，2007：5)的讨论。毫

① 西莱尔·贝洛克(1870—1953)，19世纪末20世纪初最受欢迎的作家之一，也是演说家、诗人、水手和政治活动家。——译者注

② G. K. 切思特顿(1874—1936)，英国作家、评论家、诗人、新闻记者、插图画家。——译者注

无疑问，书籍是构建我们的思想、塑造我们所知的世界并奠定启蒙运动和现代性的基础的"物质形式"。正是书写在纸张上的文字，构成了德布雷所认为的最主要的"传播网络"，使思想成为物质性的现实（2007：5）。基于这一洞见，我们可以说，没有基于纸张的传播技术，就不会有发挥社会功能的经典的形成基础，而没有发挥社会功能的经典（它们通过"文字共和国"这样的网络得以问世），就不会有启蒙运动（也不会有我们所熟知的现代性和资本主义）。在启蒙经典的形成过程中，思想基于纸张在时间和空间上的固化，使反映了它们的文字顺序（如果不是对它们的理解的话）得以存留。这些思想借助18世纪、19世纪的技术（如我们之前曾讨论过的），以特定的速率和节奏（尽管在不断加速）传播扩散，这不仅使人类能够创造出启蒙运动、现代性并激发出它们的巨大潜力，同时也使人类能够通过同样的物质过程持续**创造出经典思想**，它们至今仍是（西方世界）社会、文化和政治的基础。

启蒙运动是我们的一切。然而，启蒙经典已经被数字信息所遮蔽，已经被网络速度所抛弃。慢性注意力分散的状态使得稳定的思想越来越不可得。对于通过互联网而连接在一起的芸芸众生们——公共领域由他们所构成（或者说本应由他们构成）——而言，已完全没有时间去复苏振兴经典，或是贬抑某些经典而提倡另一些经典。在网络社会中，数字信息的流动瞬息万变，形成和实践（任何）经典已全无可能。但是，我们又从未像今天这样需要经典。因此，在面对数字化的巨大冲击时，我们所需要的是**保护性的**时间观念和**保守主义**的政治伦理。

护存经典：思想所必需的暂停

保守主义是慢性注意力分散的解毒剂。但是我们所讨论的是哪种保守主义？我想答案非常简单：这种（政治上、文化上、思想上和技术上的）保守主义首先和最重要的任务是要去护存那些具有积极意义和民主功能、具有包容性的作品。使用"护存"（conserve）一词，我想表达的意思是，我们要留住时间，在一种观念、一个话题或问题上暂时停下，思考它、讨论它，并从另外的视角去重新评判它。在政治态度的调查中，我们经常可以听到这样的陈词滥调："不要问我，我没时间管政治的事。"确实如此，越来越多的个体不再关心政治和任何实际的政治义务，因为政治（从足够理性的角度）看起来与寻找工作、支付贷款和准备一日三餐毫无关联，他们没有时间花费在这上面。当然，如果停下来仔细想一想求职、支付按揭和为家庭准备足够的食物这些事，其实也都是政治性的。但是个人议题总是显得更为即刻，同时这些问题的"解决方案"通常看来也是即刻与迫切的——那就是去找到工作、去赚钱、去偿还贷款等。

要找到和发现更具根本性的问题，需要花费实际的时间，而时间的跨度没有被压缩折叠，需要一小时一小时、一天天、一周周、一年年地度过。当然，除了要完整地消费时间之外，它还有赖于我们发现合适的信息的能力，也就是说，我们要有能力找到合适的书籍与文章，找到合适的人，找到合适的案例、过程和讨论，去烛照个人情境中的“政治”、我们这个社会的“政治”以及我们所处的这个更为广大的世界的“政治”。但是信息，或者更准确地讲，信息的数字化、商品化、加速化和网络化的（卡斯特所说的）“新形态”（Castells，1996：469），剥夺了属于我们的时间，进而剥夺了我们理解现实世界的能力。急切性、即刻性和紧迫性，构成了新自由主义全球化经济的核心。我们只能浮于生活经验的表层，同时由于技术的快速发展和社会的不断加速，我们又不得不经验着过度刺激和慢性注意力分散的状态，这样的双重否定将（本可以赋予我们力量、行动能力和机遇的）知识从个体层面上夺走了。我们的力量和行动被限制在新自由主义体系的范围之内。这一体系如此根深蒂固，它耗尽了我们的认知能力，我们再也无法想出可以替代它的办法。正如佩里·安德森（Perry Anderson）所说，这一灾难性的情形在西方思想史上是前所未有的，今天的思想是无根的，是去经典化的（2000：17）。

在思考本章内容时，我向一位德国同事提到了我在盖伦的作品中所发现的价值。“但他是一个保守主义者！”我得到的是这样一个直截了当的反驳。但那恰恰是盖伦的价值所在。在此，我们需要弄清“保守主义者”的意涵。主流媒体，尤其在北美，使用这一术语标签化某类人——他们支持共和党，反对“大政府”，希望降低税收，相信自由市场的魔力，将“个体”视作最基本的社会单位……推动经济和文化的急速全球化，持续不断地“创造性地摧毁”资本主义所能殖民和榨取的一切对象，这些构成了对“保守主义者”世界观的整体性的背景认知。然而讽刺的是，在这种泛化的理解中，保守主义的一切又都与运动、奋斗、拼搏和竞争联系在一起。这些理解几乎毫不涉及“护存”问题，除非在它与个人既得利益相关时。显然，在此所介绍的“保守主义者”，与我的德国朋友在评价盖伦作品时所说的“保守主义”，是完全不同的。

盖伦是一个真正的政治保守主义者，但是相对于现代的保守主义者们，如乔治·布什（George W. Bush）、莎拉·佩林（Sarah Palin）或风行一时的美国“茶党”（Tea Party），盖伦的保守主义源于一个更为悠远的历史谱系。与指导本书的主要逻辑一样，这种古老的或者说经典的保守主义根植于欧洲的启蒙运动。或许借用埃德蒙·伯克（Edmund Burke）（他被称作“保守主义之父”，生于1729年，卒于1797年）的著述，可以更为全面地表述这种保守主义。法国大革命

(1789－1799)塑造了伯克的政治特征，而他最为著名的专著《法国大革命反思录》(*Reflections on the Revolution in France*，1790年首次出版)则体现了他对那些喧嚣纷乱的革命事件的思考。有大量观点认为伯克反对大革命，然而他的《法国大革命反思录》一书几乎通篇都很清晰地表明他采用的是一种时间的视角，不断地将**骚乱**、**激情**和**审慎**、**冷静思考**等放在一起进行比较。我们可以思考一下下面这段典型的伯克式的论述。它认为，在就当下法国发生的这些事件(événement)的本质和结果形成意见之前，需要抵制速度带来的影响，应坚守理性，坚持反思，遵循必要的机制：

> 当我检视行动中的自由精神之时，我看到了一种强有力的原则在发挥作用，这是我暂时所能了解的全部。狂热的氛围显然打破了凝固的空气，但我们应该暂缓作出判断，直到最初的激情泡沫稍有消退，情形变得明朗，我们能透过纷乱而骚动不安的表面看得更深之时。在公开向人们表达祝贺、送上祝福之前，我必须相当肯定他们已经真正得到了祝福。讨好奉承会同时伤害祝福的施予者和接受者，谄媚阿谀对人民的好处并不比对国王的大。因此我应当暂缓对法兰西的新自由送上我的祝贺，直到我确认它如何与政府、与公众的力量、与军队的纪律和服从、与得到有效征收和良好分配的财政收入、与对财产的保护、与秩序和安宁、与市民和社会生活等形成有效结合。所有这些(以它们的方式)发挥着有益的作用。离开了它们，即使自由能够持续，也不会有益处，更何况没有它们，自由也不可能长久。对于个体而言，自由的影响是让人可以去做他们喜欢的事：在冒险送上祝贺之前，我们应该看看自由都让人们喜欢去做些什么，这些可能很快又会变成抱怨。在个体相互分离的情形下，审慎可以使人们做到这一点，但当人们亲身行动时，自由就变成了驱动的力量。谨慎的人在表明自己的态度前，会探究力量的来源是什么，尤其在面对新的人群、新的力量时，在对这些新的力量的行使者及他们的倾向、立场知之甚少或全无经验时，在那些现场最激情澎湃的人很可能并不是真正的推动者时。(Burke，1790/1986：90－91)

这段话很长，但我并不会为引用这么多而感到抱歉(我怎么可能如此呢)。这段引用是必要的，因为它很有用处。它充满时间感，虽未曾言明，但无疑在提出警告，要我们警惕过快行动、不对行动的结果审慎思考可能会带来的风险。伯克将他这本书命名为“反思”并非巧合，但这一点却不太经常被人提及。“反思”一词具有辩证性，它是一面理性的镜子，在此时，凝视、自我和世界结合在一起，暂停下来，“映照”并思考当你回望之时，你会看见些什么。不过在伯克的《法国大革命反思录》中，没有什么是静止不动的，该书所涉及的激情、速度和“真正的推动者们”等都处于高度变动之中，传递出变动、变革与变化的意向，但其强调的基本原则是，变化必须是可管理和可组织的。正如伯克自己所说：“无法变革的国家，就无法持存。”(1790/1986: 90)。

革命(以及革命者的行动)带来向未知的飞跃，带来向必须以某种方式把握住的未知机遇的突进。对有些人来说，如列宁，革命是**唯一的道路**。列宁和与伯克同时代的法国人罗伯斯庇尔，都没有写出经得起时间检验、被认为对社会具有实践意义和积极意义的经典著作。尤其是列宁，毫无疑问，他的观念主要基于马克思的抽象思想，但他的使命是有意识地扫除一个旧世界，并飞速跃进一个只有革命者自己才能确定其本质的未来。这一逻辑同样具有极强的时间性，因为它拒绝所有的过去，站在瞬息万变的现在，向明天掷出命运的骰子。对这样的加速突进，对狂热者们不愿停下来进行反思或对结果进行考量的行为，伯克有自己的看法。在1790年3月写给杜邦(A. J. F. DuPont)的信中，他写道：

> 我对那种崇高而抽象的、在形而上学层面的退行的(reversionary)、善变的人性没有什么看法，只有**冷血**的人，才会将当下，将我们**每天见到**、**每天与之交谈**的人们卷入即刻的巨大灾难中，去为**只存在于观念中的**人们换取**未来的**、**不确定的**①益处。(Burke, 1790/1986: 23)

在对需求的认识上，盖伦的保守主义是伯克式的，即认为结构是首要需求，而伯克认为这一点在美国宪法中体现得十分明显。在伯克看来，美国独立战争是保守主义的，因为宪法文本有意识地在观念和原则层面建立起了(用德里达的术语来说)“不可或缺的护栏”，现代美国社会由此得以构建。盖伦的哲学人类学提供了理解我们这个物种的方法，同时也帮助我们认识到，作为一种“半成品”，人类是如何存在于这个世界上的——“涌入体内且不得不处理的大量的知觉印象”(Gehlen, 1980: 36)使人容易注意力分散且处于过度刺激状态，因此需要发展精神和身体结构，以使我们能够过上人类的生活，而不是像其他物种一样受到本能的驱使。对盖伦思想的这一扼要重复，可以使我们回过头来，对作为认知结构的文本基础的经典进行再次思考，要避免注意力分散和过度刺激，经典对于我们这个物种而言是不可或缺的。在此，我们可以将盖伦的结构与伯克的可

① 粗体为本书作者所加。

塑的保守主义（伯克认为它是必需的“变革手段”）结合起来。

前文已经提及，在一种不断加速的社会文化中，想要寻求不会发生变动的思想（如经典中所包含的思想）实际上是徒劳无功的，因为很难将不变和加速这两类社会过程同步起来。然而，在社会加速和由此产生的慢性注意力分散的实际语境中，思想本身与其说是“不变”的，不如说是“不可见”的。信息过载，新自由主义所推动的信息的工具化，如数字迷雾般笼罩着我们的快速增长与加速的数据网，这些都使得“不可或缺的护栏”开始消失。我们与不变的思想之间看起来已不再存在关联，这种失调使得我们与我们的认知中心之间也断开了连接，又或者，由于生活在网络化现实之中，我们已没有能力清晰而带有反思性地认识这些思想，无论怎样，这二者所带来的影响是相同的：我们已无法和构建了的这个世界（我们生存于其中）的思想和叙事有效互动。因而，我们饱受认知异化的折磨，就像阿多诺和霍克海默（Adorno & Horkheimer，1998：xii）所说，“思想变成了商品”，作为商品，思想只能在新自由主义网络经济的空间和时间中回荡。

不过，如果我们吹散商品化的迷雾，通过停下来阅读和思考的方式，为导致注意力分散和认知失调状况的加速逻辑踩下刹车，我们可以使不可见变为可见。我想以一个经典著作持续存在并影响我们的小例子，结束本书的倒数第二章。这些著作所表达的思想成为我们——无论是作为个体还是（国家与全球的）社会成员——的一部分，而当我们想到它们时，甚至不会认为它们是经典作品。

最近一期《外交事务》（*Foreign Affairs*）——它是一份保守主义政治和思想领域的旗舰型刊物，刊载了一篇有趣的论文，这篇文章表面上看起来和我在此所讨论的内容毫无关联。这篇文章名为《合作的冲突？》（Conflict of Cooperation?），作者理查德·贝茨（Richard K. Betts）是一位从事战争与和平研究的美国学者。该文重访了萨缪尔·亨廷顿（Sammuel Huntingdon）、弗朗西斯·福山（Francis Fukuyama）和约翰·米尔斯海默（John Mearsheimer）的政治学思想。这是一篇好文章，忠实地遵循着这份期刊的传统关切和视角。不过，吸引我注意的是这篇论文的开头部分。它写道：

> 约翰·梅纳德·凯恩斯（John Maynard Keynes）曾经写道，相信自己不会受任何思想影响的、实践着的人们，通常是某些已故的经济学家的奴隶。政客们和专家们用他们从某些哲学家的“伟大思想”里借来的直觉和假设来看待这个世界。有些观念已然陈旧，并被全社会认为是理所当然的。对于大多数美国人来说，那些自由主义传统下的观念——从约翰·洛克（John

Locke)到伍德罗·威尔逊(Woodrow Wilson),决定了他们对于外交政策的思考。自由、个人主义和合作等神圣概念在美国政治文化中是如此根深蒂固,以至于绝大多数人认为它们就是事物和普遍价值观中的自然法则,如果有机会,其他地方的人们也都会拥抱它们。(Betts,2010)

凯恩斯的思想在这门沉闷无趣的科学①中或许有些争议,但他这一较为宽泛的观点——人们的思想不可能凭空产生,无疑是有道理的。事实上,我们常常不知道自己是如何以及为何"知晓"某事的。贝茨继续就"自由主义传统"和"神圣概念"作了有价值的阐发。看不见的力量经由传统中的看不见的结构而得以运作,这正是经典发挥作用的过程。约翰·洛克、大卫·休谟、孟德斯鸠、托马斯·潘恩(Thomas Paine)②、托马斯·杰弗逊(Thomas Jefferson)等人,甚至卡尔·马克思(作为反对自由资本主义传统的幽灵)的经典思想,渗透进西方民主国家无数人的政治意识(或无意识)之中。他们的民主与批判的"精神"影响着每一次选举——从在全国范围内争夺议会办公室的卑微的诸众,到白宫或唐宁街里的政治权力的最高掌控者。这种精神及其观念一旦被吸收利用,将会产生深远的影响。例如,美英等国的军队在2003年侵入伊拉克却没有发现任何大规模杀伤性武器,而在政治无能的背景下又没有**花费时间**细致论证推翻一个卡利古拉(Caligula)③式的政权为何就是正当合理的,对此,乔治·布什、托尼·布莱尔和其他领导人援引经典,告诉我们说,西方国家是在"民主化"中东,是在"修复"、塑造伊拉克,使它更像"我们"。毫无疑问,这是爱德华·萨义德所提出的东方主义在新的历史阶段的书写,但重点在于,如果不从形塑了西方世界的光辉的经典传统出发,就无法为伊拉克战争、阿富汗战争以及它们现在(和未来)的状态作出解释,尽管很少有人(包括我们的领导人们)意识到这些。

不过,在这篇文章的下一段中,贝茨就偏离了他对社会思想的本质的精辟思考,滑向了有关公共领域的功能的陈词滥调。文中写道:"在变动的时代,人们更加有意识地想要弄清这个世界是如何运行的。"(Betts,2010)如果他指的是大多数人,那么好吧,事实上他们并没有这样想,也从未这样想过。真正思考这些的"人们",是那些给《外交事务》写稿的人,或是为《纽约时报》、德国《时代周

① 指经济学。——译者注

② 原文为Tom Paine,应指Thomas Paine。——译者注

③ 卡利古拉(12—41),全名为盖乌斯·尤里乌斯·恺撒·奥古斯都·日耳曼尼库斯(Gaius Julius Caesar Augustus Germanicus),罗马帝国第三位皇帝。他在位期间推行恐怖统治,神化皇权,行事荒唐暴虐,被认为是一个典型的暴君。——译者注

报》(*Die Zeit*)、法国《世界报》(*Le Monde*)撰写专栏文章的人们。换言之，只有精英才会去想这些，18世纪如此，今天亦是如此。启蒙运动时期北大西洋两岸的“文字共和国”与今天的意见塑造者阶层之间的区别是，前者就思想进行讨论，而后者则主要是在提出带有意识形态倾向的主张。实际上，在缺乏一套经典思想以帮助我们有意识地检视、坚持和测试当下情境的情况下，我们并非如凯恩斯所想象的那样被“已故的经济学家们”所“奴役”，而是受到了不被质疑的新自由主义观念的霸权的宰制。如今我们均熟稔这些有关世界“现实”的断言：资本主义自由市场是人类事务自然而最为有效的状态；追逐个人物质财富既是“正当的”也是“自然的”，这一目标本质上是合理的；尽管有其缺陷，但新自由主义仍是最为完美的社会组织形式，因此试图替代这一制度会引发社会灾难或带来政治独裁。认为这些都与民主密切相关的政治观念，正是对这些断言的突出强调。

在与公共价值观和道德有关的公共领域方面，我们所有的是一种公共真空的状态。经不起时间考验的思想(当然那些刚刚提出的思想还没有接受时间的考验)不能被称为经典，但如今那些浅显的概念却居于支配地位。在全球金融危机之后，当下的新自由主义霸权所导致的社会(以及社会民主的)匮乏已经令人痛苦地显现出来。但是，对于那些更为坚实的、起到结构化作用的思想——它们能够使我们对于经济病态形成洞见并引领我们寻找规避的道路，我们却在疏离，这意味着空洞的新自由主义思想依然在实施其霸权，而全然不顾由其引发的危机。社会和道德责任的传统，源起于亚里士多德的思想，汉斯·约纳斯(Hans Jonas，1985)在其著作中对我们与技术的关系所作的精辟思考，均已变得不可见，或是变得散落四处、残缺不全，已无法再在意识层面对我们今天的思考和行动产生显著影响。网络化的资本主义、政治上的新自由主义及其引发的注意力分散的慢性症状，给我们带来了一个“一无所知的社会”(a Know Nothing society)，而它确实知道它一无所知，它也知道它正面临着道德和伦理上的破产结局。

当我写下这些的时候，我们正在经历着全球经济危机的第三个年头，这一危机由放任自由的新自由主义所创造，由公司金融业直接导致。因此在盎格鲁-撒克逊经济体中，**没有人**宣布为他们的所作所为负起道德、伦理甚至实践层面的责任。无数人失去工作、无家可归，他们的积蓄化为泡影，但我们的政客们要么对银行业的所作所为视而不见，要么为它们鼓掌欢呼。在网络化的资本主义社会中，尊严、谦恭和社会责任一起消失殆尽。我们的经济名流和政治领导人们极度缺乏愧疚感，因为他们生活在追求短期效益的文化中，这种文化根本不会虑及那些指导我们如何过上良好的、有道德的、有尊严的生活的过往经典。道德哲学家阿拉斯戴尔・麦金泰尔(Alasdair Macintyre)对于政府/企业资本主义与共同体道德规范之间的联系是如何被打破的有着精辟的理解。在《追寻美德》(*After Virtue*)一书中,他写道:

> 当……政府与道德共同体之间的关系由于政府本质的变化和社会缺乏道德共识而受到质疑时,要形成和持有任何清晰简明、可以传授的观念变得越来越困难……(2007:254)

麦金泰尔是一个基督徒,他信仰原初经典——即《圣经》——中的许多规范。不过,人们未必一定要成为基督徒才能理解那些帮助塑造了西方道德共同体的经典原则。譬如,《耶利米书》第6章第15段说:"当他们行可憎之事时感到惭愧吗?不然,他们毫不惭愧,也不知羞耻。"这一古时的价值判断同样也极好地描述了我们当下的后现代社会中愧疚能力匮乏的现状,这种能力的付诸阙如源于我们在认识自身和所处世界方面的无能,其逻辑沿着两条平行的路径展开。在一条路径上,挤满了无数热切追求消费主义生活方式的人们,他们对此毫无羞愧亦缺少反思,他们的终极目标就是成为随便哪种类型的名人。从我们对《老大哥》(*Big Brother*)或其他真人秀节目中无所不做以博人眼球的那些人感到着迷(或者是认同?)中,就可以看出这一点,而那些人的自我反思和尴尬害羞早已被丢在电视制作机构的门外。在另一条路径上行走着的是处于社会梯级顶层的人们,那些华尔街或伦敦金融城中的商人们以及与他们结盟的教授们,这些人每天早晨都会用一种自信无忧的目光凝视剃须镜中的自己。对他们来说,在资本主义经济抽象的数据循环流动中用钱来生钱,是完全没有问题的,例如,在目前英国"紧缩内阁"的23位成员中,有18位是百万富翁,但他们却能通过**民主投票**的方式,将极端的财政削减政策强加于社会大众,让他们来为经济危机买单(Milland & Warren,2010)。

领导者和被领导者都不再充分承担社会责任,因为我们生活在一个我们再也无法真正认清的社会情境中。我们几乎没有时间再去阅读塑造了我们这个社会的经典,没有时间反思自身或彼此启发,去寻求解决之道,因为日常生活中的速度、信息过载和慢性注意力分散使我们主要倾向于关注手边之事,关注最为紧迫的事物,关注网络社会扔给我们的越来越多的意料之外的需求。但是"一无所知"的心智状态并非是指痴愚,它是过度刺激、信息过载和注意力分散所带来的必然影响。正如卡尔在《浅薄》中所说,我们的精神心智正在被重组,更加简洁和更加快速，以期应对（至少是能够部分应对）这个极不稳定的世界的需求。正是意识和思维方式的重组创造了现代性及其存在方式，但这些存在方式正在消散，正在被工具化，或者就是被单纯地遗忘了。卡尔和我自己的观点每天都被来自实验室的证据所强化，在前面我们已经提及了其中一些。对于这种不可阻挡的慢性注意力分散趋势的最新证明，就放在我今天的案头。它是一篇刊载于《纽约时报》的文章，名为《数字化成长，连线中分心》（Growing up Digital, Wired for Distraction），它与我在此处所讨论的内容直接相关。这篇文章的开头写道：

> 不管怎样，维沙尔（Vishal），这个17岁的聪明少年总算是读完了库特·冯内古特（Kurt Vonnegut）的《猫的摇篮》一书，这是他的暑假阅读作业。但是，他用了两个月才看完这本43页的书。（Richtel, 2010）

这篇文章继续写道，仅从人口统计数据就可以毫不奇怪地知道，这位年轻人喜欢使用Facebook、YouTube和其他形式的电子媒介。事实上，维沙尔对自己的数字化媒介习惯有着从时间角度出发的辩解："在YouTube上，你能在6分钟之内就了解整个故事……读一本书花的时间太长了。我喜欢立刻获得满足。"（Richtel, 2010）该文注意到，在集中注意力和学习方面，所谓的"数字一代"面临着巨大的全新挑战。同时，文章还引用了哈佛大学医学院一位研究者的话指出，"值得担忧的是，我们正在哺育的这一代孩子在电脑屏幕前长大，他们的大脑正在以不同的方式被连线"（Richtel, 2010）。这回应了卡尔在《浅薄》中的关切。但是，将这一代人的"问题"理解为正在"变笨"是一种误读。临床证据表明，"连线了的"大脑是一个精神生理学问题，它影响我们所有人。此外，"重新连线"并没有使我们变笨或是像卡尔所说的那样使我们变得肤浅，而是使我们变成了另一种人、另一种思考者，完全不同于基于固定在纸张上的语词而形成认知和智识的人们。

在所有方面，我们都在走向**后现代**。我们正在超越基于其认知能力而与世界相连的人类，这样的人类在20世纪70年代已经到达其所有潜能的顶峰（就书写语词和对书写语词的阅读所能实现的潜能而言）。到那时，钟表时间已经完全耗尽了其对于一个隐藏着危机的经济系统所能发挥的所有时间上的效用，这个系统除了加速超越死板的钟表时间外，别无选择。计算机将我们的语词数字化为信息，而很快，信息又催生了网络时间感，它让一个普通学生一天只能读半页库特·冯内古特的书。在这种情境下，经典性的思想，以及经典对于我们了解世界和以行动为基础改变这个世界的价值,已经几乎荡然无存。然而,慢性注意力分散、我们与充满生命力的经典失去联系只是这种变化的一部分。让我们以对本书的扼要回顾来作为结束,从政治的维度检视慢性注意力分散,然后努力寻找可以带给我们希望的微光,去照亮在我看来才刚刚开始进入的黑暗隧道。

7

对政治变革前景的思考

我是否仍拥有你全部注意力?

或许不会。直接翻到"书的最后"快速把握其大意要旨,是我们这个注意力分散时代的传染性的征候,我们大多数人或多或少都会这么做,所以在对这一病征做更多的分析推断以寻找解决办法之前,让我再简要重述一下我的主要观点。

时间,是我这本讨论注意力分散的专著的关键。时间是社会的产物,是可经验的社会现象,它深深地嵌入人类本质之中。无数代人以来,时间节奏的变化直接影响着个体、集体与他们所处的自然环境之间的互动。人类心脏的搏动是个体的节奏,呼吸的起止停顿同样如是;当个体聚集在一起共享和创造时间之时,例如为某个事件举行纪念仪式,或确定固定的时间节点,如生日、婚礼及成年年龄等,由个体所组成的不同群体之间得以彼此协调时间节奏。诸如此类的时间构成了人类文化的基础,绵延数千年。自我们这个物种发端之时,生物性的和社会性的时间节奏就与自然的节奏保持同步。个体和群体生活在自然节奏之中,经历着四季变迁、日升日落、月盈月亏等。显然,时间就存在于我们之内,而我们同样也无法避免地需要生存在广阔的时间性中,由此,我们经验着自然的节奏。

人类在本质上是时间性的,同时也是技术性的。考古学告诉我们,我们发明了工具,而工具又反过来塑造我们。在人类的时间性与人类技术之间存在着辩证关系,由此我们为我们所发明和使用的工具"赋予了时间"。工具自身反映了人类个体和社会的时间能力。比方说,电子芯片反映了电子驱动的社会速度,而燧石斧反映的则是完全由生物和环境的时间性所决定的社会节奏。前者意味着高度复杂的社会过程,从中我们可以体察到人类对环境及其时间性的越来越强大的支配性,而后者表现出的则是古代人类使用手部与外界进行互动的基本能力。

在本书中,我们将对生物-生态节奏的思考与沃尔特·翁认为的人类所发明的最为重要的工具——书写——联系起来。作为一种工具,最初的书写观念和实践反映了古巴比伦地区(这里是书写的发明地)人类的时间和技术能力。书写的身体性,书写介质的尺寸和可携带性,从用削尖的芦苇或竹子在泥板或莎草纸上刻画，到采用卷轴形式的古书抄本，再到此后的大众印刷书籍，这些都回应了由生物和生态环境的辩证关系所决定的人类本性和时间能力（同时它也被人性和时间能力所决定）。阅读和书写的实践行为也被同样的生物和生态节律赋予了时间性，或者更简单地说，此时，我们阅读得再快、书写得再快，也不会使认知过程崩溃。

书写这一突破性的技术使人类文明得以成长，它使我们有能力去组织我们的世界，创造和传播知识，使新出现的思想能够在时间和空间上固定下来。书面文字的稳定性，让我们可以对抽象的观念进行检验和讨论，以故事的形式叙述我们的生活，创造元叙事或宏大叙事（它们是宗教思想、历史学、哲学和科学等的基础）。书写的创造，以及通过阅读和再书写的方式对书写产品的运用，以特定的方式组织着我们的大脑（如果按今天认知科学所告诉我们的进行推论的话）。但这些都是随机发生的，无法计划安排。换言之，被书写技术所决定了的时间节奏，也决定了这个世界的节奏与步调。然而，技术总是在不断发展中，要么是在功能上获得完善，要么是被满足人类需要的全新技术所完全取代。不过，在人类历史上的大多数时间里，技术发展的速度是相对缓慢的：永远不会停滞，但也永远不是系统性的。至关重要的是，这种较为缓慢的、非系统性的发展步调，并没有耗尽人类与新技术（比如说车轮）为这个世界所带来的“生活加速”保持同步的能力。实际上，在人类历史长河的多数时间里，对于我们的认知能力和持续构建世界的能力而言，技术发展相对缓慢的步伐是温和有益的。

技术发展越来越迅猛，人类社会也变得越来越复杂多样。不断增长的复杂性（和不断提升的加速过程）呼唤更为理性、更加可控的文明形式。当中世纪晚期技术和经济的复杂程度进入一个全新阶段时，钟表这种在17世纪发明于中国的技术开始在欧洲发挥越来越广泛的实际功用。在欧洲，钟表计时开始规制不断拓展的社会领域，当社会联系变得越来越密切之时，这在更为系统而基础的层面刺激了技术的进一步发展。古登堡印刷机的发明将机器和书写融合起来，思想开始得以传播得更为广泛。冲击激起更大的冲击，由此，欧洲文艺复兴为启蒙运动以及伴随启蒙运动而兴起的资本主义和工业主义构建了（文化、科学、技术和哲学）基础。在迅猛发展的资本主义和工业化语境中，技术、哲学和文化知识的传播扩散逐渐变得系统化，并遵循着机器的逻辑，这使由钟表所赋能的时间生产的理性化和同步化成为可能。

在这番回溯中可以看到，启蒙运动的兴起和工业化的扩散代表了人类认识能力所能达到的最高点，这种认知能力来源于生物/生态时间与书写技术之间的互动。钟表时间、基于机器的书写和机器主导的工业化（这一切都受到资本主义竞争的革命性进程的驱动)将我们带到了一个全新的生态和时间层面,这不仅刺激着我们的社会,使之越来越复杂,同时还开始耗用我们的大脑自古以来所储备的认知和时间能力。不管现代性取得了怎样的进步,但我们控制它、引导它的发展轨迹的能力实际上在不断减弱,我们与之不断加速的过程保持同步的能力也同样如此。不过直到20世纪70年代,我们还能跟得上现代性逻辑的步伐。

全新的信息启蒙运动?

在注意力分散时代,极不稳定的语词已经变成了数字化的碎屑。我们完全无法应对网络化社会中流动泛滥着的数十亿千兆字节,也无法与之保持同步。即使是那些最为重要的文字和文本——**那些描述我们的经济、我们的冲突、我们重要的民主结构的政治性文本**,在数字化媒介中也没有特权能使我们予以关注并进行思考(Davies,2008)。政治和经济内容与娱乐、体育类信息混杂在一起,形成数字洪流。杰伦·拉尼尔(Jaron Lanier)在《你不是一件器具》(*You Are not a Gadget*)中说:"一小群工程师创造出来的技术能够以不可思议的速度,决定人类经验的整个未来。"(2010:6)这已经发生,"人类经验"如今被技术自身的竞争逻辑所决定。由市场推动的技术的殖民化,意味着我们对于信息的经验正在异化——信息越来越吸引人,但实际的信息经验越来越少。

对政治的理解,至少是对政治固有的重要性的体认,是开启活跃的、令人满意的和有变革能力的公民生活的关键。如果缺乏这种理解,将使人(或者他所属的阶级和群体)任由来自华尔街、硅谷和宾夕法尼亚大街①的看不见的力量摆布,在世界的其他地方也同样存在类似的力量。2006年成立的"维基解密"(WikiLeaks)网站使我们可以看见过载、加速和注意力分散所引发的政治失调到达何种程度。在"信息自由"精神的激励下,维基解密将政府部门的秘密或敏感文件上传到网络,让全世界可以看到和评判这些文件的内容。2010年11月,"维基解密"与全球5家重要的"严肃"报纸联合发布了英国《卫报》(*Guardian*)破译的"美国使馆秘密电文"。这些电文包括超过25万份文件,绝大部分是华盛顿政府与全球各地的美国大使馆之间的通信记录,其中很多使馆处于敏感地区,如中东、俄罗斯和中国。在发布这些文件的第一天,即11月29日,《卫

① 宾夕法尼亚大街(Pennsylvania Avenue)是美国华盛顿哥伦比亚特区的一条街道,连接白宫和美国国会大厦。——译者注

报》刊载了希瑟·布鲁克(Heather Brooke)撰写的题为《维基解密：革命已经开始，而且将被数字化》(WikiLeaks: The Revolution Has Begun — And it Will Be Digitised)的文章，该文支持分阶段公布这些通信记录中被认为最为重要的一些文件。在这篇文章中，布鲁克认为："网络正在改变民众与权力的联系方式，政治将别无选择，只能适应它。"(2010)布鲁克继续指出，秘密外交和由精英们所主导的"前1914式的"密谋政治开始被"维基解密"这类网站所改变。其实这一切都还是未知数。但是，在这篇文章的结尾，布鲁克提出了明智而冷静的警告和一个埃德蒙·伯克可能会非常赞同的时间框架：

> 这是一场革命，而所有的革命都会带来恐惧和不确定性。我们将会走向新的信息启蒙运动，还是会遭遇那些想维持手中权力的人们的不计代价的反扑，从而使我们走向新的集权主义？未来五年中会发生些什么，将决定下个世纪民主的未来，因此，我们的领导人在应对当前挑战时如果能着眼于未来，那将会是一件好事。(Brooke, 2010)

从"维基解密"的曝光所导致的直接后果来看，"新的信息启蒙"并无希望。在这些文件被分批披露之后，被提出的那些议题(以及被提出的任何政治上的希望)很快又落回到令人凌乱纷扰的氛围之中。事实上，在美国，这些"议题"几乎就没有超出过由新闻、体育和名人们交织而成的纷乱漩涡，尽管《纽约时报》在头版报道了"维基解密"所发现的巨大宝藏。2010年11月29日《纽约时报》网络版的头条新闻标题是《泄密电文描绘了世界对朝鲜的猜测》(Sanger, 2010)，好吧，看起来世界在那个特定的日子对这个特定的议题就没有猜测似的。至少在美国，"谷歌趋势"(Google Trends)——一个根据搜索关键词对网络趋势进行测量的网站——甚至没有将"维基解密"的"揭密"排进当天搜索排行的前20位。当天排在第一位的是演员莱斯利·尼尔森(Leslie Nielsen)去世的消息，用户兴趣紧随其后的是"2010年周一网络交易最佳"，而在用户最想知道的信息中排在第三位的是"熊胆的用途"(Google Trends, 2010)。

经济加速所带来的一个影响是，在全球化媒介产业的语境下，媒介减少了对潜在的重要政治信息的关注，它们浮光掠影地报道这些事件，然后又必须迅速转移焦点，去追逐下一个头条故事(Davies, 2008)。新闻保质期短许多年来一直是媒介的一个特征，但当我们进入"时间压缩"的生活状态之后，这种媒介特征与数字化的速度，与无数其他使人分心和紧急迫切的事务，纠葛缠绕在一起，使得政治信息吸引读者、"黏住"读者的可能性急剧降低。2011年年初的一个现象可为明证,其时,《卫报》悄无声息地刊载了一篇报道,引用美国政府的一则公告称,尽管"维基解密"所披露的消息"令人尴尬",但这些"不会对政策带来实际影响"(Harris,2011)。

如果你愿意,让我们将此与20世纪70年代的一起重大新闻事件做一番比较,那个时代的政治叙事、经济运行速度和新闻媒介的速度都与当下完全不同。1971年,同样发生了一起秘密文件泄露事件,这份报告是一份"五角大楼文件",名为《美国-越南关系,1945—1967:一项国防部的研究》(United States-Vietnam Relations,1945-1967:A Study Prepared by the Department of Defense)。这份由军事分析员丹尼尔·艾尔斯伯格(Daniel Ellsberg)偷偷影印下来并送到《纽约时报》的报告详尽地显示了肯尼迪和约翰逊政府东南亚政策的灾难性结果,表明这些政策与政府告诉人民的完全背道而驰。正如R·W·艾坡(R. W. Apple)后来所指出的,这份"五角大楼文件"说明,"除了在一些其他事项之外,对于这个超越了国家利益和意义的议题,约翰逊政府也在系统性地撒谎,不仅对民众撒谎,对国会也是如此"(1996)。艾坡继续指出,这份43卷的"五角大楼文件"的披露,以及《纽约时报》在最高法院对尼克松政府所提出的指控的辩驳及其最终获胜,是民主和信息自由的重大胜利:"尼克松政府(对这次失败)的回应是成立了'水管工小组'(因他们将负责应对与此次事件类似的信息泄密事务而得名),这反过来导致了'水门事件'丑闻和尼克松的下台。"(1996)尼克松的辞职可能是"五角大楼文件"最为重要的影响,但对这些文件的讨论和反思形成了稳定的政治知识,在根本上撼动了美国政界,极大地推动了美国和全世界越来越强烈的反越战情绪。以印刷媒介为基础的民主和信息自由过程可以持续**许多年**,这与"维基解密"的速度和(无)效果形成了鲜明的对比,而"维基解密"的遭遇突出体现了在我们这个网络化时代中,政治公共讨论、公共责任和信息自由的实际效果。

在"维基解密"所引发的短暂波澜消失之后,《纽约书评》(*New York Review of Books*)发表了一篇分析文章,对"维基解密"这种民主推动方式的普遍缺陷进行了反思。克里斯蒂安·卡里尔(Christian Caryl)的这篇文章同样将该事件和"五角大楼文件"做了比较,认为后者所产生的影响更为重大。和其他许多关于政治和信息传播技术的分析一样,这篇文章明确提到了时间点,但它仅将其看作事实的一部分,而不是整个问题的关键要素,因而永远无法系统性地深入其根本。卡里尔认为:"就算有着良好意愿,任何一位编辑也都无法对……海量的保密数据作出明智的判断。"(注意他这里使用的是"数据"而不是"信息",更没有使用"知识"一词。)令人着急的是,他接着把论述中心转移到下面这段话(由此也弱化了他的分析）：

> 我不知道（对看似自由流动的数字化信息）加以约束能产生多大的效果。技术已经走在了伦理的前面，我们有理由怀疑伦理是否还能跟上技术的发展。（Caryl，2011：27）

这篇文章的缺陷是，对于“维基解密”的问题，对于伦理和政治被技术超越所引发的种种问题，卡里尔并没有能从时间的维度做出合适的分析。

如果我们说启蒙运动以及它为我们所确定的政治的本质，在时间性上是以人和环境为中心的话，那么这就意味着希瑟·布鲁克提出的、以实现信息自由为目标的“全新的信息启蒙运动”，实际上是不可能实现的。在时间逻辑上，“全新的信息启蒙运动”与启蒙思想是完全相悖的，但这种相悖是隐形的，除非我们能使时间的运动过程得以凸显。

这实际上意味着，政治时间过程的不可见性，是另一个政治问题，因为在大多数流行观点和学院派论述中，对于新媒介和它所带来的政治潜能，所持的都是一种积极乐观的态度，认为二者一定会形成正向的结合，从而创造出一种“全新政治”。但那些自我标榜能为我们的政治过程和政治文化带来无限可能和机遇的特定技术，带来的却是日益严重的疏离和去同步化。在一些人看来，如克莱·舍基（Clay Shirky），互联网具有组织化和政治化的潜能，这一点是不言而喻的，它就在那里，唾手可得，只要我们能把握住它的逻辑，让它为我们所用。舍基是对技术推崇备至的“电子前沿基金会”（Electronic Frontier Foundation，EFF）的成员。这是一个在政治上保持中立但同时又十分活跃的组织，它的目标是在赛博空间中发展公民自由与公民权利。“电子前沿基金会”这类群体认为信息处理技术的**逻辑**是毫无问题的，它们将赛博空间视作在本质上与物质世界毫无差别的斗争场域。

在2008年出版的《此即人人》（*Here Comes Everybody*）①一书中，舍基认为，Web 2.0技术是一项重大突破，因为它除了反映出人类的互动能力之外，还有力

---

① 该书的中译本有两个版本，第一版名为《未来是湿的》（胡泳、沈满琳译，中国人民大学出版社2009年版）；两位译者对译文做了修订后出版了第二版，名为《人人时代》（胡泳、沈满琳译，浙江人民出版社2015年版）。“Here Comes Everybody”一语出自乔伊斯的小说《芬尼根的守灵夜》。该书的主人公酒馆老板汉普利·钱普顿（Humphrey Chimpden）有一个外号，叫“壹耳微蚵”（Earwiker，钻进耳朵里的小虫子之意），简称为HCE，所以他又被叫作“Here Comes Everybody”。该书的中译本（戴从容译，上海人民出版社2013年版）将这句话译为“此即人人”。在此处采用“此即人人”的译法。——译者注

地强化了我们的交流结构。舍基认为,“我们现在所拥有的交流工具足够灵活,与我们的社交能力相匹配”(Shirky,2008: 20)。但对于什么是我们的“社交能力”,它们又有何政治潜能,舍基并没有说明。他所提供的只是互连性如何以所谓有益的方式“发挥作用”的例子。他讲述了一系列故事,例如紧密的数字化的人际连接如何帮助纽约的一位女性找回她丢失的手机。他还列举了泰国和白俄罗斯的“快闪族”采取行动反抗专制政府的例子。不过,寻回丢失手机的例子是传统的“失而复得”式的叙事,而泰国和白俄罗斯源于网络的政治变革还远不能被认为是成功的,哪怕是最微小的成功。实际上,舍基在该书中的一句话,似乎否定了这本书的全部观点:“每当你提高一个群体的内部沟通能力,你就会改变这个群体所能做到的事情。而这个群体用这种力量去做什么,这是另一个问题。”(2008: 171)这是对希尔兹的著作在观念上的回应。与希尔兹一样,舍基将自己视为一个艺术家,也曾经学习过绘画。根据维基百科的介绍,他曾建立过一个剧团。有趣的是,维基百科还告诉我们,舍基这本书的标题“此即人人”出自乔伊斯的小说《芬尼根的守灵夜》(确实如此,我查过了“谷歌图书”网站)。像希尔兹和乔伊斯一样,舍基有偏爱非叙事和非计划性的嗜好。作为一个艺术家,这没有问题,但如果你想要做政治分析,那么你就需要去分析政治力量的逻辑,其基础是对冲突、解决方案以及由内在矛盾所引发的进一步冲突进行现代主义的、叙事性的分析。要充分地做到这一点,你需要对过去有判断,对现在有所感,同时对这些时间如何能结构未来有所理解。众所周知,乔伊斯对政治毫不关心,而舍基尽管是“电子前沿基金会”的一员,但他也同样如此。也就是说,断言与交流有关的政治是“另一个问题”,认为技术互连的工具性过程与政治完全无关,这表明舍基并不真正关心政治(像乔伊斯一样),或者干脆就是对政治一无所知。

在2010年出版的著作《认知盈余: 互连时代的创造力与慷慨性》(*Cognitive Surplus: Creativity and Generosity in a Connected Age*)①中,舍基加入并强调了时间的视角。这本书所关注的问题以及它的标题,立即吸引了我的注意。但在这本书中,技术崇拜仍是其核心主旨。《此即人人》中的互连性主题被拓展到全新的认知概念层面,并构成了全书的基础。在舍基看来,信息传播技术及其所创造的网络化社会给予我们所有人的慷慨馈赠是“**时间的盈余**”,由此我们可以比以往更有创造性、更为深入地进行思考。所有这些自由时间,都允许我们对“认

① 该书的中译本名为《认知盈余: 自由时间的力量》,胡泳、哈丽丝译,中国人民大学出版社2011年版。——译者注

知盈余”（它由所谓的信息处理效率所带来）加以利用。从这点上讲，舍基的这本书是对尼古拉斯·卡尔的《浅薄》一书的反论。卡尔看到的是信息技术带来了时间的匮乏，而舍基看到的则是时间的丰沛充裕。这是如何可能的？一个网络化的世界如何能创造出如此之多的时间，使之出现盈余，使我们能够在不断增加的时间中自由地重新创造我们自己，重新创造这个世界？

要回答这个问题，我们首先需要理解舍基所说的“自由时间”是什么意思。他所说的自由时间，实际上就是第二次世界大战之后福特主义生产方式时代工人们所获得的逐渐增多的“累积的”自由时间。在这一时期，全新的与高效的生产方式、新式机器的使用以及不断增加的个人财富给人们带来了真正的“闲暇时间”。不过，正如舍基所说：“所有这些自由时间尚未带来认知盈余，因为我们缺乏利用它的手段。”（Shirky，2010）我们倾向于将之挥霍在另一种全新的时间技术之上，那就是看电视。在独处之时（或是和家人一起），我们盯着这个滔滔不绝自言自语的方盒子看，却无法得到任何具有创造性的、积极的东西。然而，在当今这个 Web 2.0 时代和紧密互连的时代，这种自由时间（舍基估计美国每年累积起来的自由时间有 1 万亿小时）成为一种原材料，从中以无数不同的社会和文化方式延展出潜在的认知盈余。这听起来很伟大，但实际上过于简单化了。舍基举了“维基百科”的例子来说明认知盈余在今天是如何运作的。他认为，人们（主要是通晓技术的人们）将他们的认知盈余用于这项毫无疑问引人注目且极有价值的项目。但是，“维基百科”的编辑们只是网络社会中相互连接着的人类整体中的极小一部分，而且他们本身并没有体现出认知盈余全面爆发的任何迹象。谁能说清楚“维基百科”的编辑们的思维过程是怎样的，以及他们是从哪里得到时间来从事这项编辑工作的？他们是否像舍基所说的那样是“创造性的”和“慷慨的”？人们如何能知道答案？

舍基根深蒂固的技术崇拜的一个可能影响是，他似乎没有用任何认知盈余来思考一下他这本书的立场，系统化地分析一下它的前提和后果。在他对于自由时间的陈旧过时的观念中，我们可以看到这一点，而对于一个被认为站在互联网思维前沿的人来说，持有如此陈旧的观念是极不寻常的。如前文所述，舍基所想象的自由时间，就是在 20 世纪 50 年代互联网出现之前被浪费掉的“闲暇时间”。但如果自由时间的社会情境已然改变，更重要的是，如果创造自由时间的技术情境已经发生了变化，那么自由时间的概念是否也改变了呢？我们对于自由时间的体验已不再像以往那么清晰，这表明对于我们今天是否拥有更多的自由时间，缺乏学术共识。朱丽叶·肖尔（Juliet Schor）在她标志性的研究《过度劳作的美国人》（*Overworked American*，1991）（舍基完全没有提到这本书）中提出，受到美国经济全球化需要的推动,自由时间在急剧减少。她所援引的数据表明,1987 年工人们平均每人花费在工作上的时间比 1969 年多了 163 小时。而罗宾逊和高德比(Robinson & Godbey)在他们的著作《生活时间:美国人使用时间的奇异方式》(*Time for Life: The Surprising Way Americans Use Their Time*)中,则同样用数据表明,自 1966 年以来,工人们实际上**多获得了** 5 个小时的闲暇时间(1999)。很显然,这里有些地方出错了。

以上这些对立的分析表明,肖尔、罗宾逊、高德比和舍基对自由时间所持有的观念都是陈旧过时的。第二次世界大战以后自由时间的观念是高度现代主义和福特主义的,这是一个钟表时间的社会,工作时间和闲暇时间界限分明。对于大多数人而言,作息是规律的,例如对那些在工厂工作的人们来说,周末就是他们有限的自由时间。新自由主义全球化以及与之相伴而来的信息传播技术革命的兴起,改变了人们与时间的关系。舍基认识到技术在生产时间,给予我们在他看来十分充足的自由时间,婴儿潮中出生的一代将之浪费在《盖里甘之岛》(*Gilligan's Island*)和《星际迷航》(*Star Trek*)之类的没有尽头的电视剧集中。然而在今天,信息传播技术改变了游戏规则,它催生了我所说的网络时间。工作时间和闲暇时间的边界日趋模糊,混合成与我们联系越来越紧密的网络时间,网络正是专门为这一目标而构建起来的商品化空间。在网络社会中,与时间的全新关系并不必然产生出更多的自由时间,但这种关系确实带来了更加集中和精密的时间体验(Hassan,2003)。不可否认,如今我们的确能在一段特定的时间内做越来越多的事,这远远超出了上一辈人的想象。但这种"更多"并不带来任何自由时间,相反,"做得更多"仅仅是在压缩着我们对于时间的经验。同时,由于这是一种在高度商品化的空间中生产出来的时间,因此对于这种时间的使用绝大多数时候被导向商业目的,例如对图像、文本和物质性产品(在非工作时间)的商业消费。即便是那些通常被认为是"自由"的时间,即那些你可以"选择"去做什么的时间,在你浏览网页、书写博客和发送信息的时候,这些时间(作为价值之一种)实际上被 Facebook 或 YouTube 之类的网站从你这里盗用走了,并把它出售给广告商们(Agger,2010)。因此,这些社会化网络空间,这个舍基所说的认知盈余的领域,对于创造性和反思性地思考变幻的世界并无益处。遗憾的是,在时间已然被改变升级并反映我们这个网络化社会的诸多现实的情境中,几乎没有认知盈余不被作为剩余价值而被剥夺,几乎没有认知盈余允许我们将创造和慷慨这些人类特性以舍基所设想的方式作用于这个世界。

无论如何,舍基在书中的建议——将认知盈余与政治相联系以推动变革,实际上无法实现,或者说,即使不是全无可能,也会在实践中被大量回避。例如,舍基如此引入现实政治的话题：

> 然而，创造真正的公共价值或公民价值需要比发布有趣的照片做得更多。公共和公民价值需要核心参与者群体的全心投入和努力工作。它还需要这些群体能够自我管理与自我约束，能忽略掉令人注意力分散的、娱乐性的内容，而聚焦于复杂问题。(Shirky,2010：180)

这里说的都是没有人会质疑争辩的普遍常识。它完全就是在说，如果群体的机制能够避免分心并始终保持聚焦，那么任何事情都有可能实现。然而，舍基在此后所做的多少有些威吓的分析，削弱了这种普遍性："这项工作并不简单，它永远不会顺利完成。因为我们**完全无望同时兼顾**[①]个体满意和群体效率，群体在公共和公民价值上的努力极少能够持久。"(180)换言之，我们人类无法专注于手边的工作，因为我们"绝望地"受到个体和群体的需要与欲望的撕扯。但是，这样的二元对立正是民主的基础，也是程序性政治的动力基础。如果无法求得个体利益与集体利益的协调一致，那么民主政治(以及它的用途)到底是什么？这二者之间是相互包容的，因为我们的个体认同部分源于我们所处的身份群体(Gutmann,2003)。

当舍基在其他地方提到"我们的认知盈余只是潜在的"(Shirky,2010：28)时，他在无意间暴露出自己对于政治问题的不成熟。好吧，我们知道了，自由取决于个体以民主为导向，取决于个体不会分心，取决于个体能完全控制他们所使用的技术以及他们所创造的社会-时间情境。那么当我们创造认知盈余的工具——各种信息传播技术——被紧密地与资本主义速度导向的经济运行轨迹捆绑在一起时，我们如何能掌控(或者仅仅是认识到)这种"潜能"呢？盖伦告诉我们，"认知过程……是技术的过程"(Gehlen,1980：70)。确实如此。除非他能够把握住时间的本质，否则舍基提出的"潜能"只能是一个悬而未决的大问题。也只有到这时，他才会认识到"自由时间"与20世纪50年代人们花费在《我爱露西》(*I Love Lucy*)[②]上的时间是完全不同的。我们所处的网络社会中的网络时间，有着完全不同的技术规则，而且这种晚近才被建构出来的时间类型在个体或群体的自由方面几乎没有任何潜能。

为了能更进一步思考道格拉斯·凯尔纳(Doug Kellner)所提出的"技术政

① 粗体为本书作者所加。

② 《我爱露西》是美国哥伦比亚广播公司于20世纪50年代出品的一部电视情景喜剧，共181集。——译者注

治”(1970),或是分析统摄网络生活及其相关事物的政治组织形式,我们必须超越舍基在这些书中所体现出来的对网络的缺乏反思的喜爱,因为从根本上讲,网络自其被建构之初就存在着问题。不过并非偶然,我们在后面将重新回到近几年的舍基,他在技术崇拜论方面日益增长的影响力使其在2011年早些时候登上了《外交政策》(*Foreign Policy*)的重要版面。在那里,他**的确**对政治问题进行了严肃思考。但是,为了更好地结束本书,以及为了理解如何才是“致力于公共或公民价值”,我们需要重新审视**公共领域**的概念,重新审视在全球化的语境中,个体和群体对于技术及其所生产的时间性的主权如何才能得到调节,从而使政治和技术能够再次与人类的认知能力和潜能保持相对同步。

最重要的是沟通

政治的基础是沟通。为了发展政治哲学思想并将之应用于符合程序的行动,个体和群体需要创造和分享信息。当然,沟通可以有许多不同的方式。一方面,对某个群体不公平、不正义的误传(或传播),可能成为政治冲突的催化剂;另一方面,以积极的社会话语形式所进行的沟通,可以使个体和群体共享和促成政治目标。这显而易见。然而,这一点却经常被忽略、被轻视,或是被降级成为一种工具化的过程,即沟通的情境和本质让位于技术手段,从而受到“越有效就越好综合征”的困扰。这意味着,交流技术的发展或提升总是被认为能够推动民主。这种对交流技术与民主进程之间关系的缺乏历史性反思的视角,在多数时候是没有问题的,因为正如我所指出的,彼时交流过程的时间性还未到达其崩溃点,或者说尚未出现非同步性,民主过程的时间节奏还没有完全跟不上交流形式(以及交流的量)的发展变化。然而,由于网络化传播在经济、文化和社会领域的引入并迅速形成其霸权,我们已经走过了这个崩溃点。

可以说,经济、文化和社会领域构成了我们的公共领域,在这个“空间”中(我很快就将在下文中论述“空间”一词的极端重要性),现代的自由民主获得了它的推动力。在尤尔根·哈贝马斯和南希·弗雷泽(Nancy Fraser)等理论家看来,公共领域包含公民和民主的可能性,可以提示我们未来民主的形式和本质。在即将结束本书之际,我们需要简单地重温一下公共领域在政治方面的重要性,以及它可以为我们的民主带来些什么。接着我们还将去思考,它是否能够(又在何种条件下才能够)在我们所处的网络化社会中作为一个领域,发挥民主的功能。

哈贝马斯的贡献,是对现代社会中(如18世纪和19世纪)公共领域何以构成做出最为深入和最具影响力的理论分析。重要的是，哈贝马斯认为话语，**尤其是沟通**，形成了公共领域并推动其发展。在《公共领域的结构转型》(*The Structural Transformation of the Public Sphere*)中，他对这一主题作了影响深远的论述：

> 在哪里有关于"国家事务"的交流，在哪里进行着理性的-批判的讨论的"普通"公众就成为"市民"公众。在"共和宪法"的前提之下，这种政治领域之中的公共领域成为自由主义法治国家的组织原则。(Habermas, 1991/1961: 107-108)

通过"理性的-批判的"沟通，市民们摆脱了"原材料"的状态，构建起资产阶级公共领域。哈贝马斯认为，它是构建启蒙运动和现代世界的基本要素。他援用康德的思想，认为理性(理性的-批判的讨论)在文字社会中最大限度的共享，使"启蒙"成为可能。哈贝马斯认为"公开是一项基本原则"，他(引用康德的话)说道：

> 必须永远有公开运用自己理性的自由，并且唯有它才能带来人类的启蒙。私下运用自己的理性往往会被限制得很狭隘，虽则不致因此而特别妨碍启蒙的进步。(106)

紧接着，哈贝马斯对这句话作了补充，认为在形成公共领域的人类智识发展的历程中，"每个人都被称作'政论家'，即通过书写面向公众——也就是面向世界——发言的学者"(106)。我们可以看到，他对于构建公共领域的社会和思想动力的分析，带有相当强烈的精英色彩。要成为公共领域的参与者，一个人必须具有学者的素养，能够对当下事务提出重要的见解。哈贝马斯因此受到批评，但是，除此之外，他的观点还能如何呢？这是一个由哈贝马斯所称的"文人世界"所创造的公共领域，这个世界中的居民是那些生产思想的人们，他们的思想被加以提炼(以适合商品化的布尔乔亚式的生活)，并运用到政治领域，以期实现"管理市民社会"的目标(Habermas, 1991: 52)。沟通(或者更精确地说，是哲学、经济和政治方面的写作)，是公共领域的基础，如果它是精英主义的(它确实也是)，那么它只是反映了当时交流网络的高雅成熟。再次借用德布雷的一句非常有益的话来说，正是这个"交流网络使思想得以成为社会存在"(Debray, 2007: 5)。这个早期的现代公共领域的时间节律反映了自文字最初被书写在纸张上时就一直保持着的生物的和生态的时间性。

当然,在这一形式中存在着一个巨大的沟壑。尽管哈贝马斯对公共领域的源起和建构(即启蒙思想的内在政治机制)做了准确的、极有价值的梳理,但确切地说,他所考察的只是欧洲历史。在欧洲,白人男性(如果没有全部“死掉”的话)至少垄断了交流的权力。此外,他们倾向于为自己所属的阶级——即资产阶级——代言,或者即使他们带有更为激进些的雅各宾派或改良派的色彩,他们主要也是在**教育着**资产阶级的对立面,即既没有充分的读写素养,也没有充分的阶级意识以主张自身权力和利益的无产阶级。哈贝马斯的价值在于,他为其他人认为具有普适性的结构添加了历史基础。

南希·弗雷泽在 1991 年发表了一篇在这方面极有影响的文章《反思公共领域:对现实民主的批判》(Rethinking the Public Sphere: A Contribution to the Critique of Actually Existing Democracy),试图从“针对后资本主义社会的批判社会理论”的角度对哈贝马斯的相关思想进行批评性的反思(Fraser,1991: 56)。弗雷泽在开篇对哈贝马斯的思想予以肯定,认为公共领域是分析政治民主的一个阐释框架。但在弗雷泽看来,哈贝马斯所分析的只是公共领域的一种“特定的、具有历史局限性的形式”(不过考虑到哈氏的分析重点,或许这是可以理解的)(58)。哈贝马斯的局限性显然易见,一旦对它们作点稍微深入些的指摘挑剔就可以发现,这也正是弗雷泽在她的文章中所要做的工作。她注意到,在发展资产阶级公共领域的理论之后,哈贝马斯“奇怪地”停了下来,没有进一步对“全新的后资产阶级模型”进行探讨。弗雷泽的这个观点本身就很“奇怪”,因为我们仍然处于**资产阶级的时代**,对后资产阶级的任何理论化都只能是推测性的。不过,这里的重点是,哈贝马斯的公共领域完全是资产阶级的公共领域——由白人、基督徒、中产阶级在欧洲所建构的。弗雷泽认为,要实现完全的民主,要更为忠实地反映我们当下所处的“后资产阶级”时代(至少是其端倪),重构后的分析框架要具有更大的多元性和差异性。在此,交流仍然是关键性的动力,但它由现代公共领域中存在着的“(政治)冲突所组成”,而哈贝马斯从未充分地认识到这一点。弗雷泽将冲突的要素(那些被哈贝马斯所排除的要素)称作“反公众”(61),由今天的女性、有色人种、劳工、男女同性恋者、少数族裔、非主流文化和语言的持有者、对立意识形态持有者所组成,他们可以是民主主义的、社会主义的,甚至是法西斯主义的(67-68)。在弗雷泽看来,最关键的是,公共领域是分层的,由来自**底层的**“反公众”所组成,而不是哈贝马斯所暗指的“单一的、整体性的公共领域”(68)。从根本上讲,弗雷泽认为,只有一个包容的、多元的公共领域——在其中,不同的层级秩序驱动着冲突的产生,才能赋予其自身以动力,使其自身不断变化，这样至少在理论上能够拓展社会“对民主可能性的想象能力，进而超越现实民主的限制”(77)。

今天，建构公共领域的理论上的决定因素(至少在理想形态中)十分明显，因此公共讨论以及与之相关的利益问题，或多或少已经不再是理论关注的焦点，或者看起来如此。哈贝马斯突破性的著作出版于1962年，弗雷泽在近30年后发表了她的批判性的论文，但这也是20年前的事了。如果说交流与信息是公共领域运行的关键，是构建公共领域的命脉的话，那么再次让人觉得“奇怪”的是，技术变革及其对时间的影响这一视角并没有运用到相关分析之中。如今事物的变化已经超出了我们的认识范围。有趣的是，作为一项历史研究，哈贝马斯的阐释比弗雷泽所褒扬的更为精确，理论生命力也更为持久。他所分析的现代时期尚处于破晓之时的公共领域，与当时的交流技术保持同步。印刷媒介处于主导地位，而读写能力是获得观念和政治力量的手段。从交流技术作用的变化以及读写社会的相对发展这个层面上讲，资产阶级主导的公共领域是真正意义上的唯一可能的公共领域。弗雷泽的“反思”——公共领域作为容纳“反公众”彼此间具有积极意义的冲突的多元空间，尽管逻辑自洽，也正确地考虑到构建一个完全不同的世界，但她(完全)没有考虑到技术变革(以及由此带来的时间的变化)的重要影响。在她写作该文的1991年，世界已经走到信息时代的门槛前。但是在弗雷泽的论述里，人们看不到这一点。造成这一问题的部分原因在于跨学科交流的不足，缺乏不同学科间的洞见和信息的共享。对于学术社群彼此间缺乏有关时间的思想的共享，道格拉斯·诺斯(Douglass North)带有一定冲击性地指出，历史学家和政治学家们(当然也不仅止于他们)没有将时间的思想纳入他们的理论化工作和阐释工作之中，这让人震惊。他写道：

> 对于一个经济史学家来说，时间在根本上总是会让人感到困扰，因为在新古典主义理论中没有时间。新古典主义模型中，时间是瞬时性的，因而不会去考虑时间的作用……我要直言不讳地说：缺少对于时间的深入理解，你将会是一个糟糕的政治学家，因为时间是思想、机制和信念演变的维度。(引自Pierson，2004：1)

不可否认，20世纪90年代早期与我们现今所处的时代完全不同。新自由主义全球化正在蓬勃推进，计算机化进程正在发挥它的核心作用，但互联网才刚刚出现，博客、Twitter和其他类似事物还只是硅谷正在冉冉升起的新星们的头脑中的灵感。但是在2009年，弗雷泽在《正义的尺度：全球化世界中政治空间的再想象》(*Scales of Justice: Reimagining Political Space in a Globalizing World*)一书中重访了这一主题。人们一般会认为,在讨论"全球化世界"中的政治问题时,技术所扮演的角色或多或少应成为讨论的重要内容,但在弗雷泽的书中却并非如此。网络社会,或者说互联网,或者说数字资本主义,似乎在这个世界中并不存在。不消说,政治与时间性之间的关系、时间性与交流技术之间的关系,也同样付诸阙如。在这样一位杰出的政治理论家的书中出现这样的缺漏,令人沮丧。在分析我们这个世界——这个网络化的、线下空间不断萎缩的世界——之时,公共领域仍然是核心的阐释框架。然而,时间分析的缺乏,使我们无法认识到,相对于政治领域的有效运行而言,(通过以计算机为基础的传播技术而进行的)交流跑得实在太快了。哈贝马斯所描述的市民世界——基于纸张所进行的阅读和书写是这个世界的大众传播的首要方式——已经被取代;而弗雷泽所呼唤的、"竞争的多元框架"相互平衡以实现正义的世界(Fraser,2009: 2),却完全没有考虑到全新的交流的实际状况。我们所面对的交流的现实是,网络化的公共领域急剧变动,它并不是多元化的"反公众"的"话语空间",而是充满了喧嚣嘈杂。在其中,对政治行动进行恰当讨论、反思、规划与安排的时间在飞速减少。

因而,在公共领域的理论与现实之间,存在着难以弥合的巨大断裂。由于对时间维度的忽视,当下的理论无法有效分析计算机化和加速化对交流实践所产生的双重影响,并进而无法确认慢性注意力分散和信息过载所带来的政治后果。因此,这些理论也不能帮助我们认识到,源于启蒙思想的民主政治并无法实现换挡提速。只有威权政治可以高速运行,但它里面不可能有公共领域的位置。此外,我们也**不能指望全球各地的国会、议会这样的机制化的政治力量能起到引领作用**。一方面,在这颗同质化的新自由主义的星球上,即使是那些最严肃认真、值得尊敬的政治家们和他们背后的希望有所建树的官僚机构,都会受到特定观念的束缚,即认为无所不在的信息处理技术不言自明会带来经济和社会效益。而另一方面,哪里都不会缺少自私自利的政客,他们唯一会做的就是"腐败的议会游戏"(Zizek,2010: 94)。

今天,要进一步推动公共领域的理论发展,不仅需要认真思考技术变革如何才能构建更为卓越的交流方式,还需要认真分析公共领域的"空间"和**公共领域的时间**,这就将我们又带回到克莱·舍基那里。

网络自由道阻且长

舍基的著作、文章、博客和在 YouTube 上的视频,使他获得了巨大的影响力。“维基百科”上有舍基的词条入口。还是这个舍基,已经几次在声望极高的“技术、娱乐、设计”(technology, entertainment, design, TED)大会上现身,而参与TED大会的都是些伟大、善良的人——从比尔·克林顿到斯蒂芬·霍金,他们在大会上讲述自己天马行空的想法。正如我们已经说过的,舍基关注的是网络社会中的政治形式以及它们如何受到网络技术的影响。舍基同样也对公共领域感兴趣,它是理解这些动力的阐释空间。由于他的声名鹊起,同时经常讨论社会媒体对政治进程的影响,因此地位卓然的《外交事务》杂志邀请他(有人认为他必须被邀请)撰写文章。

在文章《社交媒体的政治力量:技术、公共领域和政治变革》(The Political Power of Social Media: Technology, the Public Sphere, and Political Change, 2011)中,舍基试图抓住今天在媒介、学术和政治圈子中被广泛讨论的一些越来越重要的问题。例如,互联网及其应用,如Facebook、Twitter、手机短信息等,是否构成了一种新型的“自下而上”的政治的基础?信息传播技术是否带来了对媒介集团及其议程、对常被认为脱离草根阶层的政治精英的激进挑战?舍基的可取之处在于,他对自己2008年在《此即人人》中所表现出来的过度自信做了十分有益和冷静的修正。在文章的开篇,舍基回顾了传播广泛的几个媒体建构自己的虚拟公共领域的著名案例,它们分别是:菲律宾的“短消息一代”,埃斯特拉达(Estrada)总统将自己的被迫下台归罪于它;2010年高度疑似受到操控的伊朗选举,这激怒了该国大量年轻的普通(但使用了网络的)民众,他们在线上组织起来,连续数日占领街道抗议示威,极大地动摇了公众对于当局政权的信任;此外还有他在2008的书中曾提到的白俄罗斯和泰国的“快闪”案例。这篇文章发表于2011年1月,显得特别符合时宜。恰在当时,突尼斯政府也感受到联网了的民众的巨大力量——他们聚集在突尼斯的街道上游行抗议,迫使总统下台并跑到沙特阿拉伯寻求庇护。突尼斯革命被称作“数字驱动的、没有领袖的革命”(Matai, 2011),它揭开了席卷北非和中东地区的“数字驱动的”政治变革的序幕。很明显,今天正在发生的一些事情与以往完全不同,迫切需要对这些重要的问题进行认真检视与回答。相应地,这篇文章为《外交事务》的具有影响力的读者们提供了一个十分有益的契机去展开严肃的讨论。

接着往下读。在将信息传播技术的**政治**作为其文章的思考焦点的同时,相对于其早期著作,舍基的分析似乎开始变得更为模棱两可(也更为保守),对技术不再是一派乐观。舍基梳理了经验证据,并据此意识到我们还不具备迅速得出确定结论的基础。因此:

> 对于最近为回答“数字工具是否推动民主”而做的量化努力，最稳妥的概括是：这些数字工具可能在短期内会带来伤害，但从长期看会有所助益。在那些公共领域已经对政府行动形成限制的国家，它们会产生最为巨大的影响。(Shirky, 2011: 30)

从分析的角度讲，这样的模棱两可实际上非常有用。舍基所做的“长期/短期”的二分，使得话题获得了时间维度，并使这一特定的当下政治问题有可能获得其亟须的时间方面的洞见。舍基说道，公共领域要有效运行，必须发展起一个新的视角，以避免新自由主义只注意短期效益的倾向，投入必需的时间，以实现特定的政治目标。但是，何谓长期？在下面几行，舍基告诉我们：“社交媒体的潜能主要集中在它们对于市民社会和公共领域的支持方面，其效用的衡量应以年或10年计，而不是周或月。”(30)他重申道：“一个慢慢发展的公共领域——其中公共意见既依赖于媒介也依赖于会话，是互联网自由的环境视角的核心。”(34)

在此，我们看到过去印刷时代的常识：**公共领域需要有它自己的时间**。除非“会话”(阅读、书写、讨论)有着自己“自然的”时间节奏，允许它逐步完成创造并维持其自身的进程，否则公共领域无法运作。这意味着，互联网——它是公共领域中不断发展的信息载体，必须成为不同于当下样态的某种事物，必须更多地满足人们的需求，而不是迎合经济的霸权指令。舍基再一次敏锐地指出：“从政治的角度讲，进行会话远比获得信息更为重要。”(35)互联网需要变得更符合人性，进而变得更为民主，后面我很快还会回到这点上来。但是，究竟该如何看待舍基对社交媒体和公共领域问题所做的尝试性的时间分析呢？它提出了很多期许，同时在《外交事务》这样的顶级期刊上对政治议题从时间维度做了分析评论，这或许会使人们在当下时间匮乏和注意力高度分散的社会中，开始广泛关注讨论这个话题，这正是我们所亟须的。最终，布罗代尔式的(Braudelian)历史长时段(historical *longue duree*)问题可能会和政治过程相结合，打破学术理论化的樊篱，成为重要而急迫的公共议题。

不过遗憾的是，舍基的文章并没有就时间性问题继续延展下去。时间性被悬置、被遗忘或是被含混的“环境视角”弄得模糊不清，在这个视角下，所谓“长期”政治的议题本应在公共领域的民主框架内被审慎地追问与思考。这也充分说明，要实现长期的政治会话面临着巨大的障碍。在我们所处的网络化的新自由主义的情境中，舍基、哈贝马斯和弗雷泽所希望看到的会话的公共领域并不存在，或者说只存在于想象之中。“时间景观”被资本的经济诉求所操控，而旨在围绕政治目标构建叙事的“会话”，则完全没有时间发展起来。在极大程度上塑造(摧毁)了当下人类生活的网络,是一个将会话驱逐清空了的信息网络。在这样的网络中,延续过往之传统、探求未来之意义并促成认同的叙事,越来越难以形成和维系(Bauman,1998：18)。我们正在被信息毁灭。

网络信息工具使得问题更加凸显。它们被网络的速度赋予了时间,被置于一个不断加速的、多功能化的无限的连续统(continuum)之上。马尼拉的民众使用最基本的只具有短消息功能的手机,用文字拼写出埃斯特拉达总统的倒台,但那是在2001年。今天,智能手机已然普及,从突尼斯到德黑兰,从西雅图到悉尼。此外,这些工具自身就是被设计用来使人注意力分散的,而不是像阅读、撰写政治小册子那样使人们将注意力集中到政治问题上(这正是政治小册子的目的)。如今,短消息在与视频竞争,也受到互联网自身功能的挑战——它在不断削弱人们的注意力。多功能性导致了多元利益群体的出现,并非每个群体都必然能与某个平台的技术相适应,因而平台本身的过剩破坏了公共领域的潜能。这些私人的或公共的传播技术不得不相互竞争以获得"革命商品市场"的关注。如果有一天某则头条报道高调宣称"推特革命"导致了这个或那个独裁政权的倒台,那么毫无疑问,这条新闻会遭受Facebook或任何全球社交网络市场的新进入者们的冷遇,这不仅是因为如果它们也积极传播的话,相当于在给Twitter做免费的广告,而且还因为在争取未来可能的政治变革者的市场份额方面,它们之间是竞争关系。因此,Facebook或其他竞争者将会加倍努力,使自己的平台更有吸引力、更实用、更易于使用,以及更快速。

我们说社交媒介,或者社交网络,实际上用词不当。从根本上讲,它们毫无"社会性"。它们是私人的和商业性的,收编了无数的用户,将他们当作原材料生产节点。这样的高速信息流动无法支撑起长期的大众会话,也无法成为叙事、计划、组织和选择的基础,从而推动政治目标的实现。公共领域,无论是在其经典意义上还是在其当下的虚拟形式上,都根本无法为可持续的民主政治奠定基础。印刷文化对于网络社会而言成长发展得太过缓慢,而虚拟文化则又太过快速,无法维持任何政治上的一致。自治的技术发展,使我们已经两次扭曲了与时间性之间的关系：自18世纪以来,由于受到钟表时间的控制,我们模糊了自然的生物时间和生态时间;如今,我们开始废弃钟表时间,拥抱以计算机为基础的网络时间。不能仅仅把它看作是一个技术过程,它是麦克卢汉所说的"截除"的一个实例,我们切断了自己的时间根基。这个过程中最令人担忧的是,由于我们从来就无法与时间的本质相适应,因此我们甚至无法意识到自己正处于无根漂流的状态,我们没有不安感,也察觉不到自己的困境。

只有通过时间,时间才被征服。

——T. S. 艾略特《焚毁的诺顿》

如果公共领域并没有用,那么我们该怎么办呢?如果政治领域被网络化经济所控制,我们唯一能做的就是不停追赶它火箭般急速的步伐,那么民主的希望在哪里?我们的政治集体遗产有其自身不可磨灭的节奏,这一节奏源于我们与读写技术之间的关系。民主是缓慢的,如舍基所说,我们需要与它“长期”合作(Shirky,2011:41)。别的做法(使民主进程更快和更“高效”),意味着我们需要重新定义民主的含义,意味着我们只能享有更少的民主。用这些术语来重新定义民主,将会使我们屈从于技术决定论和新自由主义的权力。抛弃掉历史遗产之后,我们所剩下的只是一个“精简版的民主”——一个正式的民主,但却没有实质。在今天的世界,我们并不缺少这种民主,想想委内瑞拉、泰国或是俄罗斯,那里的人们可以投票、集会以及组建政党,但事实上那里只有精英们的民主。飞速全球化背景下的民主,是董事会和内阁办公室掌握着权力和决定性信息的民主。这一逻辑渗透进发达国家的民主之中,因为越来越多的人越来越没有时间弄清楚他们所处的政治形态是怎样的,更极少有人能从“时间化”的角度来思考民主(Adam,2003)。在新自由主义全球化情境中,唯一能保持缓慢节奏不变的就是选举周期了。人们定期想象自己参与到民主之中,对这一想象的维护也是定期的。

有句耳熟能详的话叫,民主既包括权利,也包括义务。因此我们所有人都有义务在最广泛的层面上将民主从它的无力状态中解救出来。对此,新自由主义全球化视野中的时间性无法提供解决方案。我们必须持有埃德蒙·伯克式的保守主义的立场——谢尔顿·沃林(Sheldon Wolin)将它称作“持存的”(preservative)立场,并认识到“政治时间与经济、文化在时间性、节奏和速率上并不同步”(1997)。我们需要保护我们所继承的遗产,照顾它,培育它,使它能够“自然地”成长。除却塑造我们思想的经典著作之外,最重要的遗产就是使这些思想得以具体表达的过程——**公共领域**。我们已经看到,如今,由于其虚拟化,公共领域在失效、在萎缩、在被否定或者是在被束缚。不过,从时间的角度思考,“公共领域”这一术语给了我们提示,应从何处开始履行我们的义务。

让我们从“领域”一词着手。它当然隐含着空间的意味——**政治的空间**。南希·弗雷泽在2010年出版的《正义的尺度:全球化世界中政治空间的再想象》一书,其主题和核心概念就是政治空间。在“基于国家的社会民主在全球新自由主义的压力下摇摇欲坠”(Fraser,2010:102)的情境中,弗雷泽对公共领域问题始终保持着长久的兴趣。从表面上看，对于那些希望看到民主和正义在这个全新而充满挑战的时代中发挥最佳功能的人们来说，对政治空间的思考似乎是不可或缺的（即使不是最为至关重要的话）。全球化进程会使人们很自然地想到空间问题，想到空间的缩小，以及无数“以国家为基础”的政治进程汇聚到一个单一的领域之中。因此，思考何为全球政治的“空间经济”，无疑是一项值得努力的工作，而弗雷泽在这方面作出了最为重要的贡献。然而，这只是故事的一半。该书的核心观点之一，是认为在物理世界和社会世界中，时间和空间的观念是不可分割的，离开了其中一个，另一个就没有意义。如我们已经了解的，大卫·哈维“时空压缩”的理论表明，**我们的时间经验在压缩着空间**（Harvey，1989：part III）。同样，我们通过传播网络所进行的**时间生产**，将空间几乎压缩成一个瞬时性的点。任何将空间收缩作为一个关键要素对政治所做的“再想象”，都必须对时间的加速问题予以同等考量（Rosa，2003；Scheuerman，2004）。遗憾的是，正如前文引用的道格拉斯·诺斯所说，像弗雷泽这样的政治科学家们仍未充分和认真地思考时间性问题。实际上，这正表明学术界跨学科交流的匮乏，因此弗雷泽几乎完全不会考虑到互联网、网络社会或是信息传播技术，而这些应当是全球化进程中任何再想象的核心。对弗雷泽书中的这一疏漏，仅仅惋惜哀叹是徒劳无益的，我们应当指引读者找到那些富于洞见的著作，告诉他们忽视时间维度的后果是什么。这其中一个关键性的文本是奈杰尔·斯里夫特（Nigel Thrift）和乔恩·梅（Jon May）主编的论文集《时空》（*Timespace*，2001）。他们在开篇的序言中有力地阐述了编辑该书的动机：“奇怪的是，（字面意义上的）空间的基本形式是单维的，它在根本上以人们很熟悉但却毫无助益的空间和时间这两个基本范畴的二元对立为前提。”（1）在我们所处的网络化社会中，对政治的任何讨论都必须细究时间和空间的政治，因此斯里夫特和梅的《时空》的巨大价值在于，它告诉我们应该如何去不断纠正对于时间和空间的忽视。

以介绍一个新概念的方式结束一本书，并不明智。但是在此，这么做是不可避免的，也是很有必要的。本书的主题是探讨注意力分散状态，以及它是如何在新自由主义全球化和信息传播技术革命的（相互渗透的）双重进程的影响下，在全世界范围内流行开来并日益加重的。对这一问题的分析框架包括社会和时间理论，还有社会学、一些史学和哲学，以及稍多一点的经济学知识，但所有这些分析叙述在根本上都与政治有关，因为慢性注意力分散将我们绝大多数人抛出了权力的运行回路之外。信息权力已经成为一种政治和经济权力，那些能够最有效地将自由市场不容置疑的霸权与工具化的信息传播技术联系起来并加以利用的人，掌握着这些权力。必须承认，这种权力并不稳定，容易发生变化，但它的确主要被拥有和控制资本的精英圈层所掌握(Harvey,2005: 101－108)。

变成知识并进而变成权力的信息,构建了政治的时间逻辑。要做到吉奥乔·阿甘本(Georgio Agamben)所说的“抓住良机和选择自己在当下的自由”(2007: 115),就必须拥有和经验时间自治。但是谁会有这一天呢?“我的时间”并不真的是我的时间,它被信息网络所“拥有”,信息网络决定着时间,并将它分散到无数不同的但越来越同质化的商业和商品化的空间之中。实现放空头脑和探索新知的自治,是自由的基本要素。亨利·戴维·梭罗(Henry David Thoreau)写道:“影响时代特征的艺术,才是最高境界的艺术。”①这位《论公民的不服从》(*Civil Disobedience*)一书的作者知道,在根本上影响所有事物的是政治,但20世纪70年代以来我们所创造的这个世界,使今天的我们无论是在个体层面还是在集体层面都失去了这种权力。本书对此进行了分析,但是,我们该如何寻求解决之道呢?

没有简单的答案,因为没有快速的解决办法。根本不可能有。舍基所说的通过长期的努力发展起公共领域,是唯一的路径。更令人倍感困难的是,我们需要从头开始。在我即将出版的下一本书中,我会提出自己的建议,但不妨在此先迈出第一步,介绍一个会令人感到惊奇的全新概念:**时间主权**(temporal sovereignty)。用谷歌搜索这个短语,它那勤勉不倦的算法系统不会给你找出太多内容,它能够找到的最匹配的内容是这个词汇的一个其他用法,用以介绍教皇、梵蒂冈及其拥有之物。我所在的大学的图书馆在这方面做得更好,有13个匹配项,在神秘的天主教方面搜索内容更多些,有一篇论文集里的文章谈到阿兹台克墨西哥(Aztec Mexico)的时间主权(这可能对以后的研究会有帮助,而且已经被注意到),之后随着列表接近尾端,相关性变得越来越微弱。考虑到我在前面已经提及社会科学,尤其是政治学对时间维度的忽视,这个结果并不奇怪。我们并不习惯从时间的角度考虑主权问题,不过,空间上的主权问题却是深深地刻在我们的政治和文化之中。

“空间”和“主权”这两个词的联系如此之紧密,以至于它们几乎成为同义词。“维基百科”将“主权”界定为“对地理区域(如领土)所拥有的至高无上的、排他性的权力”(Wikipedia,2011)。这对我们来说很容易理解。我们推选出来的政府在被精确确定的地理空间的边界内拥有最高权力,但无法超出。政府公文只能在主权领土范围内传递,超出这一范围则全然无效,或是必须转交给拥有其自身的法律和权力体系的另一个主权拥有者。1648年签订的《威斯特

① 这句话出自梭罗的名著《瓦尔登湖》。——译者注

伐利亚和约》(The Peace of Westphalia)要求(国与国之间的)权力关系保持长期的稳定不变,以消除几十年来欧洲持续不断的战争状态。如金伯利·哈钦斯(Kimberly Hutchings)所说,这一和约的基础是"国际政治的**空间**被认为在**时间**[①]上是冻结的"(2008: 11)。战争是对主权空间神圣性的争夺,哈钦斯所用的"冻结"的比喻,可以很好地帮助我们从时间的维度理解1945年之后的"冷战",对于一代人而言,那时的国界(和意识形态)在时间上是冻结的。与这一元概念相类似的——同时我们也习以为常的——是个人主权或个人空间的思想(或者说这主要是一种**感觉**)。爱德华·T·霍尔(Edward T. Hall)在他的人类学著作《无声的语言》(*The Silent Language*)中先驱性地提出了"空间说"(space speaks)的概念(1959: 158-181)。我们给自己确定与他人之间的舒适"区域",这受到文化的影响,当这一区域被侵入时,我们会在有意或无意间感受到。换言之,正如我们前面在列斐伏尔(Lefebvre,1992)那里看到的,(文化上的)空间是社会性的产物。

直到当下,要以相同的方式认识时间,仍存在着巨大的困难。我们生产着时间景观,以之建构社会,然而现代性和资本主义(以及后现代性和后资本主义)在这些时间景观上包裹了技术时间,使得我们与生物时间和生态时间相疏离。但是,我们必须恢复它们,如果我们想要在社会加速(在认知层面和政治层面)的猛烈冲击下继续生存下去的话。就个体和集体的时间而言,要形成"我们是时间性的存在"的基本认知,主权是要迈出的第一步。我们与自己所创造的时间景观在经验上的疏离,是一个政治问题,它与新自由主义资本主义和不受限制的技术发展(主要是计算机网络的发展)密切相关。因此,公共领域是唯一可能的选择,使我们可以通过它为社会恢复时间。我们必须寻找补救公共领域的希望。但首先,公共领域需要以它自己的前数字时代的、现代性的、源于启蒙运动的时间节奏来运作。公共知识分子、社会科学家、政治家和其他人首先必须要做的,是认识到从时间上讲,公共领域无法在一个不断加速的、网络驱动的情境下运行,因为在那样的情境中,信息飞速流动,无法固化成为知识。

讨论和分析可以产生广泛的影响。在我们的社会中,有关时间"匮乏"的讨论不断增多,这证明我们强烈地感受到了"时间自我"的异化。然而,如果像多数评论者那样,仅仅将讨论集中在工作场所内的时间上,或是强调要使生活与工作获得某种程度的平衡,是远远不够的。这些问题很重要,但它们是我们时间匮乏的生活状态的后果,而不是成因。像我们理解空间一样理解时间,将会在公共

① 粗体为原文所加。

领域中打开一个基础性的全新视角。如果时间被认为是一种主权,在最根本的意义上完全属于自我,也在同样的意义层面属于社会,那么随之而来的自然就是对于**权利**的思考。谁有权将它夺走?在资本主义社会中,对"我的"时间的购买隐含在工资关系中。然而,对时间本质的思考表明,其他力量对"我的"时间的侵占——使我几乎或完全失去对于时间的控制,远不仅止于在工作场所之中。网络化社会和新自由主义全球化将这些力量引领到一个新的水平上,引领至一种全新的、不断加速的节奏中。慢性注意力分散仅仅是一个例证,表明我们的时间是如何被不断加速的信息流所创造的,以及它是如何在被创造之时就已经被侵占的。(在资本看来)这背后的逻辑显而易见。但如果我们理解了更为显而易见的是时间是"我的",而不是什么抽象的东西,那么就会明白对于时间的这种过度剥削与殖民实际上是低效的。时间主权的缺失不仅是对权利的侵犯,同时也会带来负面的经济影响,在公共领域中对此进行讨论,是将时间化方面的斗争推向前进的潜在的坚实基础。一个在时间上觉醒的公共领域将会很自然地将这些讨论和观点传递给国家和政府的官僚机构,促使其能够采取有意义的行动。

应该指出的是,尽管网络化社会中计算机技术有着如此强大的力量和影响,但在这个世界的任何地方,我们创造出来的这一技术怪兽却从来没有遭遇过全面的审视诘问:我们为何需要它?我们实际想用它来做什么?到目前为止,它的发展、它的蔓延和它的速度,主要是由混乱的市场力量所决定的。政府必须代表个体和社群发声,去追问:这项新产品或新服务的目的是什么?它会带来怎样的社会利益?对效率和自由的模糊不清的宣称必须得到权衡测量,但不是以工具化的商业逻辑来进行,因为这一逻辑通常(通过加速)走到效率和自由的对立面。从容地、清晰地、理性地从时间角度思考互联网,会提出许多能够起到积极作用的议题。这就意味着政府要对互联网在做什么和它为了谁的利益上提出严肃的要求。审慎的思考可以从一些小的、可以实现的环节开始:那些扰人且使人分心的行为,如垃圾邮件、弹窗广告、网络钓鱼等,应当受到严肃的打击,现在许多国家也正在这样做。如果互联网服务提供商(Internet service providers, ISPs)无法采取有效措施清除这些侵入性的内容,那么就应当禁止这些服务商提供服务。

从长期的角度更大胆地想,发展起人们能对自治的技术系统(如互联网)予以控制的文化,可以使我们认识到并接受这样一种可能,即在功能上将互联网分割成至少两个"领域",它由两种"时间"所组成。无论是从时间的角度还是从其他任何角度看,这样做是有意义的。**商业性的互联网**为工业、研究与发展、科学、医药、咨询搜索提供服务,强大的计算机技术和高速连接适得其所,能够获得完全积极的社会和经济效益。联网化了的计算技术永远不会缺少其用武之地。这是娱乐、广告甚至是垃圾信息的领域，人们可以**选择**被任何他们想要的东西**分散注意力**；同时它也是影视剧的领域，是 eBay 和 YouTube 的领域，是“社交”网络的领域，人们关注的重点是与朋友们分享自己的兴趣。在这一领域中，内容提供商们（个体用户和商业公司）可以提供任何人们在他们的网络生活中想要的东西。这将是一个管治相对宽松的空间，但仍应通过国家和跨国立法进行**持续监管**。

公共性的互联网应当被设计成按下一个键后便可以立即进入的与商业性互联网完全不同的另一个空间，在这个网络中，载入网页等并不缓慢，但它有着完全不同的时间节奏，传播着完全不同的内容。这个网络不会迫使你被不得不浏览的内容所充满，不会让你从这里快速地跳到那里而永远停不下来，它的内容会使你在某处停留得更久一些，但这些具有“黏性”的内容不会推销什么东西给你，而是为你提供另一种视角，促发你的思考，并在必要时停留下来。它将是一个最充分意义上的互动空间，最新最快的技术使讨论实时进行，但不会有驱使你转移到下一件事情上的压力，不会有什么来分散你的注意力，除了另一个具有强烈吸引力的思想或讨论。这会是一个“市民社会的互联网”，也是令人起敬的一个公共领域，生产着公共时间，创造着公共“时间景观”，人们在其中能够以今天我们简直不敢梦想的方式关注政治和公共事务。它将商业需求转移到另一个领域中，我们可以根据需要在二者之间切换，同时我们也有权力在获得了充分满足后将它们一起关掉。无所不在的移动电话也可以被分为这样的两个领域：按一个键进入商业空间，按另一个键进入公共领域。个体可以选择，而电话的社会效用可以得到巨大的拓展。

这种公共空间并不需要表现得严肃枯燥，变成 20 世纪 80 年代左右的国有电视或广播的后现代复制品。之所以会枯燥，是因为缺乏恰当的资金支持，缺乏参与性，缺少真正的公共利益。它应当获得政府、有兴趣的私营参与者和用户们的巨大投资。公共性的互联网应成为汇聚公共利益的空间，在不同层面、以不同节奏进行着无数的讨论。由于参与者有着不断强化的拓展和深化议题的公共意识和需求，最重要的那些讨论会贯穿整个领域。像一个理想型的公共领域一样，任何事务都可以通过博客、视频论坛以及其他类似形式得以讨论。报纸可以不再焦虑，省下纸张费用，整体转移到线上。其中一些报纸可以进入商业空间，其他的到公共空间中去。人们可以选择去哪里、买哪些。艺术、文学，以及人们想要它慢下来、沿袭其不受外力驱动的“自然”节奏的那些东西，都可以安居于公共领域之中，对公共参与免费开放。最重要的是，公共性的互联网是社会教育之所。从小学到大学,在商业竞争的强烈驱动下,教育和教学正在失去活力,知识正变得浅薄,这是竞争速度所带来的后果(Barnett,2007)。大学需要与新自由主义经济逻辑脱钩,完全由政府提供资金支持,走上网络致力于传播知识,而不是致力于追求利润和散发文凭。

可以想象,网络社会中的这个理性空间(在最充分的时间层面上)会开始作用于商业领域。网络生活中一个人文的并不断人性化的领域,对新自由主义资本主义的狂热及其所带来的破坏同样会产生影响。毕竟栖身于两个领域中的是同一群人。对技术发展施以更多的社会控制,将演化出一个更为理性的(但不是工具理性)的资本主义。"**长期视角**"将合乎逻辑地、很自然地成为经济繁荣的关键且稳定的基础。很多人都承认,环境及其保护问题是当下人类所面临的最重要的挑战,而一个时间化的公共领域和时间友好型的资本主义将会使这一挑战得到更好的解决。或许,一个时间化的公共领域最令人激动的影响是它将会催生一种全新的政治。良好运行的公共领域意味着在观点意见和政治远景上会存在差异,新的政治团体和政党可以通过公共领域合法地传播他们的不同观点。最终,时间化的和多样性的公共领域会在更为广泛的社会政治与市民结构中,形成**全新的保守主义**的基础。这将会是人类历史上时间觉醒时代的保守主义,在政治运行节奏方面,其意涵源于伯克的保守主义,并与沃林的更为现代的"持存"哲学相一致。这样的保守主义将会保护社会结构,使其获得中心性和稳定性(如那些经典),同时通过确保意见和观点的多元化,使其不会陷于僵化从而出现倒退或集权。或许最让人兴奋的是,这种保守主义/持存主义情境中的资本主义,不再会是像对上一代人而言那样变成房间里的大象:它是我们所有麻烦的来源,但我们无法对其予以确认。一个多元化的、与时间节律相协调的保守主义社会,将会确保资本主义能够避免"休克主义"(Klein,2008)像今天这样对经济和社会过程所带来的伤害,从而缓慢而渐进地、更为全面且坚定地走向具有可持续性的未来。从长期来看,保守主义与时间导向的资本主义甚至有可能克服它在今天所面临的马克思理论中所说的"矛盾",演变成为一种纯粹人本主义的经济组织模式。

想一想吧,对注意力不要被分散的卑微要求,可能就是通往我们身处今天的电子迷雾中无法看到的未来国度的道路。

参考文献

Adam, Barbara. "Reflexive Modernization Temporalized." *Theory, Culture and Society* 20, no. 2 (2003): 59–78.

——. *Time*. Cambridge: Polity, 2004.

——. *Timescape of Modernity: The Environment and Invisible Hazards*. London: Routledge, 1998.

Adorno, Theodor. *Minima Moralia: Reflections on a Damaged Life*. London: Verso, 2005.

Adorno, Theodor and Max Horkheimer. *The Dialectic of the Enlightenment*. London: Verso, 1986.

AFP. "As World First, Finland Makes Broadband Service Basic Right." *Google Hosted News*, July 1, 2010. http://www.google.com/hostednews/afp/article/ALeqM5iCyviFF-xcoqDvpKRtyymPHxgLsA (accessed November 22, 2010).

Agamben, Giorgio. *Infancy and History: On the Destruction of Experience*. Translated by Liz Heron. London: Verso, 2007.

Agger. "iTime: Labor and Life in a Smartphone Era." *Time & Society* 20, no. 1 (March, 2011): 119–136.

Aglietta, Michel. *A Theory of Capitalist Regulation: The US Experience*. Translated by David Fernbach. London: Verso, 2000/1979.

Amazon.com. *Kindle Reader Website*, 2010. http://www.amazon.com/Kindle-Wireless-Reader-Wifi-Graphite/dp/B002Y27P3M (accessed February 3, 2011).

Anderson, Benedict. *Imagined Communities*. London: Verso, 1991.

Anderson, Janna, and Lee Raine. "Future of the Internet IV." *Pew Internet and American Life Project*, February 19, 2010. http://www.pewinternet.org/Reports/2010/Future-of-the-Internet-IV/Part-3Gadgets.aspx (accessed June 20, 2010).

Anderson, Perry. "Renewals." *New Left Review* 1 (2000): 5–24.

Anderson, Sam. "In Defense of Distraction." *New York Magazine*, May 17, 2009. http://nymag.com/news/features/56793/ (accessed October 11, 2010).

Apple Jr., R. W. "25 Years Later: Lessons from the Pentagon Papers." *The New York Times*, June 23, 1996. (accessed February 19, 2010).

Aristotle. *Physics: Books Ⅲ and Ⅳ*. Translated by Edward Hussey. Gloucester-shire: Clarendon Press, 1993.

Arnold, Matthew. *Culture and Anarchy*. London: Cambridge University Press, 1960.

Auletta, Ken. "Publish or Perish." *The New Yorker*, April 26, 2010. http://www.newyorker.com/reporting/2010/04/26/100426fa_fact_auletta (accessed May 20, 2010).

Baran, Paul A., and Paul M. Sweezy. *Monopoly Capital: An Essay on the American Economic and Social Order*. New York: Monthly Review Press, 1966.

Baudrillard, Jean. "The Gulf War did not Take Place." Parts 1–3 originally published in *Libération* and *The Guardian*, January 4–March 29, 1991. Bloomington: Indiana University Press, 1995.

Bauman, Zygmunt. *Globalization: The Human Consequences*. Cambridge: Polity Press, 1998.

BBC 2010. *The Bottom Line*, program broadcast June 29, 2010. http://www.bbc.co.uk/programmes/p00889dh (accessed July 16, 2010).

Beaumont, Peter. "Rwanda's Laptop Revolution." *The Observer*, March 28, 2010. http://www.guardian.co.uk/technology/2010/mar/28/rwanda-laptop-revolution (accessed November 3, 2010).

Beck, Ulrich, and Elizabeth Beck-Gernsheim. *Individualization: Institutionalized Individualism and its Social and Political Consequences*. Thousand Oaks, CA: Sage, 2002.

Beckett, Andy. "The Dark Side of the Internet." *The Guardian*, November 26, 2009, 17.

Bell, Daniel. *The Coming of the Post-Industrial Society*. New York: Basic Books, 1973.

Bello, Walden. *Dilemmas of Domination*. New York: Henry Holt, 2006.

Bergman, Michael K. "The Deep Web: Surfacing Hidden Value." *The Journal of Electronic Publishing* 7, no. 1 (August 2001). http://quod.lib.umich.edu/cgi/t/text/text-idx? c=jep;cc=jep;q1=bergman;rgn=main;view=text;idno=333645 1.0007.104 (accessed October 2, 2010).

Betts, Richard K. "Conflict or Cooperation?" *Foreign Affairs*, November/December, 2010. http://www.foreignaffairs.com/articles/66802/richard-k-betts/conflict-orcooperation (accessed February 10, 2011).

Blattner, William. *Heidegger's "Being and Time": A Reader's Guide*. London: Continuum Books, 2007.

Bloom, Harold. *The Western Canon: The Books and School of the Ages*. New York: Harcourt Brace, 1994.

Boltanski, Luc, and Eve Chiapello. *The New Spirit of Capitalism*. Translated by Gregory Elliott. London: Verso, 2006.

Bolter, Jay David. *Turing's Man: Western Culture in the Computer Age*. Chapel Hill: The University of North Carolina Press, 1984.

Brent, Jonathan. *Inside the Stalin Archives*. New York: Atlas, 2009.

Brooke, Heather. "WikiLeaks: The Revolution has Begun—and It will be Digitised." *The Guardian*, November 29, 2010. http://www.guardian.co.uk/commentisfree/2010/nov/29/the-revolution-will-be-digitised (accessed December 13, 2010).

Bruner, Jerome S. "The Narrative Construction of Reality." *Critical Inquiry* 18, no. 1, (Autumn 1991): 1–21.

Buchan, James. *Crowded with Genius: The Scottish Enlightenment: Edinburgh's Moment of the Mind*. New York: HarperCollins Publishers, 2003.

Burke, Edmund. *Reflections on the Revolution in France*. Edited and introduced by Conor Cruise O'Brien. London: Penguin. 1790/1986.

Carr, Nicholas. "Is Google Making Us Stupid?: What the Internet is Doing to our Brains." *Atlantic Monthly*, July/August, 2008. http://www.theatlantic.com/magazine/archive/2008/07/is-google-making-us-stupid/6868/ (accessed February 14, 2010).

——. *The shallows: How the Internet is Changing the Way We Think, Read and Remember*. London: Atlantic Books, 2010.

Caryl, Christian. "Why WikiLeaks Changes Everything." *The New York Review of Books*, January 13, 2011. http://www.nybooks.com/articles/archives/2011/jan/13/why-wikileaks-changes-everything/ (accessed February 20, 2011).

Castells, Manuel. *The Rise of the Network Society. Vol. 1, The Information Age: Economy, Society and Culture*. Oxford: Blackwell, 2000/1996.

Cobbett, William. *A Year's Residence in America*. Charleston, SC: Nabu Press, 2010 (1819).

Coleridge, A. D. *Goethe's Letters to Zelter*. London: George Bell and Sons, 1887.

Cork, Richard. *Vorticism and Abstract Art in the First Machine Age*. London: G. Fraser, 1976.

Cottle, T. J. *Perceiving Time: An Investigation with Men and Women*. New York, NY: Wiley, 1976.

Crowther-Heyck, Hunter. *Herbert A. Simon: The Bounds of Reason in Modern America*. Baltimore, MD: Johns Hopkins University Press, 2005.

Cubitt, S., R. Hassan, and I. Volkmer. "Postnormal Network Futures." *Futures* 42, no. 6 (2010): 617–624.

Daniels, Peter T., and William Bright, eds. *The World's Writing Systems*. New York: Oxford University Press, 1996.

Darnton, Robert. *The Case for Books: Past, Present, and Future*. New York: Perseus, 2009.

——. "Google and the Future of Books." *New York Review of Books* 56, no. 2 (February 12, 2009): 11–14.

Davies, Norman. *Europe: A History*. London: Pimlico, 1997.

Davies, Nick. *Flat Earth News*. London: Chatto & Windus, 2008.

Davis, Mike. *City of Quartz: Excavating the Future in Los Angeles*. London and New York: Verso, 1990.

Debray, Régis. "Socialism: A Life-Cycle." *New Left Review* 46 (July-August 2007): 5–17.

Derrida, Jacques. *Specters of Marx: The State of the Debt, the Work of Mourning, & the New International*. Translated by Peggy Kamuf. New York: Routledge, 1993.

Doctorow, Cory. "Writing in the Age of Distraction." *Locus Magazine*, January, 2009. http://www.locusmag.com/Features/2009/01/cory-doctorow-writing-in-age-of.html (accessed April 9, 2010).

Dumazedier, Joffre. *Toward a Society of Leisure*. New York: Free Press, 1967.

Durkheim, Emile. *Elementary Forms of the Religious Life*. London: Allen and Unwin, 1964.

Eagleton, Terry. *Reason, Faith, and Revolution: Reflections on the God Debate*. New Haven, CT: Yale University Press, 2009.

Edwards, Paul. N. *The Closed World: Computers and the Politics of Discourse in Cold War America*. Cambridge, MA: MIT Press, 1995.

Elias, Norbert. *Time: An Essay*. Oxford: Blackwell, 1992.

Ellul, Jacques. *The Technological Society*. Translated by John Wilkinson. Introduced by Robert K. Merton. London: Jonathan Cape, 1964.

Enzensberger, Hans Magnus. *Critical Essays*. New York: Continuum, 1982.

Eriksen, T. H. *Tyranny of the Moment: Fast and Slow Time in the Information Age*. London: Pluto, 2000.

Ermath, Elizabeth Deeds. *Realism and Consensus in the English Novel: Time, Space and Narrative*. Edinburgh: Edinburgh University Press, 1998.

Fara, Patricia. *Science: A Four-Thousand Year History*. Oxford: Oxford University Press, 2010.

Federman, Mark. "Touching Culture: Comments on eCulture, Creative Content and DigiArts." *UNESCO Conference on ICT and Creativity*, Vienna, 2005. http://individual.utoronto.ca/markfederman/TouchingCulture.pdf (accessed April 18, 2010).

Feenberg, Andrew. *Questioning Technology*. London: Routledge, 2004.

Ferriss, Tim. *The 4-Hour Workweek, Expanded and Updated*. New York: Crown Archetype, 2010.

Figes, Orlando. *The Whisperers: Private Life in Stalin's Russia*. London: Allen Lane, 2007.

Foucault, Michel. *The Archaeology of Knowledge and the Discourse on Language*. Translated by A. M. Sheridan Smith. New York: Pantheon Books, 1972.

——. *Discipline and Punish: The Birth of the Prison*. Translated by Alan Sheridan. New York: Vintage Books, 1979.

——. *Power/Knowledge: Selected Interviews and Other Writings, 1972–1977*. Edited by Colin Gordon. Translated by Colin Gordon et al. Brighton, Sussex: Harvester Press, 1980.

Frankel, Boris. *From the Prophets Deserts Come*. Melbourne: Arena, 1992.

Fraser, Nancy. "Rethinking the Public Sphere: A Contribution to the Critique of Actually Existing Democracy." *Social Text* 25/26 (1990): 56–80.

——. *Scales of Justice: Reimagining Political Space in a Globalizing World*. New York: Columbia University Press, 2009.

Friedman, Milton. *Capitalism and Freedom*. Chicago, IL: University of Chicago Press, 2002/1962.

Gates, Bill, with Nathan Myhrvold, and Peter Rinearson. *The Road Ahead*. New York: Penguin Books, 1996.

Gehlen, Arnold. *Man in the Age of Technology*. Translated by Patricia Lipscomb. New York: Columbia University Press, 1980.

Gies, Frances, and Joseph Gies. *Cathedral, Forge, and Waterwheel: Technology and Invention in the Middle Ages*. New York: HarperCollins, 1995.

Gleick, J. *Faster: The Acceleration of Just About Everything*. New York: Abacus, 1999.

Glenn, David. "Divided Attention." *The Chronicle of Higher Education*, January 31, 2010. http://chronicle.com/article/Scholars-Turn-Their-Attention/63746/ (accessed February 22, 2010).

Glyn, Andrew. "Productivity and the Crisis of Fordism." *International Review of Applied Economics* 4, no. 1 (1990): 28-44.

Google Trends, 2010. "Leslie Nielsen." http://google-trends.i1corner.com/2010/11/29/leslie-nielsen-spiderman-on-broadway/ (accessed March 5, 2011).

Graham, Lindsey. "This Bill Stinks ... We're Not Being Smart." *Fox News Interview Archive*, February 6, 2009. http://www.foxnews.com/story/0,2933,489007,00.html (accessed November 11, 2009).

Grosz, Elizabeth. *The Nick of Time: Politics, Evolution and the Untimely*. Sydney: Allen and Unwin, 2004.

Gugerli, David. *The Culture of the Search Society: Data Management as a Signifying Practice*. Lecture given at the Society of the Query conference, Amsterdam, November 13, 2009. http://www.networkcultures.org/public/The_Culture_of_the_Search_Society_DavidGugerli.pdf (accessed April 27, 2011).

Gutmann, Amy. *Identity in Democracy*. Princeton, NJ: Princeton University Press, 2003.

Habermas, Jürgen. *The Structural Transformation of the Public Sphere: An Inquiry into a Category of Bourgeois Society*. Translated by Thomas Burger and Frederick Lawrence. Cambridge, MA: MIT Press, 1989/1961.

Hadot, Pierre. *The Veil of Isis: An Essay on the History of the Idea of Nature*. Translated by Michael Chase. Cambridge, MA: Harvard University Press, 2006.

Halavais, Alexander. *Search Engine Society*. Cambridge: Polity, 2008.

Hall, Edward, T. *The Silent Language*. New York: Doubleday, 1959.

Hammonds, Keith H., "How Google Grows... and Grows... and Grows." *Fast*

Company, March 31, 2003. http://www.fastcompany.com/magazine/69/google.html (accessed April 11, 2009).

Hardt, Michael, and Antonio Negri. *Multitude: War and Democracy in the Age of Empire*. New York: Penguin Press, 2005.

Hardy, Barbara. "Towards a Poetics of Fiction." *NOVEL: A Forum on Fiction* 2, no. 1 (Autumn 1968): 5–14.

Harmon, Katherine. "Motivated Multitasking: How the Brain Keeps Tabs on Two Tasks at Once." *Scientific American*, April 15, 2010. http://www.scientificamerican.com/article.cfm? id = multitasking-two-tasks (accessed July 21, 2009).

Harris, Paul. "WikiLeaks has Caused Little Lasting Damage, Says US State Department." *The Guardian*, January 19, 2011. http://www.guardian.co.uk/media/2011/jan/19/wikileaks-white-house-state-department (accessed April 17, 2011).

Harvey, David. *A Brief History of Neoliberalism*. New York: Oxford University Press.

——. *The Condition of Postmodernity*. Oxford: Blackwell, 1989.

——. *The Limits to Capital*. Newly updated version. London: Verso, 2006/1983.

Hassan, Robert. *The Chronoscopic Society: Globalization, Time and Knowledge in the Network Economy*. New York: Peter Lang Publishing, 2003.

——. *Empires of Speed*. Leiden: Brill Academic Publishers, 2009.

——. *The Information Society*. Oxford: Polity, 2008.

——. "The Speed of Collapse: The Space-Time Dimensions of Capitalism's First Great Crisis of the 21st Century." *Critical Sociology* 37 (May 2011): 233–251.

Heidegger, Martin. *On Time and Being*. Translated by Joan Stambaugh. New York: Harper, 1972.

Hekman, Susan J., ed. *Feminist Interpretations of Michel Foucault*. University Park, PA: Pennsylvania State University Press, 1996.

Hellsten, Iina, Loet Leydesdorff, and Paul Wouters. "Multiple Presents: How Search Engines Rewrite the Past." *New Media & Society* 8, no. 6 (2006): 901–924.

Hendricks, C. D., and J. Hendricks. "Concepts of Time and Temporal Construction among the Aged." In *Time, Roles and Self in Old Age*, edited by J. F. Gubrium, 13–49. New York: Human Sciences Press, 1976.

Hobsbawm, Eric. *The Age of Extremes*. London: Vintage Books, 1994.

Hobsbawm, Eric, and Terence Ranger, eds. *The Invention of Tradition*. Cambridge: Cambridge University Press, 1983.

Hörning, Karl H., Daniela Ahrens, and Anette Gerhard. "Do Technologies Have Time?" *Time and Society* 8, no. 2-3 (September 1999): 293-308.

Hume, David. "Of the Original Contract." In *Social Contract: Essays by Locke, Hume, and Rousseau*, edited by Ernest Barker. London: Oxford University Press, 1980: 207-237.

Hutchings, Kimberly. *Time and World Politics: Thinking the Present*. Manchester: Manchester University Press, 2008.

Illich, Ivan. *Deschooling Society*. Harmondsworth, Middlesex: Penguin, 1973.

Isaacson, Walter. "In Search of the Real Bill Gates." *Time* 149, no. 2 (January 13, 1997). Online edition http://www.time.com/time/gates/cover0.html (accessed March 22, 2010).

IWS (Internet World Stats). 2010. http://www.Internetworldstats.com/stats.htm (accessed January 7, 2011).

James, William. *Pragmatism: A New Name for Some Old Ways of Thinking*. London and New York: Longmans, Green, 1907.

Jaynes, Julian. *The Origin of Consciousness in the Breakdown of the Bicameral Mind*. Boston, MA: Houghton Miffin, 1976.

Jonas, Hans. *The Imperative of Responsibility: In Search of an Ethics for the Technological Age*. Translated by Hans Jonas with the collaboration of David Herr. Chicago, IL: University of Chicago Press, 1985/1979.

Judt, Tony. "Words." *New York Review of Books*, June 17, 2010, 37.

Judt. *The Memory Chalet*. London: Penguin, 2010.

Kant, Immanuel. "An Answer to the Question: What is Enlightenment?" In *Practical Philosophy* (*The Cambridge Edition of the Works of Immanuel Kant in Translation*). Translated and edited by Mary J. Gregor. Cambridge: Cambridge University Press, 1996, 1-25.

Kellner, D. "Intellectuals, the New Public Spheres, and Technopolitics." *New Political Science* 41-42 (Fall 1997): 169-188.

Kenyon, Susan. "The Prevalence of Multitasking and the Influence of Internet Use." *Time & Society* 17, no. 2/3 (2008): 213-318.

Kern, Stephen. *The Culture of Time and Space, 1880-1918*. Cambridge, MA:

Harvard University Press, 1983.

Kimball, Roger. *Tenured Radicals: How Politics Has Corrupted Our Higher Education*. 3rd ed., revised. New York: Harper & Row, 1990/2008.

Kittler, Friedrich. *Gramophone, Film, Typewriter*. Translated by Geoffrey Winthrop-Young and Michael Wutz. Stanford, CA: Stanford University Press, 1999.

Klein, Naomi. *The Shock Doctrine*. London: Penguin Allen Lane, 2008.

Kleinberg, Jon. "The world at Your Fingertips." *Nature* 440, no. 7082 (March 16, 2006): 279.

Kolko, Joyce. *Restructuring the World Economy*. New York: Pantheon, 1988.

Koselleck, Reinhardt. *The Practice of Conceptual History: Timing History, Spacing Concepts*. Translated by Todd Samuel Presner et al. Stanford, CA: Stanford University Press, 2004.

Kristeva, Julia. *Time and Sense: Proust and the Experience of Literature*. New York: Columbia University Press, 1996.

Laing, R. D. *The Politics of Experience and the Bird of Paradise*. Harmondsworth: Penguin, 1967.

Lanier, Jaron. *You are Not a Gadget: A Manifesto*. New York: Alfred A. Knopf, 2010.

Lash, Scott. *Critique of Information*. London: Sage Publications, 2002.

Latour, Bruno. "Morality and Technology." *Theory, Culture and Society* 19, no. 5-6 (2002): 247-260.

——. *We Have Never Been Modern*. Translated by Catherine Porter. New York: Harvester Wheatsheaf, 1993.

Laursen, J. C., "The Subversive Kant: The Vocabulary of 'Public' and 'Publicity,'" *Political Theory* 14 (November 1996): 584-603.

Lauter, Paul. *Canons and Contexts*. New York : Oxford University Press , 1991.

Lefebvre, Henri. *The Social Production of Space*. Oxford: Blackwell, 1992/1974.

Le Goff, Jacques. *Time, Work and Culture·in the Middle Ages*. Chicago, IL: University of Chicago Press, 1980.

Lorenz, Chad. "The Death of Email." *Slate.com*, 2007. http://www.slate.com/id/2177969/ (accessed May 4, 2011).

Lyman, P., and H. R. Varian. *How Much Information 2003*. Berkeley, CA: University of California at Berkeley, School of Information Management and

Systems, 2003. http://www2.sims.berkeley.edu/research/projects/how-much-info-2003/printable_report.pdf (accessed January 14, 2011).

Lyotard, Jean-François. *The Postmodern Condition: A Report on Knowledge*. Manchester: Manchester University Press, 1979.

MacIntyre, Alasdair. *After Virtue: A Study in Moral Theory*. Notre Dame, IN: Notre Dame University Press, 1984.

Mackenzie, Adrian. *Transductions: Bodies and Machines at Speed*. London: Continuum, 2002.

Malcolm, M. L. "Automation and Unemployment: A Management Viewpoint." *The Annals of the American Academy of Political and Social Science* 340, no. 1 (1962): 90–99.

Marcuse, Herbert. *The Aesthetic Dimension*. London: Macmillan, 1977.

Marx, Karl. *Capital*. Vol. 1. London: Pelican, 1982.

——. *Grundrisse*. Harmondsworth: Penguin, 1973.

Marx, Karl, and Friedrich Engels. "The Manifesto of the Communist Party." In *Selected Works*. Moscow: Progress Press, 1975, 1–14.

Matai, D. K. "Tunisia: A Digitally-Driven, Leaderless Revolution." *Business Insider*, January 18, 2011. http://www.businessinsider.com/tunisia-a-digitally-driven-leaderless-revolution-2011-1 (accessed May 22, 2011).

Mathis, Blair. "Laptop Sales Exceed Desktop Sales Globally." *Laptoplogic.com*, December 26, 2008. http://laptoplogic.com/news/laptop-sales-exceed-desk-top-sales-globally--20319 (accessed June 22, 2010).

May, Jon, and Nigel Thrift, eds. *Timespace*. London: Routledge, 2001.

McDonough, Robert E., "The Marsden Case for the Canon." In *Ford Maddox Ford and 'The Republic of Letters,'* edited by Vita Fortunati and Elena Lamberti. Bologna, Italy: CLUEB, 2002, 27–44.

McLuhan, Marshall. *Understanding Media: The Extensions of Man*. London: Sphere Books, 1967/1964.

McNamara, Robert. "Krakatoa Volcano Eruption in 1883 Was a Worldwide Weather and Media Event." *about.com*, 2009. http://history1800s.about.com/od/thegildedage/a/krakatoa.htm (accessed June 7, 2010).

Merton, Robert. "Science, Technology and Society in Seventeenth Century England." In *Osiris*, vol. IV, pt. 2, 360–632. Bruges: St. Catherine Press, 1937.

Milland, Gabriel, and Georgia Warren. "Austerity Cabinet has 18 Millionaires." *The Sunday Times*, May 23, 2010. The Times Online http://www.timesonline.co.uk/tol/news/politics/article7133943.ece (accessed July 12, 2010).

Miller, Michael J. "Cisco: Internet Moves 21 Exabytes per Month." *PCMag.com*, December 25, 2010. http://www.pcmag.com/print_article2/0,1217,a=249535,00.asp? hidPrint=true (accessed May 7, 2011).

Negroponte, Nicholas. *Being Digital*. New York: Vintage, 1995.

Norris, Christopher. *Uncritical Theory: Postmodernism, Intellectuals, and the Gulf War*. Amherst: The University of Massachusetts Press, 1992.

Nowotny, Helga. *Time: The Modern and Postmodern Experience*. Cambridge: Polity Press, 1994.

O'Hagan, Sean. "Reality Hunger by David Shields." *The Observer*, February 28, 2010. http://www.guardian.co.uk/books/2010/feb/28/reality-hunger-book-review (accessed March 7, 2010).

OLPC (One Laptop Per Child), 2010. http://laptop.org/en/vision/index.shtml (accessed April 12, 2011).

Ong, Walter J. *Interfaces of the Word*. Ithaca, NY: Cornell UP, 1977.

——. *Orality and Literacy: The Technologizing of the Word*. New York: Methuen, 1982.

——. *Ramus: Method and the Decay of Dialogue: From the Art of Discourse to the Art of Reason*. Cambridge, MA: Harvard University Press, 1983/1958.

Ong, Walter J. "Writing is a Technology that Restructures Thought." In *The Written Word: Literacy in Transition*, edited by Gerd Baumann. Oxford: Clarendon Press, 1992, 14–31.

Pappas, Nickolas. *Philosophy Guidebook to Plato and the Republic*. London and New York: Routledge, 1995.

Pierson, Chris. "Globalization and the End of Social Democracy." *Working Documents in the Study of European Governance*. Number 9 (May 2001).

Purser, Ronald, E. "Contested Presents: Critical Perspectives on 'Real-Time' Management." In *Making Time: Time and Management in Modern Organizations*, edited by Richard Whipp, Barbara Adam, and Ida Sabelis, 155–67. Oxford: Oxford University Press, 2002.

Putin, Vladimir. "Working Day," *Prime Minister's Website*, 2009 http://premier.

gov.ru/eng/events/news/4814/ (accessed May 19, 2011).

Richtel, Matt. "Growing Up Digital, Wired for Distraction." *The New York Times*, November 21, 2010, 21.

Robertson, Roland. *Globalization: Social Theory and Global Culture*. London: Sage Publications, 1992.

Robinson, John P. and Geoffrey Godbey. *Time for Life: The Surprising Ways Americans Use their Time*. University Park, PA: Pennsylvania State University Press, 1999.

Rochlin, Gene. *Trapped in the Net: The Unanticipated Consequence of Computerization*. Princeton, NJ: Princeton University Press, 1997.

Rosa, Hartmut. "Social Acceleration." *Constellations* 10, no. 1 (2003): 49–52.

Roszak, Theodore. *The Cult of Information*. Berkeley, CA: The University of California Press, 1986.

Sabelis, Ida. "Global Speed: A Time View on Transnationality." *Culture and Organization* 10, no. 4 (2004): 291–301.

Said, Edward. *Culture and Imperialism*. New York: Alfred A. Knopf, 1994.

——. *Orientalism*. New York: Vintage Books, 1979.

——. *The World, the Text, and the Critic*. Cambridge, MA: Harvard University Press, 1983.

Sanger, David E. "North Korea Keeps the World Guessing." *New York Times*, November 29, 2010. http://www.nytimes.com/2010/11/30/world/asia/30korea.html (accessed April 17, 2011).

Scannell, Paddy. "Radio Times: The Temporal Arrangements of Broadcasting in the Modern World." In *Television and its Audience; International Research Perspectives*, edited by P. Drummond and R. Paterson. London: BFI, 198, 122–140.

Scheuerman, William, E. *Liberal Democracy and the Social Acceleration of Time*. Baltimore, MD: Johns Hopkins University Press, 2004.

Schiller, Dan. *Digital Capitalism: Networking the Global Market System*. Cambridge, MA: MIT Press, 2000.

Schonfeld, Erick. "Costolo: Twitter Now Has 190 Million Users Tweeting 65 Million Times A Day." *TechCrunch*, June 8, 2010. http://techcrunch.com/2010/06/08/twitter-190-million-users/ (accessed February 9, 2011).

Schor, Juliet. *The Overworked American: The Unexpected Decline of Leisure*. New York: Basic Books, 1993.

Searle, John. "The Storm over the University." *The New York Review of Books*, December 6, 1990. http://www.nybooks.com/articles/archives/1990/dec/06/the-storm-over-the-university/ (accessed October 17, 2010).

Shaer, Matthew. "Twitter: 20 Billion Tweets and Counting." *The Christian Science Monitor*, August 2, 2010. http://www.csmonitor.com/Innovation/Horizons/2010/0802/Twitter-20-billion-tweets-and-counting (accessed September 29, 2010).

Shenk, D. *Data Smog*. London: Abacus, 1997.

Shields, David. *Reality Hunger: A Manifesto*. New York: Knopf Doubleday, 2010.

Shirky, Clay. *Here Comes Everybody: The Power of Organizing Without Organizations*. New York: Penguin Press, 2008.

——. "The Political Power of Social Media: Technology, the Public Sphere, and Political Change." *Foreign Affairs* 90, no.1 (2011): 28–41.

Simon, Herbert. *Computers, Communications and the Public Interest*. Baltimore, MD: Johns Hopkins University Press, 1971.

Simon, John. "Foreword." In *Critical Essays*, edited by Enzensberger, Hans Magnus. New York: Continuum, 1982, 14–35.

Slaughter, Sheila, and Larry L. Leslie. *Academic Capitalism*. Baltimore, MD: Johns Hopkins University Press, 1997.

Smith, Adam. *The Wealth of Nations*. Introduced by Alan B. Krueger. Edited by Edwin Cannan. New York: Bartram Classics, 2003.

Snyder, Timothy. *Bloodlands: Europe between Hitler and Stalin*. London: The Bodley Head, 2010.

——. *Time*. Cambridge: Polity, 2004.

Southerton, Dale. "Squeezing Time." *Time and Society* 12, no. 1 (2003): 5–25.

Spang-Hanssen, Henrik. "Recommendations of the Association for Progressive Communications at World Summit on the Information Society, Tunis, 2005." *Public International Computer Network Law Issues*. DJØF Forlag. 2006.

Stein, Jeremy. "Reflections on Time, Time-space-compression and Technology in the Nineteenth Century." In *Timespace: Geographies of Temporality*, edited by Jon May and Nigel Thrift. London: Routledge, 2001, 94–119.

Stiegler, Bernard. *Technics and Time*. Translated by Richard Beardsworth and George Collins. Stanford, CA: Stanford University Press, 1998.

Stephens, John, and Robyn McCallum. *Retelling Stories, Framing Culture: Traditional Story and Metanarratives in Children's Literature*. New York: Garland Pub, 1998.

Sullivan, Danny. "comScore: US Has Most Searches; China Slowest Growth; Google Tops Worldwide In 2009." *Search Engine Land*, January 22, 2010. http://searchengineland.com/comscore-us-most-searches-china-slowest-34217 (accessed May 17, 2011).

Sullivan, Oriel. "Busyness, Status Distinction and Consumption Strategies of the Income Rich, Time Poor." *Time & Society* 17, no. 1 (2008): 5–26. (accessed February 3, 2011).

Tabboni, Simonetta. "The Idea of Social Time in Norbert Elias." *Time and Society* 10, no. 1 (March 2001): 5–27.

Taylor, Frederick W. *The Principles of Scientific Management*. New York: Harper and Brothers, 1911.

Thakkar, Johnny. "Why Conservatives Should Read Marx." *The Point* 3, (Fall 2010): 11.

Thompson, E. P. "Time, Work-Discipline and Industrial Capitalism." In *Customs in Common*, edited by E. P. Thompson. London: Penguin Books, 1993/1967, 209–217.

Thompson, Sir George. *The Foreseeable Future*. Cambridge: Cambridge University Press, 1955.

Thrift, Nigel. *Spatial Formations*. London; Thousand Oaks, CA: Sage, 1996.

Toffer, Alvin. *Future Shock*. London: Pan, 1970.

Tonelson, Alan. *Race to the Bottom: Why a Worldwide Worker Surplus and Uncontrolled Free Trade Are Sinking American Living Standards*. New York: Basic Books, 2002.

Tweney, David. "Amazon Sells More E-Books Than Hardcovers." *Wired*, July 19, 2010. http://www.wired.com/epicenter/2010/07/amazon-more-e-books-than-hardcovers/ (accessed May 3, 2011).

UNESCO World Report: *Towards knowledge societies*. Compiled by Jérôme Bindé et al. 2005. PDF available at http://unesdoc.unesco.org/images/0014/001418/141843e.pdf (accessed October 12, 2011).

USA Today. *Officials: Students Can use 'text speak' on Tests*. November 13, 2006. http://www.usatoday.com/news/offbeat/2006-11-13-text-speak_x.htm (accessed June 9, 2011).

Von Hayek, Friedrich. *The Road to Serfdom*. Chicago, IL: University of Chicago Press, 1994/1944.

Weber, Max. *The Protestant Ethic and the Spirit of Capitalism*. Translated by Stephen Kalberg. Oxford: Blackwell, 2003.

Weiser, Mark, and Seely Brown, John. "The Coming Age of Calm Technology." In *Beyond Calculation: The Next Fifty Years of Computing*, edited by Peter J. Denning and Robert M. Metcalfe. New York: Copernicus, 1997.

Whitrow, G. J. *Time in History*. Oxford: Oxford University Press, 1988.

Winchester, Simon. *Krakatoa: The Day the World Exploded: August 27, 1883*. New York: Harper Perennial, 2005.

Winner, Langdon. "Do Artifacts Have Politics?" *Daedalus* 109, no. 1 (Modern Technology: Problem or Opportunity? Winter 1980): 121–136.

Wolin, Sheldon. "What Time is it?" *Theory and Event*, 1.1 http://muse.jhu.edu/journals/theory_and_event/v001/1.1wolin.html (accessed December 12, 2010).

Woolf, Virginia. *Collected Essays*. Vol. 3. London: Hogarth Press, 1966.

Wray, Richard. "Internet Data Heads for 500bn Gigabytes." *The Guardian*, May 18, 2009. http://www.guardian.co.uk/business/2009/may/18/digital-content-expansion.

Zimmer, Carl, ed. *The Descent of Man: The Concise Edition*. New York: Plume Paperbacks, 2007.

Zittrain, Jonathan. *The Future of the Internet — And How to Stop It*. London: Allen Lane, 2008.

Zizek, Slavoj. "A Permanent Economic Emergency." *New Left Review* 64 (July/August, 2010): 94. http://newleftreview.org/?view=2853 (accessed June 11, 2011).

译 后 记

2017年夏末，我去上海出差。攻读博士学位时的同窗、现任教于复旦大学新闻学院的邓建国做东，召集了几位老同学在五角场的一家火锅店一聚。大家都在不同的大学当老师，因此，在一片喧闹中，我们的话题总是不离论文、课题、著作，又或是路径、理论、概念、方法。或许听到我们谈话的邻桌会觉得这帮书呆子真是傻得可爱吧。

席间，邓建国提到复旦大学出版社有一批原版著作正在寻找译者，并且重点推荐了《注意力分散时代》这本书，问我有没有兴趣接下。我有些犹豫。一方面，媒介与技术、时间与空间等议题近年来日益受到传播学界，乃至整个社会科学界的关注与重视，隐然已经成为学术前沿，我自己对这一研究领域也十分感兴趣；但另一方面，2015年我刚刚翻译出版了卡茨和拉扎斯菲尔德的经典著作《人际影响：个人在大众传播中的作用》，历时数年，深知学术翻译之不易，而且在当下的学术评价机制中，翻译是一件非常费时费力却又不太讨好的事。因此，我并没有当场答应下来，而是说再考虑考虑。

第二天一早，邓建国骑着自行车，跑到我住的宾馆，把书带来给我看。在翻看本书的目录和序言之后，实在抵抗不了内容的吸引和兴趣的驱动，我决定接下这桩差事。于是，在此后的两年多时间里，翻译这本内容博杂有趣却又艰深邃密的著作，占据了我绝大多数的时间。

那次饭局持续了两个多小时；邓建国和我讨论本书并最终决定翻译本书，花了两个多小时；从着手翻译到最终出版，用去了两年多时间；我写这篇译后记，大约也将花费两个小时左右的时间……如果再努力想想，我还能列出更多与本书的翻译工作相关的时间节点和时间跨度。但是，这是我命令自己刻意回忆的结果。我们在时间的坐标中活动着，却很少意识到时间的具体存在，除非你强迫自己主动地、有意识地去关注时间。大多数时候，我们把时间当作自在的、默认的、隐形的、不言自明的背景性的存在。

然而，同时，我们又无时无刻不在以另一种形式察觉到时间的遍在，以及它对我们的强大影响，这就是对于“加速”及其所带来的巨大压力的强烈感受。时间在加速，持续不断地加速，这是我们身处的现代社会（或者后现代社会）的基本特征，也是本书所有思考的底板与背景。

自现代社会学滥觞之时起，那些伟大的思想家们——齐美尔、韦伯、涂尔干、马克思等等，就在不同的情形下、语境中涉及过对于时间的思考与讨论。1984年，埃利亚斯（Elias）出版了《论时间》一书。该书对于时间的社会学研究的重要意义在于，作者跳脱出前人惯用的物理学或哲学范畴，在经验层面，将时间看作一种具有外在强制性的象征体系，进而对人类在运用与遵守时间这一象征体系时的行动逻辑进行分析。在我看来，这可以被视作时间的社会学的真正发端。

此后，社会科学不同领域的研究者对于时间问题（同时也包括空间问题）的关注越来越多，吉登斯、卡斯特、拉图尔、斯蒂格勒、大卫·哈维等等，都从不同角度探讨了现代社会的时间问题，或涉及，或专论。正如彼得·康拉德（Peter Conrad）所说："现代性就是时间的加速。"技术变革、时间加速与现代社会之间有何关系，无疑是这些大师们关注时间问题的触发点，也是他们的直接研究对象。

时间加速，使得我们的生活方式、文化形式、审美取向等，都发生了巨大的转变。我们越来越不习惯于等待，我们越来越急于获得结果而不愿在过程上多花费哪怕一秒钟的时间，我们也因此变得越来越焦虑。事件与事件、行动与行动之间的时间间距越来越小，甚至越来越趋向于无。很多时候我们为此兴奋，认为这是高效的象征，却几乎不会停下来想一想：如果建筑没有了间距，就没有了结构，它就变成了一团实心的水泥块；如果音乐没有了间距，就没有了旋律，它就变成了连续的噪音；如果语言没有了间距，就没有了意义的生成与传递，它就变成了一派嘈杂与喧哗。那么，人与人、事与事之间的间距也消失了，会变成什么呢？

哈尔特穆特·罗萨（Hartmut Rosa）在他的《加速：现代社会中时间结构的改变》一书中，区分了现代社会中的三种加速。首先是技术的加速，它表现为运输、通信和生产的加速。其次是社会变化的加速，它意味着社会连接的结构形式、社会的知识储备方式以及社会行为和社会实践的变化速率的提高，发挥行为导向作用的经验和期望的失效的速度的加快。最后是文化的加速，即生活节奏的加快，它是对时间资源紧张的反应，它一方面显示了对时间贫乏和紧张的体验，另一方面又确认了每个时间单位中行为事件/体验事件在数量上的增加。进而，时间体验形式的变化，带来了个体身份确认的全新形式和人与人相互连接的全新形式，这些往往以"流动"或"液态"之类的隐喻表达出来。

时间加速的根本动因是什么？它会带来怎样的影响（尤其是政治方面的）？这是《注意力分散时代》试图回答的问题。从"时间"和"技术"两个关键词入手，为了探讨技术变革对时间带来的改变，以及由此对当下政治运作所产生的影响，本书作者拉了一个长长的逻辑链条。本书首先着力解决的是“何为时间”的问题。哈桑强调,时间是社会性的,“时间性根植于社会之中,是主观和集体的经验,它的形成与重构极易受到语境、客观环境和意识形态主张的影响”,“它在整体上、本质上是不断变化的”。同时,时间是被技术和技术发展的特定历程所形塑的,自书写这一关键技术被发明出来以后,原本“嵌入身体和自然的”时间就开始了加速的历程,被由技术所生产出来的时间性所取代和控制,因为技术包含着特定的时间逻辑。

随后,哈桑描述了随着技术的发展变革,人类所经验的时间的变化,即加速过程。在书写和阅读阶段,人类在总体上仍由“嵌入身体和自然环境之中的”时间决定,人的手眼运动的能力(及其局限)规定了“自然的”和最基础的时间。但印刷术和钟表的产生,开始带着人类逐渐远离原有的时间节奏,进入一个“全新的、充满活力的”历史阶段(进入资本主义阶段)。钟表时间所体现的精确的、线性的和技术的时间,凸显了现代性过程。人类社会开始在一个特定的技术语境中蓬勃发展。在机器(钟表)时间之内,机器驱动的世界以稳定的步伐,朝着看上去有序的、可计划的和可控制的未来持续前进。我们的身体似乎多少也与这些时间保持了同步。

然后,哈桑引入政治经济学的视角,试图揭示时间不断加速的动力源于何处。他指出,如果说在资本主义社会的早期,人类多少还能与时间保持同步的话,那么大约到 20 世纪 70 年代以后,随着福特主义的衰落和数字网络技术的出现,网络时间开始取代钟表时间,我们生活中的所有一切经验都在不断加速。此时,人类已经开始被时间拖拽得踉跄蹒跚,再也无法跟上技术发展的时间步伐了。这背后的动因是资本累积的需求:出于累积需求,资本要求一切以速度和效率为导向,这也是新技术不断出现和被采纳的动力。当基于钟表时间的福特主义已经无法满足累积需求时,当空间拓展的累积手段已经达到顶峰而无法进一步提供累积可能时,资本必然要求寻找全新的累积手段。于是,数字网络和在此基础上的时间拓展开始出现。人类进入了网络社会。人类开始被速度更快的网络时间所宰制,走入不断加速的快车道,并且再也无法回头。

由自治的计算机所驱动的数字网络在速度上挣脱了钟表的限制,使人类与技术化的(数字网络化的)文字、书写和阅读的关系进入一个全新的、紧张的、充满焦虑的阶段。因为我们并没有为此做好充分准备,因为我们的生理能力和认知能力几千年来保持着基本稳定,所以我们与技术所带来的全新时间要求之间的差距越来越大。哈桑认为,钟表时间阶段的社会多少是理性的和可管理的,在以钟表时间为主导的社会中,相对缓慢的时间节奏是人类理性发育与发挥作用的基础。但后工业时代的真实生活情境正变得越来越难以应对，时间挤压状态影响到人类的一切，自治的网络时间在持续侵蚀着人类读写、认知、叙事和理性的基础。“慢性注意力分散”正是这种侵蚀的外在表征。在网络社会中，随着社会的不断加速，理性发挥自身作用的空间越来越小，作用也越来越有限，其所带来的政治后果是，在网络时间景观中，公共领域“在失效、在萎缩、在被否定或者是在被束缚”，民主越来越无力。

最后，哈桑对此开出的“药方”是：在商业化的网络之外，再建立一个时间节奏相对缓慢的公共网络，一个市民社会的互联网，它将是一个最充分意义上的互动空间，一个汇聚公共利益的空间。在这个公共网络空间中，在不同层面、以不同节奏进行着无数的公共讨论。同时，这个空间的参与者有着不断强化的拓展和深化议题的公共意识和需求，因此它会形成有意义和有价值的讨论结果，以护持政治民主。

哈桑最后的呼吁和设想多少有些理想化。假若如他所分析的，当人类进入资本主义阶段之后，技术发展、时间加速的根本动力源自资本累积的需求，那么，在这种累积驱动未被根本改变之前，建立这样一个公共网络的动力又何在呢？资本会有这个动力吗？我们又该去何处寻找这个动力？哈桑在本书中并没有回答这些问题。

不过，正如胡翼青在本书“推荐序言”中所说，尽管本书在最后给人的感觉多少有点“用牛刀来杀鸡”，但它毕竟还是举起了一把“牛刀”。在本书中，哈桑已经基本形成了一种关于时间的政治经济学批判的视角，“这是一种与传统传播政治经济学批判和以大卫·哈维为代表的空间传播政治经济学批判既有区别又有联系的理论视角”，具有较强的开创性。此外，我也认为，本书还为后来的研究者们提供了一些有趣且有价值的研究议题，如公共领域的时间性问题等，值得我们在本书的基础上继续探索。

这样一条长长的分析逻辑给我的翻译所带来的最大问题是，哈桑在分析过程中旁征博引，融会了大量的相关知识，仅从大的学科范围上来列举，就包括政治经济学、哲学、社会学、文学、艺术、历史等等，其中不少超出译者的知识范围。因此，在翻译过程中，我不得不花费大量时间去查阅资料，或是向相关研究领域的学者们求教。此外，作者的语言也颇为艰深，并且时不时在玩着语言游戏，大量使用双关、隐喻等笔法，这也使翻译的难度大大增加。如何使译文能够准确地传递出作者可能拐了好几道弯之后想要表达的含义，同时又符合中文的书写与阅读习惯，是我在整个翻译过程中始终努力想要解决的最主要问题和期望能够达到的目标。

在这一过程中，复旦大学出版社编辑朱安奇给予了我大量的支持与鼓励。她温柔、细致、勤勉、坚定，推动我能够持续地专注于本书的翻译工作，顺利完成整个译校工作。此外，我还要感谢邓建国、迟晶、吴未未、吴葆雷等各位老师，他们任教于海内外不同高校，无论是在语言上，还是从他们各自所在学科领域的角度，都对本书的翻译提出了中肯的意见，提供了切实的帮助。

当然，因为译者自身水平有限，本书难免错漏，凡有，所有责任皆在我。敬请读者批评指正。

张　宁

2020 年 6 月 12 日于南京仙林

图书在版编目(CIP)数据

注意力分散时代:高速网络经济中的阅读、书写与政治/(澳)罗伯特·哈桑(Robert Hassan)著;张宁译.—上海:复旦大学出版社,2020.6 (2021.5 重印)
(复旦新闻与传播学译库.新媒体系列)
书名原文:The Age of Distraction: Reading, Writing, and Politics in a High-speed Networked Economy
ISBN 978-7-309-14876-3

Ⅰ.①注… Ⅱ.①罗… ②张… Ⅲ.①传播媒介-研究 Ⅳ.①G206.2

中国版本图书馆 CIP 数据核字(2020)第 026924 号

上海市版权局著作权合同登记号:图字 09-2017-175

注意力分散时代:高速网络经济中的阅读、书写与政治
(澳)罗伯特·哈桑(Robert Hassan) 著
张 宁 译
责任编辑/朱安奇

复旦大学出版社有限公司出版发行
上海市国权路 579 号 邮编:200433
网址:fupnet@fudanpress.com http://www.fudanpress.com
门市零售:86-21-65102580 团体订购:86-21-65104505
出版部电话:86-21-65642845
常熟市华顺印刷有限公司

开本 787×960 1/16 印张 14.25 字数 256 千
2021 年 5 月第 1 版第 2 次印刷

ISBN 978-7-309-14876-3/G·2079
定价:45.00 元

如有印装质量问题,请向复旦大学出版社有限公司出版部调换。